普通高等院校大学数学“十三五”规划教材

线性代数

金海红　蔡浩江　王建刚　主编

電子工業出版社
Publishing House of Electronics Industry
北京 · BEIJING

内 容 简 介

本书是为满足工程类本科院校“线性代数”课程教学的需要，便于学生自学而编写的教材。全书将传统的主教材和学习指导书合二为一，充分考虑了教师讲授和学生学习的必要性与便利性。主要内容有行列式、矩阵、向量、线性方程组、矩阵的相似与二次型等。

本书适合作为工程类本科院校“线性代数”课程的教材，也适合作为其他数学爱好者的参考用书。

图书在版编目(CIP)数据

线性代数 / 金海红，蔡浩江，王建刚主编. —北京：电子工业出版社，2018.7
ISBN 978-7-121-34297-4

I. ①线… II. ①金… ②蔡… ③王… III. ①线性代数－高等学校－教材 IV. ①O151.2

中国版本图书馆 CIP 数据核字（2018）第 111023 号

策划编辑：窦 昊
责任编辑：窦 昊
印 刷：北京盛通数码印刷有限公司
装 订：北京盛通数码印刷有限公司
出版发行：电子工业出版社
北京市海淀区万寿路 173 信箱 邮编：100036
开 本：787×980 1/16 印张：10.25 字数：262.4 千字
版 次：2018 年 7 月第 1 版
印 次：2024 年 8 月第 8 次印刷
定 价：33.00 元

凡所购买电子工业出版社图书有缺损问题，请向购买书店调换。若书店售缺，请与本社发行部联系，联系及邮购电话：(010)88254888，88258888。

质量投诉请发邮件至 zlts@phei.com.cn，盗版侵权举报请发邮件至 dbqq@phei.com.cn。

本书咨询联系方式：（010）88254466，douhao@phei.com.cn。

前　言

线性代数是高等院校的一门重要数学类基础课。为适应当前大学教育大众化的趋势，编者针对普通高等院校学生的特点，根据工科类本科数学课程教学的基本要求，参考全国硕士研究生入学数学考试大纲，在多年教学讲义的基础上，编写了本教材。

本书选材少而精，文字叙述通俗易懂，在内容编排上，尽可能做到由浅入深、循序渐进，在保持该门课程的系统性和科学性的前提下，适当弱化某些抽象的理论推导和证明，并通过典型的例题、逻辑严密的解题方法帮助学生掌握本课程的知识点，侧重学生基本运算能力的培养和提高。

全书内容包括：行列式，矩阵及其运算，向量和向量空间，线性方程组，方阵的相似对角化，二次型，MATLAB 在线性代数中的应用，共 7 章，各章均配有一定数量的习题，书末附有答案。第 2 章、第 4 章由金海红编写，第 3 章、第 5 章、第 7 章由蔡浩江编写，第 1 章、第 6 章由王建刚编写。

本书可作为普通高等院校（非数学专业）理工、经管、师范、成人教育类的线性代数课程的教材。讲授前 6 章大约需要 40 学时，第 7 章可供对 MATLAB 感兴趣的同学自学参考。

由于编者水平有限，疏漏之处在所难免，恳请广大读者批评指正。

编　者

2018 年 4 月

目　录

第1章 行 列 式

线性代数是中学代数的继续和提高，而行列式是研究线性代数的基础工具，也是线性代数的一个重要概念，它广泛应用于数学、工程技术及经济等众多领域．

本章主要介绍 n 阶行列式的定义、性质及其计算方法．此外，还介绍用 n 阶行列式求解 n 元线性方程组的克拉默（Cramer）法则．

1.1 二阶与三阶行列式

1.1.1 二元线性方程组与二阶行列式

用消元法解二元线性方程组

$$\begin{cases} a_{11}x_1 + a_{12}x_2 = b_1; \\ a_{21}x_1 + a_{22}x_2 = b_2. \end{cases} \tag{1.1.1}$$

为消去未知数 x_2，用 a_{22} 与 a_{12} 分别乘以上列两方程的两端，然后两个方程相减，得

$$(a_{11}a_{22} - a_{12}a_{21})x_1 = b_1a_{22} - a_{12}b_2;$$

类似地，消去未知数 x_1，可得

$$(a_{11}a_{22} - a_{12}a_{21})x_2 = a_{11}b_2 - b_1a_{21}.$$

当 $a_{11}a_{22} - a_{12}a_{21} \neq 0$ 时，求得方程组(1.1.1)的解为

$$x_1 = \frac{b_1a_{22} - a_{12}b_2}{a_{11}a_{22} - a_{12}a_{21}}, \quad x_2 = \frac{a_{11}b_2 - b_1a_{21}}{a_{11}a_{22} - a_{12}a_{21}}. \tag{1.1.2}$$

式(1.1.2)中的分子、分母都是 4 个数分两对相乘再相减而得．其中，分母 $a_{11}a_{22} - a_{12}a_{21}$ 是由方程组(1.1.1)中的 4 个系数确定的，把这 4 个数按它们在方程组(1.1.1)中的位置，排成两行两列（横排称为**行**、竖排称为**列**）的数表

$$\begin{matrix} a_{11} & a_{12} \\ a_{21} & a_{22} \end{matrix} \tag{1.1.3}$$

表达式 $a_{11}a_{22} - a_{12}a_{21}$ 称为数表(1.1.3)所确定的**二阶行列式**，并记为

$$\begin{vmatrix} a_{11} & a_{12} \\ a_{21} & a_{22} \end{vmatrix}. \tag{1.1.4}$$

数 a_{ij} $(i=1,2;\ j=1,2)$ 称为行列式(1.1.4)的**元素**或**元**．元素 a_{ij} 的第一个下标 i 称为**行标**，表明该元素位于第 i 行，第二个下标 j 称为**列标**，表明该元素位于第 j 列．位于第 i 行第 j 列的元素称为行列式(1.1.4)的 (i,j) 元．

上述二阶行列式的定义，可用对角线法则来记忆，参看图 1.1.1. 把 a_{11} 到 a_{22} 的实连线称为**主对角线**，a_{12} 到 a_{21} 的虚连线称为**副对角线**. 于是二阶行列式便是主对角线上的两元素之积减去副对角线上的两元素之积所得的差.

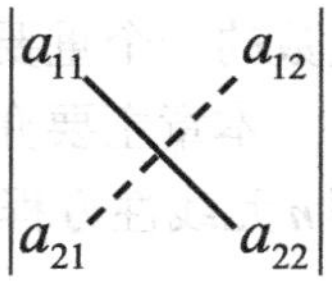

$$\begin{vmatrix} a_{11} & a_{12} \\ a_{21} & a_{22} \end{vmatrix}$$

图 1.1.1

例 1.1.1 计算二阶行列式 $\begin{vmatrix} 3 & -1 \\ 1 & 2 \end{vmatrix}$.

解： $\begin{vmatrix} 3 & -1 \\ 1 & 2 \end{vmatrix} = 3\times 2-(-1)\times 1=7$.

例 1.1.2 设 $D=\begin{vmatrix} 1 & \lambda^2 \\ 2 & \lambda \end{vmatrix}$，问 λ 为何值时 $D\neq 0$？

解： $D=\begin{vmatrix} 1 & \lambda^2 \\ 2 & \lambda \end{vmatrix}=\lambda-2\lambda^2=\lambda(1-2\lambda)$. 故当 $\lambda\neq 0$ 且 $\lambda\neq\dfrac{1}{2}$ 时，$D\neq 0$.

利用二阶行列式的概念，式 (1.1.2) 中 x_1,x_2 的分子也可写成二阶行列式，即

$$b_1a_{22}-a_{12}b_2=\begin{vmatrix} b_1 & a_{12} \\ b_2 & a_{22} \end{vmatrix},\quad a_{11}b_2-b_1a_{21}=\begin{vmatrix} a_{11} & b_1 \\ a_{21} & b_2 \end{vmatrix}.$$

若记

$$D=\begin{vmatrix} a_{11} & a_{12} \\ a_{21} & a_{22} \end{vmatrix},\quad D_1=\begin{vmatrix} b_1 & a_{12} \\ b_2 & a_{22} \end{vmatrix},\quad D_2=\begin{vmatrix} a_{11} & b_1 \\ a_{21} & b_2 \end{vmatrix}.$$

那么式(1.1.2)可写成

$$x_1=\frac{D_1}{D}=\frac{\begin{vmatrix} b_1 & a_{12} \\ b_2 & a_{22} \end{vmatrix}}{\begin{vmatrix} a_{11} & a_{12} \\ a_{21} & a_{22} \end{vmatrix}},\quad x_2=\frac{D_2}{D}=\frac{\begin{vmatrix} a_{11} & b_1 \\ a_{21} & b_2 \end{vmatrix}}{\begin{vmatrix} a_{11} & a_{12} \\ a_{21} & a_{22} \end{vmatrix}}.$$

注意，这里的分母 D 是由方程组(1.1.1)的系数所确定的二阶行列式（称为系数行列式），D_1 是用常数项 b_1,b_2 替换 D 中 x_1 的系数 a_{11},a_{21} 所得的二阶行列式，D_2 是用常数项 b_1,b_2 替换 D 中 x_2 的系数 a_{12},a_{22} 所得的二阶行列式.

例 1.1.3 求解二元线性方程组

$$\begin{cases} 3x_1-2x_2=12; \\ 2x_1+\ \ x_2=1. \end{cases}$$

解：由于

$$D=\begin{vmatrix}3 & -2\\ 2 & 1\end{vmatrix}=3\times1-(-2)\times2=7\neq0,$$

$$D_1=\begin{vmatrix}12 & -2\\ 1 & 1\end{vmatrix}=12\times1-(-2)\times1=14,$$

$$D_2=\begin{vmatrix}3 & 12\\ 2 & 1\end{vmatrix}=3\times1-12\times2=-21,$$

因此
$$x_1=\frac{D_1}{D}=\frac{14}{7}=2,\quad x_2=\frac{D_2}{D}=\frac{-21}{7}=-3.$$

1.1.2　三阶行列式

类似地，可以定义三阶行列式.

设有 9 个数排成三行三列的数表

$$\begin{matrix}a_{11} & a_{12} & a_{13}\\ a_{21} & a_{22} & a_{23}\\ a_{31} & a_{32} & a_{33}\end{matrix} \tag{1.1.5}$$

记

$$\begin{vmatrix}a_{11} & a_{12} & a_{13}\\ a_{21} & a_{22} & a_{23}\\ a_{31} & a_{32} & a_{33}\end{vmatrix}=a_{11}a_{22}a_{33}+a_{12}a_{23}a_{31}+a_{13}a_{21}a_{32}-a_{11}a_{23}a_{32}-a_{12}a_{21}a_{33}-a_{13}a_{22}a_{31} \tag{1.1.6}$$

式(1.1.6)称为数表(1.1.5)所确定的**三阶行列式**.

上述定义表明，三阶行列式含 6 项，每项均为不同行不同列的三个元素的乘积再冠以正负号，其规律遵循如图 1.1.2 所示的对角线法则：图中三条实线可视为平行于主对角线的连线，三条虚线可视为平行于副对角线的连线，实线上三元素的乘积冠正号，虚线上三元素的乘积冠负号.

a_{11}　a_{12}　a_{13}
a_{21}　a_{22}　a_{23}
a_{31}　a_{32}　a_{33}

图 1.1.2

例 1.1.4　计算三阶行列式

$$D=\begin{vmatrix}1 & 3 & 2\\ -1 & 0 & 3\\ 2 & 1 & 5\end{vmatrix}.$$

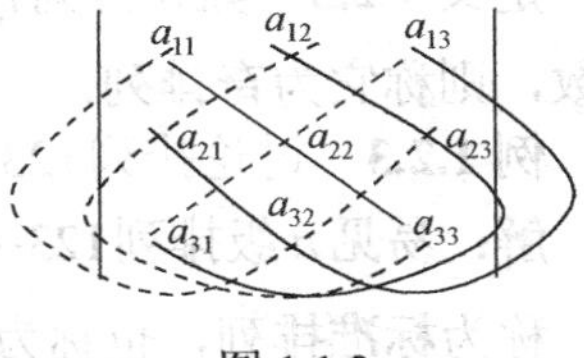

解：按对角线法则，有

$$\begin{aligned}D&=1\times0\times5+3\times3\times2+2\times(-1)\times1-1\times3\times1-3\times(-1)\times5-2\times0\times2\\ &=0+18-2-3+15-0=28.\end{aligned}$$

例 1.1.5 求解方程

$$\begin{vmatrix} 1 & 1 & 1 \\ 2 & 3 & x \\ 4 & 9 & x^2 \end{vmatrix} = 0.$$

解： 方程左端的三阶行列式

$$\begin{aligned} D &= 3x^2 + 4x + 18 - 9x - 2x^2 - 12 \\ &= x^2 - 5x + 6 \end{aligned}$$

由 $x^2 - 5x + 6 = 0$，解得 $x = 2$ 或 $x = 3$.

对角线法则只适用于二阶与三阶行列式，四阶及更高阶行列式需用其他方法来定义和计算.

1.2 排列及其性质

在 n 阶行列式的定义中，要用到 n 级排列及它的一些性质.

1.2.1 n 级排列的定义

定义 1.2.1 由 n 个不同的正整数（$n>1$）组成的一个无重复的有序数组 $i_1 i_2 \cdots i_n$ 称为一个 **n 级排列**.

例 1.2.1 由自然数1,2,3可组成多少个 3 级排列？分别是什么？

解： 可组成 $3! = 6$ 个 3 级排列，它们是 123，132，213，231，312，321.

类似地，n 级排列的总数为 $n!$ 个.

定义 1.2.2 在一个 n 级排列 $i_1 i_2 \cdots i_n$ 中，如果较大数 i_s 排在较小数 i_t 之前，即 $s<t$ 且 $i_s > i_t$，则称这一数对 $i_s i_t$ 构成一个**逆序**，一个排列中逆序的总数，称为它的**逆序数**，记为 $\tau(i_1 i_2 \cdots i_n)$.

例 1.2.2 求 $\tau(21534)$.

解： 在 5 级排列 21534 中，构成的逆序数对有 21,53,54，因此 $\tau(21534) = 3$.

定义 1.2.3 如果排列 $i_1 i_2 \cdots i_n$ 的逆序数为偶数，则称它为**偶排列**；如果排列的逆序数为奇数，则称它为**奇排列**.

例 1.2.3 讨论排列 $123\cdots(n-1)n$ 和 $n(n-1)\cdots 321$ 的奇偶性.

解： 易见 n 级排列 $123\cdots(n-1)n$ 中没有逆序，所以 $\tau(123\cdots(n-1)n) = 0$，这是一个偶排列，称为**标准排列**，也称为**自然序排列**.

在 n 级排列 $n(n-1)\cdots 321$ 中，只有逆序，没有顺序，故有

$$\tau(n(n-1)\cdots 321) = (n-1) + (n-2) + \cdots + 1 = \frac{1}{2}n(n-1).$$

可以看出，排列$n(n-1)\cdots321$的奇偶性与n的取值有关，当$n=4k$或$n=4k+1$（k为正整数）时该排列为偶排列，否则为奇排列.

1.2.2 n级排列的性质

定义 1.2.4 在排列$i_1i_2\cdots i_n$中，交换两数i_s与i_t的位置，称为**对换**. 将相邻两个元素对换，称为**相邻对换**.

例如$(21534)\xrightarrow{(1,3)}(23514)$.

关于对换，我们有以下结论.

定理 1.2.1 任意排列经过一次对换，改变其奇偶性.

证： 先证相邻对换的情形.

设排列$a_1\cdots a_labb_1\cdots b_m$，对换$a$与$b$，变为$a_1\cdots a_lbab_1\cdots b_m$.

显然，包含$a_1,\cdots,a_l$；$b_1,\cdots,b_m$这些元素的逆序经过对换并不改变，而a与b两元素构成的逆序发生变化：当$a<b$时，经对换后逆序数增加1；当$a>b$时，经对换后逆序数减少1. 所以$a_1\cdots a_labb_1\cdots b_m$与$a_1\cdots a_lbab_1\cdots b_m$的奇偶性相反.

再证一般对换的情形.

设排列$a_1\cdots a_lab_1\cdots b_mbc_1\cdots c_n$，把元素$b$依次与其左侧元素做$m$次相邻对换，变成$a_1\cdots a_labb_1\cdots b_mc_1\cdots c_n$，再将$a$依次与其右侧元素做$m+1$次相邻对换，变成$a_1\cdots a_lbb_1\cdots b_ma$ $c_1\cdots c_n$. 总之，经过$2m+1$次相邻对换，排列$a_1\cdots a_lab_1\cdots b_mbc_1\cdots c_n$变成排列$a_1\cdots a_lbb_1\cdots b_ma$ $c_1\cdots c_n$，所以这两个排列的奇偶性相反.

考虑标准排列是偶排列，可得如下推论：

推论 任一排列均可经过有限次对换变为标准排列，且奇排列变成标准排列所需的对换次数为奇数，偶排列变成标准排列所需的对换次数为偶数.

定理 1.2.2 n个不同正整数构成的全部n级排列（$n\geqslant 2$）中，奇偶排列各占一半.

证： 采用反证法.

构成的全部n级排列中，记奇排列个数为t，偶排列个数为s.

假设$t>s$，即奇排列个数大于偶排列个数.

若将所有n级排列中的1,2位置的两个数做相邻对换，则奇排列变为偶排列，偶排列变为奇排列，$t>s$意味着偶排列个数大于奇排列个数，与假设矛盾，故$t\leqslant s$. 类似可证明$t\geqslant s$.

故$t=s$，即奇排列个数等于偶排列个数.

1.3 n阶行列式的定义

为了给出n阶行列式的定义，先来研究三阶行列式的结构. 三阶行列式定义为

$$\begin{vmatrix} a_{11} & a_{12} & a_{13} \\ a_{21} & a_{22} & a_{23} \\ a_{31} & a_{32} & a_{33} \end{vmatrix} = a_{11}a_{22}a_{33} + a_{12}a_{23}a_{31} + a_{13}a_{21}a_{32} - a_{11}a_{23}a_{32} - a_{12}a_{21}a_{33} - a_{13}a_{22}a_{31}. \tag{1.3.1}$$

容易看出：

（1）式(1.3.1)等号右端的每一项恰是三个元素的乘积，而且这三个元素位于不同的行、不同的列．因此式(1.3.1)等号右端任一项除正负号外可以写成 $a_{1p_1}a_{2p_2}a_{3p_3}$，这里第一个下标（行标）排成标准次序 123，而第二个下标（列标）排成 $p_1p_2p_3$，它是 1,2,3 三个数的某个排列．这样的排列共有 6 种，对应式(1.3.1)等号右端的 6 项．

（2）各项的正负号与列标的排列对照：

带正号的三项列标排列是：123,231,312；

带负号的三项列标排列是：132,213,321．

经计算可知前三个排列都是偶排列，而后三个排列都是奇排列．因此各项所带的正负号可以表示为 $(-1)^{\tau(p_1p_2p_3)}$，其中 $\tau(p_1p_2p_3)$ 为列标排列 $p_1p_2p_3$ 的逆序数．

于是，三阶行列式可以写成

$$\begin{vmatrix} a_{11} & a_{12} & a_{13} \\ a_{21} & a_{22} & a_{23} \\ a_{31} & a_{32} & a_{33} \end{vmatrix} = \sum_{p_1p_2p_3} (-1)^{\tau(p_1p_2p_3)} a_{1p_1}a_{2p_2}a_{3p_3}$$

式中 $\sum\limits_{p_1p_2p_3}$ 表示对 1,2,3 三个数的所有排列 $p_1p_2p_3$ 求和．

类似地，可以把行列式推广到一般情形．

1.3.1 n 阶行列式的定义

定义 1.3.1 设有 n^2 个数，排成 n 行 n 列的数表

$$\begin{matrix} a_{11} & a_{12} & \cdots & a_{1n} \\ a_{21} & a_{22} & \cdots & a_{2n} \\ \vdots & \vdots & \ddots & \vdots \\ a_{n1} & a_{n2} & \cdots & a_{nn} \end{matrix}$$

做出表中位于不同行不同列的 n 个数 $a_{1p_1}, a_{2p_2}, \cdots, a_{np_n}$ 的乘积，并冠以符号 $(-1)^{\tau(p_1p_2\cdots p_n)}$，得到形如

$$(-1)^{\tau(p_1p_2\cdots p_n)} a_{1p_1}a_{2p_2}\cdots a_{np_n}$$

的一项．这样的项共有 $n!$ 项，这 $n!$ 项的和

$$\sum_{p_1p_2\cdots p_n} (-1)^{\tau(p_1p_2\cdots p_n)} a_{1p_1}a_{2p_2}\cdots a_{np_n}$$

称为n阶行列式，记为

$$D=\begin{vmatrix} a_{11} & a_{12} & \cdots & a_{1n} \\ a_{21} & a_{22} & \cdots & a_{2n} \\ \vdots & \vdots & \ddots & \vdots \\ a_{n1} & a_{n2} & \cdots & a_{nn} \end{vmatrix}$$

也可记为$\Delta(a_{ij})$，其中数a_{ij}称为行列式D的(i,j)元.

按此定义的二阶、三阶行列式，与1.1节中用对角线法则定义的二阶、三阶行列式，显然是一致的. 当$n=1$时，一阶行列式$|a_{11}|=a_{11}$，注意不要与绝对值记号相混淆.

从上面的分析及定理1.2.1的推论，可得到n阶行列式的另一种定义形式.

定义1.3.2 $D=\sum\limits_{j_1j_2\cdots j_n}(-1)^{\tau(j_1j_2\cdots j_n)}a_{j_1 1}a_{j_2 2}\cdots a_{j_n n}$，即把列标排列写成标准排列，行标为$n$级排列$j_1j_2\cdots j_n$.

利用定理1.2.1，还可得到行列式更加一般的定义形式.

定义1.3.3 $D=\sum(-1)^{\tau(j_1j_2\cdots j_n)+\tau(p_1p_2\cdots p_n)}a_{j_1p_1}a_{j_2p_2}\cdots a_{j_np_n}$，其中行标为$n$级排列$j_1j_2\cdots j_n$，列标为$n$级排列$p_1p_2\cdots p_n$.

例1.3.1 四阶行列式$D=\begin{vmatrix} a_{11} & a_{12} & a_{13} & a_{14} \\ a_{21} & a_{22} & a_{23} & a_{24} \\ a_{31} & a_{32} & a_{33} & a_{34} \\ a_{41} & a_{42} & a_{43} & a_{44} \end{vmatrix}$共有多少项？乘积$a_{12}a_{24}a_{32}a_{41}$是$D$中的项吗？

解：共有$4!=24$项. 乘积$a_{12}a_{24}a_{32}a_{41}$不是D中的项，因为其中的元素a_{12}和a_{32}均取自第二列.

例1.3.2 已知$D=\begin{vmatrix} x & 1 & 1 & 2 \\ 1 & x & 1 & -1 \\ 3 & 2 & x & 1 \\ 1 & 1 & 2x & 1 \end{vmatrix}$，求$x^3$的系数.

解：由行列式的定义，展开式的一般项为$(-1)^{\tau(p_1p_2p_3p_4)}a_{1p_1}a_{2p_2}a_{3p_3}a_{4p_4}$，要出现$x^3$的项，$a_{ip_i}$需三项取到$x$. 因此行列式中含$x^3$的项仅有两项，它们是$(-1)^{\tau(1234)}a_{11}a_{22}a_{33}a_{44}$及$(-1)^{\tau(1243)}a_{11}a_{22}a_{34}a_{43}$. 即$x\cdot x\cdot x\cdot 1=x^3$及$(-1)\cdot x\cdot x\cdot 1\cdot 2x=-2x^3$，故$x^3$的系数为$1+(-2)=-1$.

例1.3.3 计算行列式$D_4=\begin{vmatrix} 0 & 0 & 0 & a_{14} \\ 0 & 0 & a_{23} & 0 \\ 0 & a_{32} & 0 & 0 \\ a_{41} & 0 & 0 & 0 \end{vmatrix}$.

解：该行列式的项中，除副对角线连线元素的乘积外，其他所有项均为 0.

故 $D_4 = (-1)^{\tau(4321)} a_{14}a_{23}a_{32}a_{41} = (-1)^6 a_{14}a_{23}a_{32}a_{41} = a_{14}a_{23}a_{32}a_{41}$.

例 1.3.4 计算 n 阶行列式 $D_n = \begin{vmatrix} x & y & 0 & \cdots & 0 & 0 \\ 0 & x & y & \cdots & 0 & 0 \\ 0 & 0 & x & \cdots & 0 & 0 \\ \vdots & \vdots & \vdots & \ddots & \vdots & \vdots \\ 0 & 0 & 0 & \cdots & x & y \\ y & 0 & 0 & \cdots & 0 & x \end{vmatrix}$.

解：该行列式的项中，除所有元素 x 的乘积和所有元素 y 的乘积这两项外，其他所有项均为 0. 故 $D_n = (-1)^{\tau(123\cdots n)} x^n + (-1)^{\tau(23\cdots n1)} y^n = x^n + (-1)^{n-1} y^n$.

1.3.2 三角形行列式

下面利用行列式的定义来计算两种特殊的 n 阶行列式.

1. 上三角形行列式

称主对角线下方元素全为 0 的行列式 $D = \begin{vmatrix} a_{11} & a_{12} & \cdots & a_{1n} \\ & a_{22} & \cdots & a_{2n} \\ & & \ddots & \vdots \\ & & & a_{nn} \end{vmatrix}$ 为**上三角形行列式**. 根据行列式的定义可得

$$D = \begin{vmatrix} a_{11} & a_{12} & \cdots & a_{1n} \\ & a_{22} & \cdots & a_{2n} \\ & & \ddots & \vdots \\ & & & a_{nn} \end{vmatrix} = a_{11}a_{22}\cdots a_{nn}.$$

2. 下三角形行列式

称主对角线上方元素全为 0 的行列式 $D = \begin{vmatrix} a_{11} & & & \\ a_{21} & a_{22} & & \\ \vdots & \vdots & \ddots & \\ a_{n1} & a_{n2} & \cdots & a_{nn} \end{vmatrix}$ 为**下三角形行列式**. 根据行列式的定义可得

$$D = \begin{vmatrix} a_{11} & & & \\ a_{21} & a_{22} & & \\ \vdots & \vdots & \ddots & \\ a_{n1} & a_{n2} & \cdots & a_{nn} \end{vmatrix} = a_{11}a_{22}\cdots a_{nn}.$$

1.4 行列式按行（列）展开

本节考虑如何把高阶行列式化为低阶行列式. 由于二阶、三阶行列式可以按对角线法则直接计算，故这也是求行列式的有效途径.

将三阶行列式$\begin{vmatrix} a_{11} & a_{12} & a_{13} \\ a_{21} & a_{22} & a_{23} \\ a_{31} & a_{32} & a_{33} \end{vmatrix}$的项重新整理，得

$$a_{11}(a_{22}a_{33}-a_{23}a_{32})-a_{12}(a_{21}a_{33}-a_{23}a_{31})+a_{13}(a_{21}a_{32}-a_{22}a_{31}).$$

利用二阶行列式可以进一步记为

$$(-1)^{1+1}a_{11}\begin{vmatrix} a_{22} & a_{23} \\ a_{32} & a_{33} \end{vmatrix}+(-1)^{1+2}a_{12}\begin{vmatrix} a_{21} & a_{23} \\ a_{31} & a_{33} \end{vmatrix}+(-1)^{1+3}a_{13}\begin{vmatrix} a_{21} & a_{22} \\ a_{31} & a_{32} \end{vmatrix}.$$

即三阶行列式可以化作二阶行列式进行计算.

需要指出的是，这样一种方法，还可以推广到更高阶的行列式中，我们先给出相关的定义.

1.4.1 余子式和代数余子式

定义 1.4.1 在n阶行列式中，将元素a_{ij}所在的第i行和第j列上的元素划去，其余元素按照原来的相对位置构成的$n-1$阶行列式，称为元素a_{ij}的**余子式**，记为M_{ij}. 记$A_{ij}=(-1)^{i+j}M_{ij}$，称A_{ij}为元素a_{ij}的**代数余子式**.

例 1.4.1 求行列式$D=\begin{vmatrix} 1 & 0 & -1 & 3 \\ 0 & 1 & 2 & 4 \\ -3 & 5 & 0 & 0 \\ 2 & 0 & 0 & 1 \end{vmatrix}$中元素$a_{12},a_{34},a_{44}$的余子式和代数余子式.

解： $M_{12}=\begin{vmatrix} 0 & 2 & 4 \\ -3 & 0 & 0 \\ 2 & 0 & 1 \end{vmatrix}=6$； $A_{12}=(-1)^{1+2}M_{12}=-6$.

$$M_{34}=\begin{vmatrix} 1 & 0 & -1 \\ 0 & 1 & 2 \\ 2 & 0 & 0 \end{vmatrix}=2；\quad A_{34}=(-1)^{3+4}M_{34}=-2.$$

$$M_{44}=\begin{vmatrix} 1 & 0 & -1 \\ 0 & 1 & 2 \\ -3 & 5 & 0 \end{vmatrix}=-13；\quad A_{44}=(-1)^{4+4}M_{44}=-13.$$

1.4.2 行列式展开定理

定理 1.4.1 n阶行列式$D=\Delta(a_{ij})$等于它的任一行（列）的各元素与其对应的代数余子式乘积之和，即

$$D=a_{i1}A_{i1}+a_{i2}A_{i2}+\cdots+a_{in}A_{in} \quad (i=1,2,\cdots,n)$$

或

$$D=a_{1j}A_{1j}+a_{2j}A_{2j}+\cdots+a_{nj}A_{nj} \quad (j=1,2,\cdots,n).$$

这个定理叫做**行列式按行（列）展开法则**. 利用这一法则，可将高阶行列式化为低阶行列式进行计算.

例 1.4.2 计算n阶行列式$D_n=\begin{vmatrix} x & y & 0 & \cdots & 0 & 0 \\ 0 & x & y & \cdots & 0 & 0 \\ 0 & 0 & x & \cdots & 0 & 0 \\ \vdots & \vdots & \vdots & \ddots & \vdots & \vdots \\ 0 & 0 & 0 & \cdots & x & y \\ y & 0 & 0 & \cdots & 0 & x \end{vmatrix}$.

解：将D_n按第 1 列展开得

$$D_n=x(-1)^{1+1}\begin{vmatrix} x & y & \cdots & 0 & 0 \\ 0 & x & \cdots & 0 & 0 \\ \vdots & \vdots & \ddots & \vdots & \vdots \\ 0 & 0 & \cdots & x & y \\ 0 & 0 & \cdots & 0 & x \end{vmatrix}+y(-1)^{n+1}\begin{vmatrix} y & 0 & \cdots & 0 & 0 \\ x & y & \cdots & 0 & 0 \\ 0 & x & \ddots & 0 & 0 \\ \vdots & \vdots & \ddots & \ddots & \vdots \\ 0 & 0 & \cdots & x & y \end{vmatrix}$$

注意到上式中第一个行列式是上三角形行列式，而第二个行列式是下三角形行列式，故有$D_n=x^n+(-1)^{n+1}y^n$.

我们要注意，在行列式按行（列）展开法则中，第i行元素$a_{i1},a_{i2},\cdots,a_{in}$的值并不影响其相应的代数余子式$A_{i1},A_{i2},\cdots,A_{in}$，因此若

$$\begin{vmatrix} a_{11} & \cdots & a_{1j} & \cdots & a_{1n} \\ \vdots & & \vdots & & \vdots \\ a_{i1} & \cdots & a_{ij} & \cdots & a_{in} \\ \vdots & & \vdots & & \vdots \\ a_{n1} & \cdots & a_{nj} & \cdots & a_{nn} \end{vmatrix}=a_{i1}A_{i1}+\cdots+a_{ij}A_{ij}+\cdots+a_{in}A_{in}$$

则

$$b_1A_{i1}+\cdots+b_jA_{ij}+\cdots+b_nA_{in}=\begin{vmatrix} a_{11} & \cdots & a_{1j} & \cdots & a_{1n} \\ \vdots & & \vdots & & \vdots \\ b_1 & \cdots & b_j & \cdots & b_n \\ \vdots & & \vdots & & \vdots \\ a_{n1} & \cdots & a_{nj} & \cdots & a_{nn} \end{vmatrix}.$$

类似地，第 j 列元素 $a_{1j},a_{2j},\cdots,a_{nj}$ 的值也不影响其相应的代数余子式 $A_{1j},A_{2j},\cdots,A_{nj}$. 若

$$\begin{vmatrix} a_{11} & \cdots & a_{1j} & \cdots & a_{1n} \\ \vdots & & \vdots & & \vdots \\ a_{i1} & \cdots & a_{ij} & \cdots & a_{in} \\ \vdots & & \vdots & & \vdots \\ a_{n1} & \cdots & a_{nj} & \cdots & a_{nn} \end{vmatrix}=a_{1j}A_{1j}+\cdots+a_{ij}A_{ij}+\cdots+a_{nj}A_{nj}$$

则

$$c_1A_{1j}+\cdots+c_iA_{ij}+\cdots+c_nA_{nj}=\begin{vmatrix} a_{11} & \cdots & c_1 & \cdots & a_{1n} \\ \vdots & & \vdots & & \vdots \\ a_{i1} & \cdots & c_i & \cdots & a_{in} \\ \vdots & & \vdots & & \vdots \\ a_{n1} & \cdots & c_n & \cdots & a_{nn} \end{vmatrix}.$$

1.5　行列式的性质

上一节学习了行列式按行（列）展开法则，现对这一法则的计算量做简单分析：对于一般的 n 阶行列式而言，按照定义需要计算 $n!$ 项. 而通过行列式的按行（列）展开法则，可以将其化为 n 个 $n-1$ 阶行列式进行计算，每个 $n-1$ 阶行列式需要计算 $(n-1)!$ 项，总计算量仍为 $n!$ 项. 所以对一般的 n 阶行列式而言，按行（列）展开法则进行计算，并不能有效地减少计算量. 因此，为了简化行列式的计算，仍然需要进一步研究行列式的一些性质.

1.5.1　行列式的性质

性质 1　将行列式的行、列互换，行列式的值不变. 即

$$D=\begin{vmatrix} a_{11} & a_{12} & \cdots & a_{1n} \\ a_{21} & a_{22} & \cdots & a_{2n} \\ \vdots & \vdots & \ddots & \vdots \\ a_{n1} & a_{n2} & \cdots & a_{nn} \end{vmatrix},\quad D^{\mathrm{T}}=\begin{vmatrix} a_{11} & a_{21} & \cdots & a_{n1} \\ a_{12} & a_{22} & \cdots & a_{n2} \\ \vdots & \vdots & \ddots & \vdots \\ a_{1n} & a_{2n} & \cdots & a_{nn} \end{vmatrix}$$

则 $D^{\mathrm{T}}=D$. 行列式 D^{T} 称为 D 的**转置行列式**.

证：分别用 a_{ij} 与 a'_{ij} 表示 D 与 D^{T} 中第 i 行第 j 列处的元素，则 $a_{ij}=a'_{ji}$.

$$D^{\mathrm{T}}=\sum_{k_1k_2\cdots k_n}(-1)^{\tau(k_1k_2\cdots k_n)}a'_{1k_1}a'_{2k_2}\cdots a'_{nk_n}=\sum_{k_1k_2\cdots k_n}(-1)^{\tau(k_1k_2\cdots k_n)}a_{k_11}a_{k_22}\cdots a_{k_nn}=D.$$

由此性质可知，行列式中行与列的地位是对等的，也就是说，行列式对行成立的性质，相应地对列也是成立的.

性质 2 互换行列式的两行（列），行列式变号.

证：设

$$D=\begin{vmatrix}a_{11}&a_{12}&\cdots&a_{1n}\\\vdots&\vdots&&\vdots\\a_{i1}&a_{i2}&\cdots&a_{in}\\\vdots&\vdots&&\vdots\\a_{j1}&a_{j2}&\cdots&a_{jn}\\\vdots&\vdots&&\vdots\\a_{n1}&a_{n2}&\cdots&a_{nn}\end{vmatrix}\xrightarrow{r_i\leftrightarrow r_j}\begin{vmatrix}a_{11}&a_{12}&\cdots&a_{1n}\\\vdots&\vdots&&\vdots\\a_{j1}&a_{j2}&\cdots&a_{jn}\\\vdots&\vdots&&\vdots\\a_{i1}&a_{i2}&\cdots&a_{in}\\\vdots&\vdots&&\vdots\\a_{n1}&a_{n2}&\cdots&a_{nn}\end{vmatrix}=B.$$

因为仅对行列式 D 的 i,j 两行进行了交换，故行列式 D 和 B 中的不同行不同列元素的乘积项对应相同，将对应的一般项记为 $a_{1k_1}\cdots a_{ik_i}\cdots a_{jk_j}\cdots a_{nj_n}$，现在考虑一般项的符号.

在行列式 D 中，将一般项的行标按标准排列，此时一般项为 $a_{1k_1}\cdots a_{ik_i}\cdots a_{jk_j}\cdots a_{nj_n}$，列标排列为 $k_1\cdots k_i\cdots k_j\cdots k_n$，一般项的符号是 $(-1)^{\tau(k_1\cdots k_i\cdots k_j\cdots k_n)}$. 而在行列式 B 中，将一般项的行标按标准排列，此时一般项为 $a_{1k_1}\cdots a_{jk_j}\cdots a_{ik_i}\cdots a_{nj_n}$，列标排列为 $k_1\cdots k_j\cdots k_i\cdots k_n$，一般项的符号是 $(-1)^{\tau(k_1\cdots k_j\cdots k_i\cdots k_n)}$. 因为 $(-1)^{\tau(k_1\cdots k_i\cdots k_j\cdots k_n)}$ 与 $(-1)^{\tau(k_1\cdots k_j\cdots k_i\cdots k_n)}$ 一定异号，故 $D=-B$.

以 r_i 表示行列式的第 i 行，以 c_i 表示行列式的第 i 列. 交换行列式的 i,j 两行记为 $r_i\leftrightarrow r_j$，交换 i,j 两列记为 $c_i\leftrightarrow c_j$.

推论 1 如果行列式有两行（列）的元素对应相同，则此行列式等于零.

推论 2 行列式某一行（列）的元素与另一行（列）对应元素的代数余子式乘积之和等于零. 即

$$a_{i1}A_{j1}+a_{i2}A_{j2}+\cdots+a_{in}A_{jn}=0\quad(i\neq j)$$

或

$$a_{1i}A_{1j}+a_{2i}A_{2j}+\cdots+a_{ni}A_{nj}=0\quad(i\neq j).$$

证：将行列式按第 j 行展开，有

$$a_{j1}A_{j1}+a_{j2}A_{j2}+\cdots+a_{jn}A_{jn}=\begin{vmatrix} a_{11} & a_{12} & \cdots & a_{1n} \\ \vdots & \vdots & & \vdots \\ a_{i1} & a_{i2} & \cdots & a_{in} \\ \vdots & \vdots & & \vdots \\ a_{j1} & a_{j2} & \cdots & a_{jn} \\ \vdots & \vdots & & \vdots \\ a_{n1} & a_{n2} & \cdots & a_{nn} \end{vmatrix}$$

在上式中把 a_{jk} 换成 a_{ik} $(k=1,\cdots,n)$，可得

$$a_{i1}A_{j1}+a_{i2}A_{j2}+\cdots+a_{in}A_{jn}=\begin{vmatrix} a_{11} & a_{12} & \cdots & a_{1n} \\ \vdots & \vdots & & \vdots \\ a_{i1} & a_{i2} & \cdots & a_{in} \\ \vdots & \vdots & & \vdots \\ a_{i1} & a_{i2} & \cdots & a_{in} \\ \vdots & \vdots & & \vdots \\ a_{n1} & a_{n2} & \cdots & a_{nn} \end{vmatrix}\begin{matrix} \\ \\ \leftarrow 第i行 \\ \\ \leftarrow 第j行 \\ \\ \\ \end{matrix}$$

当 $i\neq j$ 时，上式右端行列式中有两行的对应元素相同，故行列式等于零，即得

$$a_{i1}A_{j1}+a_{i2}A_{j2}+\cdots+a_{in}A_{jn}=0 \quad (i\neq j)$$

上述证法如按列进行，即可得

$$a_{1i}A_{1j}+a_{2i}A_{2j}+\cdots+a_{ni}A_{nj}=0 \quad (i\neq j)$$

结合定理 1.4.1 及该推论，可得代数余子式的重要性质：

$$a_{i1}A_{j1}+a_{i2}A_{j2}+\cdots+a_{in}A_{jn}=\begin{cases} D, & i=j; \\ 0, & i\neq j. \end{cases}$$

及

$$a_{1i}A_{1j}+a_{2i}A_{2j}+\cdots+a_{ni}A_{nj}=\begin{cases} D, & i=j; \\ 0, & i\neq j. \end{cases}$$

性质 3　以数 k 乘以行列式的某一行（列）中的所有元素，就等于用 k 乘此行列式．即

$$\begin{vmatrix} a_{11} & a_{12} & \cdots & a_{1n} \\ \vdots & \vdots & & \vdots \\ ka_{i1} & ka_{i2} & \cdots & ka_{in} \\ \vdots & \vdots & & \vdots \\ a_{n1} & a_{n2} & \cdots & a_{nn} \end{vmatrix}=k\begin{vmatrix} a_{11} & a_{12} & \cdots & a_{1n} \\ \vdots & \vdots & & \vdots \\ a_{i1} & a_{i2} & \cdots & a_{in} \\ \vdots & \vdots & & \vdots \\ a_{n1} & a_{n2} & \cdots & a_{nn} \end{vmatrix}.$$

第 i 行（列）乘以 k，记为 $r_i\times k$（$c_i\times k$）.

由性质 3 可得下面的推论：

推论 3 行列式某一行（列）元素的公因子可以提到行列式符号的外面.

推论 4 如果行列式中有一行（列）的元素全为零，则此行列式为零.

推论 5 如果行列式中有某两行（列）的对应元素成比例，则此行列式为零.

性质 4 如果行列式的某一行（列）的所有元素都是两个数的和，则此行列式等于两个相应行列式之和. 即

$$\begin{vmatrix} a_{11} & a_{12} & \cdots & a_{1n} \\ \vdots & \vdots & & \vdots \\ a_{i1}+b_{i1} & a_{i2}+b_{i2} & \cdots & a_{in}+b_{in} \\ \vdots & \vdots & & \vdots \\ a_{n1} & a_{n2} & \cdots & a_{nn} \end{vmatrix} = \begin{vmatrix} a_{11} & a_{12} & \cdots & a_{1n} \\ \vdots & \vdots & & \vdots \\ a_{i1} & a_{i2} & \cdots & a_{in} \\ \vdots & \vdots & & \vdots \\ a_{n1} & a_{n2} & \cdots & a_{nn} \end{vmatrix} + \begin{vmatrix} a_{11} & a_{12} & \cdots & a_{1n} \\ \vdots & \vdots & & \vdots \\ b_{i1} & b_{i2} & \cdots & b_{in} \\ \vdots & \vdots & & \vdots \\ a_{n1} & a_{n2} & \cdots & a_{nn} \end{vmatrix}.$$

性质 5 把行列式的某一行（列）的各元素乘以同一常数后加到另一行（列）对应的元素上去，行列式不变.

例如：将第 i 行元素的 k 倍加到第 j 行上，当 $i \neq j$ 时，有

$$\begin{vmatrix} a_{11} & a_{12} & \cdots & a_{1n} \\ \vdots & \vdots & & \vdots \\ a_{i1} & a_{i2} & \cdots & a_{in} \\ \vdots & \vdots & & \vdots \\ a_{j1} & a_{j2} & \cdots & a_{jn} \\ \vdots & \vdots & & \vdots \\ a_{n1} & a_{n2} & \cdots & a_{nn} \end{vmatrix} = \begin{vmatrix} a_{11} & a_{12} & \cdots & a_{1n} \\ \vdots & \vdots & & \vdots \\ a_{i1} & a_{i2} & \cdots & a_{in} \\ \vdots & \vdots & & \vdots \\ a_{j1}+ka_{i1} & a_{j2}+ka_{i2} & \cdots & a_{jn}+ka_{in} \\ \vdots & \vdots & & \vdots \\ a_{n1} & a_{n2} & \cdots & a_{nn} \end{vmatrix}.$$

将第 i 行（列）元素的 k 倍加到第 j 行（列）上记为 $r_j + kr_i$ （$c_j + kc_i$）.

以上诸性质请读者证明之.

1.5.2 利用行列式的性质计算行列式

性质 2、3、5 介绍了行列式关于行和列的三种运算，即 $r_i \leftrightarrow r_j$，$r_i \times k$，$r_j + kr_i$ 和 $c_i \leftrightarrow c_j$，$c_i \times k$，$c_j + kc_i$. 行列式计算中常用的方法之一就是利用上述三种运算，把行列式化为三角形行列式，从而计算行列式的值.

例 1.5.1 计算 $D = \begin{vmatrix} 1 & -5 & 3 & -3 \\ 2 & 0 & 1 & -1 \\ 3 & 1 & -1 & 2 \\ 4 & 1 & 3 & -1 \end{vmatrix}$.

解：

$$D\xlongequal[r_4-4r_1]{\substack{r_2-2r_1\\r_3-3r_1}}\begin{vmatrix}1&-5&3&-3\\0&10&-5&5\\0&16&-10&11\\0&21&-9&11\end{vmatrix}\xlongequal{\frac{1}{5}r_2}5\begin{vmatrix}1&-5&3&-3\\0&2&-1&1\\0&16&-10&11\\0&21&-9&11\end{vmatrix}\xlongequal[r_4-10r_2]{r_3-8r_2}5\begin{vmatrix}1&-5&3&-3\\0&2&-1&1\\0&0&-2&3\\0&1&1&1\end{vmatrix}$$

$$\xlongequal{r_2\leftrightarrow r_4}(-5)\begin{vmatrix}1&-5&3&-3\\0&1&1&1\\0&0&-2&3\\0&2&-1&1\end{vmatrix}\xlongequal{r_4-2r_2}(-5)\begin{vmatrix}1&-5&3&-3\\0&1&1&1\\0&0&-2&3\\0&0&-3&-1\end{vmatrix}\xlongequal{r_4-\frac{3}{2}r_3}(-5)\begin{vmatrix}1&-5&3&-3\\0&1&1&1\\0&0&-2&3\\0&0&0&-\frac{11}{2}\end{vmatrix}$$

$$=-55 .$$

1.6 行列式计算方法举例

我们已经学习了多种计算行列式的方法：利用行列式的定义计算行列式，利用行列式按行（列）展开法则计算行列式，利用行列式的性质计算行列式.

一般来说，按照行列式的定义计算行列式可以用于二、三阶行列式以及上（下）三角形行列式等特殊类型行列式的计算；而如果行列式某行（列）含有较多的零元素，则可以考虑采用行列式按行（列）展开法则计算；在更多的行列式计算问题中，可以利用行列式性质将其化为上（下）三角形行列式计算.

为了尽可能减少计算量，在行列式的计算中，还将结合行列式自身的元素特征来综合分析，以下给出一些计算实例.

例 1.6.1 计算行列式 $D=\begin{vmatrix}5&3&-1&2&0\\1&7&2&5&2\\0&-2&3&1&0\\0&-4&-1&4&0\\0&2&3&5&0\end{vmatrix}$.

解：注意到该行列式的第 5 列仅有一个非零元素，故将该行列式按第 5 列展开得

$$D=2\cdot(-1)^{2+5}\begin{vmatrix}5&3&-1&2\\0&-2&3&1\\0&-4&-1&4\\0&2&3&5\end{vmatrix}$$

再观察发现，此行列式的第一列也仅有一个非零元素，继续将行列式按第 1 列展开得

$$D=-2\cdot 5(-1)^{1+1}\begin{vmatrix}-2 & 3 & 1\\ -4 & -1 & 4\\ 2 & 3 & 5\end{vmatrix}$$

此时的行列式为3阶行列式，各种计算方法均可采用，最后得到$D=-1080$.

例 1.6.2 计算$D_n=\begin{vmatrix}x & a & \cdots & a\\ a & x & \cdots & a\\ \vdots & \vdots & \ddots & \vdots\\ a & a & \cdots & x\end{vmatrix}$.

解： $$D_n\xlongequal[r_1+r_n]{r_1+r_2 \atop \cdots\cdots}\begin{vmatrix}x+(n-1)a & x+(n-1)a & \cdots & x+(n-1)a\\ a & x & \cdots & a\\ \vdots & \vdots & \ddots & \vdots\\ a & a & \cdots & x\end{vmatrix}$$

$$=\left[x+(n-1)a\right]\begin{vmatrix}1 & 1 & \cdots & 1\\ a & x & \cdots & a\\ \vdots & \vdots & \ddots & \vdots\\ a & a & \cdots & x\end{vmatrix}$$

$$\xlongequal[r_n-ar_1]{r_2-ar_1 \atop \cdots\cdots}\left[x+(n-1)a\right]\begin{vmatrix}1 & 1 & \cdots & 1\\ 0 & x-a & \cdots & 0\\ \vdots & \vdots & \ddots & \vdots\\ 0 & 0 & \cdots & x-a\end{vmatrix}$$

$$=\left[x+(n-1)a\right](x-a)^{n-1}.$$

例 1.6.3 计算$D_n=\begin{vmatrix}1 & 2 & 3 & \cdots & n\\ 2 & 1 & 0 & \cdots & 0\\ 3 & 0 & 1 & \cdots & 0\\ \vdots & \vdots & \vdots & \ddots & \vdots\\ n & 0 & 0 & \cdots & 1\end{vmatrix}$.

解： $$D_n\xlongequal[(j=2,\cdots,n)]{c_1-jc_j}\begin{vmatrix}1-(2^2+3^2+\cdots+n^2) & 2 & 3 & \cdots & n\\ 0 & 1 & 0 & \cdots & 0\\ 0 & 0 & 1 & \cdots & 0\\ \vdots & \vdots & \vdots & \ddots & \vdots\\ 0 & 0 & 0 & \cdots & 1\end{vmatrix}=1-(2^2+3^2+\cdots+n^2).$$

例 1.6.4　求证：$\begin{vmatrix} a+b & b+c & c+a \\ a_1+b_1 & b_1+c_1 & c_1+a_1 \\ a_2+b_2 & b_2+c_2 & c_2+a_2 \end{vmatrix} = 2\begin{vmatrix} a & b & c \\ a_1 & b_1 & c_1 \\ a_2 & b_2 & c_2 \end{vmatrix}$.

证：左式 $=\begin{vmatrix} a & b+c & c+a \\ a_1 & b_1+c_1 & c_1+a_1 \\ a_2 & b_2+c_2 & c_2+a_2 \end{vmatrix}+\begin{vmatrix} b & b+c & c+a \\ b_1 & b_1+c_1 & c_1+a_1 \\ b_2 & b_2+c_2 & c_2+a_2 \end{vmatrix}$

$$=\begin{vmatrix} a & b+c & c \\ a_1 & b_1+c_1 & c_1 \\ a_2 & b_2+c_2 & c_2 \end{vmatrix}+\begin{vmatrix} b & c & c+a \\ b_1 & c_1 & c_1+a_1 \\ b_2 & c_2 & c_2+a_2 \end{vmatrix}$$

$$=\begin{vmatrix} a & b & c \\ a_1 & b_1 & c_1 \\ a_2 & b_2 & c_2 \end{vmatrix}+\begin{vmatrix} b & c & a \\ b_1 & c_1 & a_1 \\ b_2 & c_2 & a_2 \end{vmatrix}$$

$$=2\begin{vmatrix} a & b & c \\ a_1 & b_1 & c_1 \\ a_2 & b_2 & c_2 \end{vmatrix}.$$

例 1.6.5　证明 n 阶（$n\geqslant 2$）范德蒙德（Vandermonde）行列式

$$D_n=\begin{vmatrix} 1 & 1 & \cdots & 1 & 1 \\ x_1 & x_2 & \cdots & x_{n-1} & x_n \\ x_1^2 & x_2^2 & \cdots & x_{n-1}^2 & x_n^2 \\ \vdots & \vdots & \ddots & \vdots & \vdots \\ x_1^{n-1} & x_2^{n-1} & \cdots & x_{n-1}^{n-1} & x_n^{n-1} \end{vmatrix}=\prod_{1\leqslant i<j\leqslant n}(x_j-x_i). \tag{1.6.1}$$

其中，记号“$\prod\limits_{1\leqslant i<j\leqslant n}(x_j-x_i)$”表示满足条件 $1\leqslant i<j\leqslant n$ 的全体同类因子 x_j-x_i 的乘积.

证：用数学归纳法. 因为

$$D_2=\begin{vmatrix} 1 & 1 \\ x_1 & x_2 \end{vmatrix}=x_2-x_1=\prod_{1\leqslant i<j\leqslant 2}(x_j-x_i).$$

所以，当 $n=2$ 时式(1.6.1)成立. 现在假设式(1.6.1)对于 $n-1$ 阶范德蒙德行列式成立，要证式(1.6.1)对 n 阶范德蒙德行列式也成立.

为此，设法把 D_n 降阶：从第 n 行开始，依次将上一行的 $-x_n$ 倍加到下一行，有

$$D_n\xlongequal[(i=n,\cdots,2)]{r_i-x_n\times r_{i-1}}\left|\begin{array}{cccc:c} 1 & 1 & \cdots & 1 & 1 \\ \hdashline (x_1-x_n) & (x_2-x_n) & \cdots & (x_{n-1}-x_n) & 0 \\ x_1(x_1-x_n) & x_2(x_2-x_n) & \cdots & x_{n-1}(x_{n-1}-x_n) & 0 \\ \vdots & \vdots & \ddots & \vdots & \vdots \\ x_1^{n-2}(x_1-x_n) & x_2^{n-2}(x_2-x_n) & \cdots & x_{n-1}^{n-2}(x_{n-1}-x_n) & 0 \end{array}\right|.$$

再按第 n 列展开，并把每列的公因子 $x_i - x_n$（$i=1,2,\cdots,n-1$）提出，就有

$$D_n=(x_n-x_{n-1})(x_n-x_{n-2})\cdots(x_n-x_1)\begin{vmatrix}1&1&\cdots&1\\x_1&x_2&\cdots&x_{n-1}\\\vdots&\vdots&\ddots&\vdots\\x_1^{n-2}&x_2^{n-2}&\cdots&x_{n-1}^{n-2}\end{vmatrix}$$

上式右端的行列式是 $n-1$ 阶范德蒙德行列式，按归纳法假设，它等于所有 (x_j-x_i) 因子的乘积，其中 $1\leqslant i<j\leqslant n-1$．故

$$\begin{aligned}D_n&=(x_n-x_{n-1})(x_n-x_{n-2})\cdots(x_n-x_1)\prod_{1\leqslant i<j\leqslant n-1}(x_j-x_i)\\&=\prod_{1\leqslant i<j\leqslant n}(x_j-x_i)\end{aligned}$$

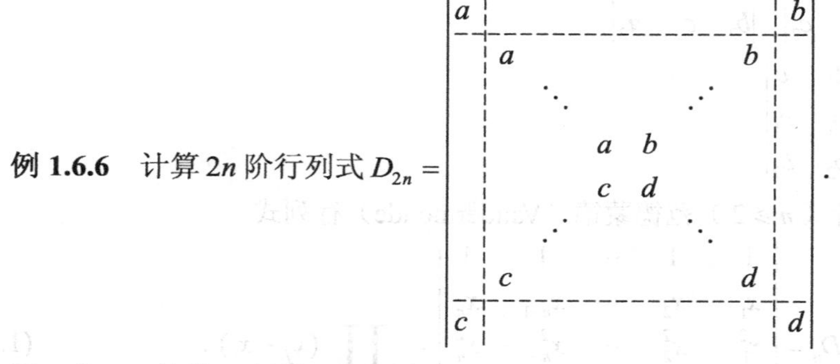

例 1.6.6 计算 $2n$ 阶行列式 $D_{2n}=\begin{vmatrix}a&&&&&&b\\&a&&&&b&\\&&\ddots&&\cdot^{\cdot^{\cdot}}&&\\&&&a\ \ b&&&\\&&&c\ \ d&&&\\&&\cdot^{\cdot^{\cdot}}&&\ddots&&\\&c&&&&d&\\c&&&&&&d\end{vmatrix}$．

解：将 D_{2n} 按第 1 行展开，则有

$$D_{2n}=(-1)^{1+1}a\begin{vmatrix}a&&&&b&0\\&\ddots&&\cdot^{\cdot^{\cdot}}&&\\&&a\ \ b&&&\\&&c\ \ d&&&\\&\cdot^{\cdot^{\cdot}}&&\ddots&&\\c&&&&d&0\\0&&&&0&d\end{vmatrix}_{(2n-1)}+(-1)^{1+2n}b\begin{vmatrix}0&a&&&&b\\&&\ddots&&\cdot^{\cdot^{\cdot}}&\\&&&a\ \ b&&\\&&&c\ \ d&&\\&&\cdot^{\cdot^{\cdot}}&&\ddots&\\0&c&&&&d\\c&0&&&&0\end{vmatrix}_{(2n-1)}$$

$$\begin{aligned}&=a\cdot(-1)^{(2n-1)+(2n-1)}d\cdot D_{2(n-1)}+(-b)\cdot(-1)^{(2n-1)+1}c\cdot D_{2(n-1)}\\&=(ad-bc)D_{2(n-1)}=\cdots=(ad-bc)^{n-1}D_2\end{aligned}$$

而 $D_2=\begin{vmatrix}a&b\\c&d\end{vmatrix}=ad-bc$，故 $D_{2n}=(ad-bc)^n$．

例 1.6.7　设 $D=\begin{vmatrix}1&2&3&4\\2&4&3&1\\4&1&3&2\\1&4&3&2\end{vmatrix}$，求 $A_{11}+A_{21}+A_{31}+A_{41}$.

解： $A_{11}+A_{21}+A_{31}+A_{41}$ 等于用 $1,1,1,1$ 代替 D 的第 1 列所得的行列式，即

$$A_{11}+A_{21}+A_{31}+A_{41}=\begin{vmatrix}1&2&3&4\\1&4&3&1\\1&1&3&2\\1&4&3&2\end{vmatrix}=0$$（第 1 列与第 3 列元素对应成比例）.

1.7　克拉默法则

1.7.1　线性方程组的基本概念

从实际问题导出的线性方程组通常含有若干个未知数和若干个方程，它的一般形式为

$$\begin{cases}a_{11}x_1+a_{12}x_2+\cdots+a_{1n}x_n=b_1;\\a_{21}x_1+a_{22}x_2+\cdots+a_{2n}x_n=b_2;\\\qquad\vdots\\a_{m1}x_1+a_{m2}x_2+\cdots+a_{mn}x_n=b_m.\end{cases}\tag{1.7.1}$$

其中 $x_1,x_2,\cdots,x_n$ 是未知数，a_{ij}（$i=1,2,\cdots,m;j=1,2,\cdots,n$）是未知数的系数，$b_1,b_2,\cdots,b_m$ 叫做常数项，这里 m 与 n 不一定相等.

如果 $b_1=b_2=\cdots=b_m=0$，则式(1.7.1)叫做**齐次线性方程组**；如果 $b_1,b_2,\cdots,b_m$ 不全为零，则式(1.7.1)叫做**非齐次线性方程组**.

对于齐次线性方程组

$$\begin{cases}a_{11}x_1+a_{12}x_2+\cdots+a_{1n}x_n=0;\\a_{21}x_1+a_{22}x_2+\cdots+a_{2n}x_n=0;\\\qquad\vdots\\a_{m1}x_1+a_{m2}x_2+\cdots+a_{mn}x_n=0.\end{cases}\tag{1.7.2}$$

$x_1=x_2=\cdots=x_n=0$ 一定是它的解，这个解叫做齐次线性方程组(1.7.2)的**零解**. 如果一组不全为零的数是方程组(1.7.2)的解，则它叫做齐次线性方程组(1.7.2)的**非零解**. 齐次线性方程组一定有零解，但不一定有非零解.

1.7.2 克拉默法则

当 $m=n$ 时，方程组(1.7.1)变成

$$\begin{cases} a_{11}x_1 + a_{12}x_2 + \cdots + a_{1n}x_n = b_1; \\ a_{21}x_1 + a_{22}x_2 + \cdots + a_{2n}x_n = b_2; \\ \qquad \vdots \\ a_{n1}x_1 + a_{n2}x_2 + \cdots + a_{nn}x_n = b_n. \end{cases} \tag{1.7.3}$$

此时未知数个数与方程个数相等，与 1.1.1 节中二元、三元线性方程组相类似，它的解可以用 n 阶行列式表示，即有如下定理：

定理 1.7.1（克拉默法则） 如果线性方程组(1.7.3)的系数行列式不等于零，即

$$D = \begin{vmatrix} a_{11} & a_{12} & \cdots & a_{1n} \\ a_{21} & a_{22} & \cdots & a_{2n} \\ \vdots & \vdots & \ddots & \vdots \\ a_{n1} & a_{n2} & \cdots & a_{nn} \end{vmatrix} \neq 0$$

那么，方程组(1.7.3)有唯一解

$$x_j = \frac{D_j}{D} \ (j=1,2,\cdots,n) \tag{1.7.4}$$

其中，$D_j(j=1,2,\cdots,n)$ 是把系数行列式 D 中第 j 列元素用方程组右端的常数项替代后所得到的 n 阶行列式，即

$$D_j = \begin{vmatrix} a_{11} & \cdots & a_{1,j-1} & b_1 & a_{1,j+1} & \cdots & a_{1n} \\ a_{21} & \cdots & a_{2,j-1} & b_2 & a_{2,j+1} & \cdots & a_{2n} \\ \vdots & & \vdots & \vdots & \vdots & & \vdots \\ a_{n1} & \cdots & a_{n,j-1} & b_n & a_{n,j+1} & \cdots & a_{nn} \end{vmatrix}.$$

例 1.7.1 求解线性方程组

$$\begin{cases} x_1 - x_2 + x_3 - 2x_4 = 2; \\ 2x_1 \qquad - x_3 + 4x_4 = 4; \\ 3x_1 + 2x_2 + x_3 \qquad = -1; \\ -x_1 + 2x_2 - x_3 + 2x_4 = -4. \end{cases}$$

解： 系数行列式

$$D=\begin{vmatrix}1&-1&1&-2\\2&0&-1&4\\3&2&1&0\\-1&2&-1&2\end{vmatrix}=\begin{vmatrix}1&-1&1&-2\\0&2&-3&8\\0&5&-2&6\\0&1&0&0\end{vmatrix}=-\begin{vmatrix}1&-1&1&-2\\0&1&0&0\\0&0&-2&6\\0&0&-3&8\end{vmatrix}=-2\neq 0$$

所以方程组有唯一解，而

$$D_1=\begin{vmatrix}2&-1&1&-2\\4&0&-1&4\\-1&2&1&0\\-4&2&-1&2\end{vmatrix}=-2,\quad D_2=\begin{vmatrix}1&2&1&-2\\2&4&-1&4\\3&-1&1&0\\-1&-4&-1&2\end{vmatrix}=4$$

$$D_3=\begin{vmatrix}1&-1&2&-2\\2&0&4&4\\3&2&-1&0\\-1&2&-4&2\end{vmatrix}=0,\quad D_4=\begin{vmatrix}1&-1&1&2\\2&0&-1&4\\3&2&1&-1\\-1&2&-1&-4\end{vmatrix}=-1$$

于是得 $x_1=1$，$x_2=-2$，$x_3=0$，$x_4=\dfrac{1}{2}$.

定理 1.7.1 的逆否命题如下：

定理 1.7.2　如果线性方程组(1.7.3)无解或有无穷多解，则它的系数行列式必为零.

当线性方程组(1.7.3)的系数行列式为零的时候，会出现两种情况：一是无解；二是有无穷多解. 这两种情况将在第 4 章进行详细讨论.

对于含有 n 个未知数 n 个方程的齐次线性方程组

$$\begin{cases}a_{11}x_1+a_{12}x_2+\cdots+a_{1n}x_n=0;\\a_{21}x_1+a_{22}x_2+\cdots+a_{2n}x_n=0;\\\quad\vdots\\a_{n1}x_1+a_{n2}x_2+\cdots+a_{nn}x_n=0.\end{cases}\tag{1.7.5}$$

由定理 1.7.1，可得如下定理：

定理 1.7.3　如果齐次线性方程组(1.7.5)的系数行列式 $D\neq 0$，则它只有零解.

定理 1.7.4　如果齐次方程组(1.7.5)有非零解，则它的系数行列式必为零.

例 1.7.2　判断齐次线性方程组 $\begin{cases}2x_1+x_2-5x_3+x_4=0;\\x_1-3x_2-6x_4=0;\\2x_2-x_3=0;\\x_1+4x_2-7x_3+6x_4=0.\end{cases}$ 有无非零解.

解：由于系数行列式

$$D=\begin{vmatrix}2&1&-5&1\\1&-3&0&-6\\0&2&-1&0\\1&4&-7&6\end{vmatrix}=-\begin{vmatrix}1&-3&0&-6\\2&1&-5&1\\0&2&-1&0\\1&4&-7&6\end{vmatrix}$$

$$=-\begin{vmatrix}1&-3&0&-6\\0&7&-5&13\\0&2&-1&0\\0&7&-7&12\end{vmatrix}\xlongequal{r_2-3r_3}-\begin{vmatrix}1&-3&0&-6\\0&1&-2&13\\0&2&-1&0\\0&7&-7&12\end{vmatrix}$$

$$=-\begin{vmatrix}1&-3&0&-6\\0&1&-2&13\\0&0&3&-26\\0&0&7&-79\end{vmatrix}=55\neq 0$$

所以方程组只有零解.

例 1.7.3 已知齐次线性方程组$\begin{cases}\lambda x_1+x_2+x_3=0;\\x_1+\lambda x_2+x_3=0;\\x_1+x_2+\lambda x_3=0.\end{cases}$有非零解，求$\lambda$.

解：因为方程组的系数行列式为

$$D=\begin{vmatrix}\lambda&1&1\\1&\lambda&1\\1&1&\lambda\end{vmatrix}=(\lambda+2)(\lambda-1)^2$$

由定理 1.7.4 知，它的系数行列式$D=0$，即$(\lambda+2)(\lambda-1)^2=0$，故$\lambda=1$或$\lambda=-2$.

本 章 小 结

1. 基本要求

（1）掌握用对角线法则计算二、三阶行列式的方法；

（2）了解n阶行列式的定义；

（3）掌握行列式的按行（列）展开法则；

（4）掌握行列式的性质；

（5）会计算简单的 n 阶行列式；

（6）了解克拉默法则.

重点：利用行列式的性质和展开法则计算行列式.

难点：行列式的计算.

2．学习要点

（1）n 阶行列式的定义

n 阶行列式

$$D=\begin{vmatrix} a_{11} & a_{12} & \cdots & a_{1n} \\ a_{21} & a_{22} & \cdots & a_{2n} \\ \vdots & \vdots & \ddots & \vdots \\ a_{n1} & a_{n2} & \cdots & a_{nn} \end{vmatrix}=\sum_{p_1p_2\cdots p_n}(-1)^{\tau(p_1p_2\cdots p_n)}a_{1p_1}a_{2p_2}\cdots a_{np_n}\ .$$

其中 $(p_1p_2\cdots p_n)$ 为自然数 $1,2,\cdots,n$ 的一个排列，$\tau(p_1p_2\cdots p_n)$ 为该排列的逆序数，符号 $\sum\limits_{p_1p_2\cdots p_n}$ 表示对所有 n 级排列 $(p_1p_2\cdots p_n)$ 求和.

注意：①和式中的任一项是取自 D 中不同行、不同列的 n 个元素的乘积，D 中这样的乘积共有 $n!$ 项，且冠以正号的项和冠以负号的项（不含元素本身所带的符号）各占一半；

②该定义也适用于二阶和三阶行列式；

③三阶以上的行列式不能用对角线法则计算.

（2）行列式的性质

①行列式与它的转置行列式相等，即 $D=D^{\mathrm{T}}$.

②交换行列式的两行（列），行列式变号.

③用常数 k 乘行列式的某一行（列），相当于用数 k 乘此行列式.

④若行列式的某一行（列）的元素都是两数之和，则该行列式等于两个相应行列式之和. 即

$$\begin{vmatrix} a_{11} & a_{12} & \cdots & a_{1n} \\ \vdots & \vdots & & \vdots \\ b_{i1}+c_{i1} & b_{i2}+c_{i2} & \cdots & b_{in}+c_{in} \\ \vdots & \vdots & & \vdots \\ a_{n1} & a_{n2} & \cdots & a_{nn} \end{vmatrix}=\begin{vmatrix} a_{11} & a_{12} & \cdots & a_{1n} \\ \vdots & \vdots & & \vdots \\ b_{i1} & b_{i2} & \cdots & b_{in} \\ \vdots & \vdots & & \vdots \\ a_{n1} & a_{n2} & \cdots & a_{nn} \end{vmatrix}+\begin{vmatrix} a_{11} & a_{12} & \cdots & a_{1n} \\ \vdots & \vdots & & \vdots \\ c_{i1} & c_{i2} & \cdots & c_{in} \\ \vdots & \vdots & & \vdots \\ a_{n1} & a_{n2} & \cdots & a_{nn} \end{vmatrix}.$$

⑤将行列式的某一行（列）的所有元素都乘以数 k 后加到另一行（列）对应位置的元素上，行列式的值不变. 即

$$\begin{vmatrix} a_{11} & a_{12} & \cdots & a_{1n} \\ \vdots & \vdots & & \vdots \\ a_{i1} & a_{i2} & \cdots & a_{in} \\ \vdots & \vdots & & \vdots \\ a_{j1} & a_{j2} & \cdots & a_{jn} \\ \vdots & \vdots & & \vdots \\ a_{n1} & a_{n2} & \cdots & a_{nn} \end{vmatrix} = \begin{vmatrix} a_{11} & a_{12} & \cdots & a_{1n} \\ \vdots & \vdots & & \vdots \\ a_{i1} & a_{i2} & \cdots & a_{in} \\ \vdots & \vdots & & \vdots \\ a_{j1}+ka_{i1} & a_{j2}+ka_{i2} & \cdots & a_{jn}+ka_{in} \\ \vdots & \vdots & & \vdots \\ a_{n1} & a_{n2} & \cdots & a_{nn} \end{vmatrix}.$$

（3）行列式的按行（列）展开法则

行列式等于它的某行（列）的各元素与其对应的代数余子式乘积之和，即可以按第 i 行展开：

$$D = a_{i1}A_{i1} + a_{i2}A_{i2} + \cdots + a_{in}A_{in} \qquad (i = 1,2,\cdots,n).$$

或按第 j 列展开：

$$D = a_{1j}A_{1j} + a_{2j}A_{2j} + \cdots + a_{nj}A_{nj} \qquad (j = 1,2,\cdots,n).$$

注意：行列式某一行（列）的元素与另一行（列）的对应元素的代数余子式乘积之和等于零，即

$$a_{i1}A_{j1} + a_{i2}A_{j2} + \cdots + a_{in}A_{jn} = 0, \quad i \neq j.$$

或

$$a_{1i}A_{1j} + a_{2i}A_{2j} + \cdots + a_{ni}A_{nj} = 0, \quad i \neq j.$$

（4）一些常用的行列式

①上、下三角形行列式等于主对角线上的元素的乘积．即

$$\begin{vmatrix} a_{11} & a_{12} & \cdots & a_{1n} \\ & a_{22} & \cdots & a_{2n} \\ & & \ddots & \vdots \\ & & & a_{nn} \end{vmatrix} = \begin{vmatrix} a_{11} & & & \\ a_{21} & a_{22} & & \\ \vdots & \vdots & \ddots & \\ a_{n1} & a_{n2} & \cdots & a_{nn} \end{vmatrix} = a_{11}a_{22}\cdots a_{nn}.$$

（未标明的元素均为零，下同．）

②范德蒙德行列式

$$D_n = \begin{vmatrix} 1 & 1 & \cdots & 1 & 1 \\ x_1 & x_2 & \cdots & x_{n-1} & x_n \\ x_1^2 & x_2^2 & \cdots & x_{n-1}^2 & x_n^2 \\ \vdots & \vdots & \ddots & \vdots & \vdots \\ x_1^{n-1} & x_2^{n-1} & \cdots & x_{n-1}^{n-1} & x_n^{n-1} \end{vmatrix} = \prod_{1 \leqslant i < j \leqslant n} (x_j - x_i).$$

（5）行列式的计算方法

①用对角线法则计算二阶和三阶行列式；

②利用行列式的定义计算特殊类型的行列式；

③利用性质把行列式化为上（下）三角形行列式，从而求得行列式的值；

④利用性质把行列式的某一行（列）化出尽可能多的零，再将行列式按该行（列）展开，降阶计算；

⑤数学归纳法.

（6）克拉默法则

如果 n 元线性方程组

$$\begin{cases} a_{11}x_1 + a_{12}x_2 + \cdots + a_{1n}x_n = b_1; \\ a_{21}x_1 + a_{22}x_2 + \cdots + a_{2n}x_n = b_2; \\ \qquad \vdots \\ a_{n1}x_1 + a_{n2}x_2 + \cdots + a_{nn}x_n = b_n. \end{cases}$$

的系数行列式 $D = \Delta(a_{ij}) \neq 0$，则方程组有唯一解

$$x_j = \frac{D_j}{D} \quad (j = 1, 2, \cdots, n)$$

其中 $D_j\ (j = 1, 2, \cdots, n)$ 是把系数行列式 D 中第 j 列元素用方程组右端的常数项替代后所得到的 n 阶行列式.

注意：①克拉默法则仅适用于方程个数与未知量个数相等且系数行列式不为零的情形；②当 n 较大时，用克拉默法则求解线性方程组运算量太大.

习 题 1

1.1 求下列排列的逆序数，并确定它们的奇偶性.

（1）53214； （2）54321.

1.2 若 $a_{1i}a_{23}a_{35}a_{44}a_{5j}$ 是 5 阶行列式 $\Delta(a_{ij})$ 中带正号的一项，求 i, j 的值.

1.3 利用行列式的定义计算下列行列式.

（1）$\begin{vmatrix} 1 & 3 & 1 \\ 2 & 2 & 3 \\ 3 & 1 & 5 \end{vmatrix}$.

（2）$D_{2003}=\begin{vmatrix} 0 & 0 & \cdots & 0 & 1 & 0 \\ 0 & 0 & \cdots & 2 & 0 & 0 \\ \vdots & \vdots & \iddots & \vdots & \vdots & \vdots \\ 0 & 2001 & \cdots & 0 & 0 & 0 \\ 2002 & 0 & \cdots & 0 & 0 & 0 \\ 0 & 0 & \cdots & 0 & 0 & 2003 \end{vmatrix}$.

（3）$D_4=\begin{vmatrix} a_1 & 0 & b_1 & 0 \\ 0 & a_2 & 0 & b_2 \\ b_3 & 0 & a_3 & 0 \\ 0 & b_4 & 0 & a_4 \end{vmatrix}$.

1.4 计算下列行列式.

（1）$\begin{vmatrix} 3 & 2 & -1 \\ -2 & -2 & 2 \\ 3 & 6 & 1 \end{vmatrix}$.

（2）$\begin{vmatrix} 2 & -5 & 1 & 2 \\ -3 & 7 & -1 & 4 \\ 5 & -9 & 2 & 7 \\ 4 & -6 & 1 & 2 \end{vmatrix}$.

（3）$\begin{vmatrix} 2 & -5 & 1 & 2 \\ -3 & 7 & -1 & 4 \\ 5 & -9 & 2 & 7 \\ 4 & -6 & 1 & 2 \end{vmatrix}$.

（4）$\begin{vmatrix} 103 & 100 & 204 \\ 199 & 200 & 395 \\ 301 & 300 & 600 \end{vmatrix}$.

（5）$\begin{vmatrix} 1+x & 1 & 1 & 1 \\ 1 & 1-x & 1 & 1 \\ 1 & 1 & 1+y & 1 \\ 1 & 1 & 1 & 1-y \end{vmatrix}$.

1.5 计算 n 阶行列式 $D_n=\begin{vmatrix} 2 & 1 & 1 & \cdots & 1 \\ 1 & 2 & 1 & \cdots & 1 \\ 1 & 1 & 2 & \cdots & 1 \\ \vdots & \vdots & \vdots & \ddots & \vdots \\ 1 & 1 & 1 & \cdots & 2 \end{vmatrix}$.

1.6 计算 $n+1$ 阶行列式 $D_{n+1}=\begin{vmatrix} a_0 & b_1 & b_2 & \cdots & b_n \\ c_1 & a_1 & 0 & \cdots & 0 \\ c_2 & 0 & a_2 & \cdots & 0 \\ \vdots & \vdots & \vdots & \ddots & \vdots \\ c_n & 0 & 0 & \cdots & a_n \end{vmatrix}$（$a_i \neq 0$，$i=1 \sim n$）.

1.7 证明：

（1）$\begin{vmatrix} a+b+2c & a & b \\ c & 2a+b+c & b \\ c & a & a+2b+c \end{vmatrix} = 2(a+b+c)^3$.

（2）$\begin{vmatrix} b+c & c+a & a+b \\ b_1+c_1 & c_1+a_1 & a_1+b_1 \\ b_2+c_2 & c_2+a_2 & a_2+b_2 \end{vmatrix} = 2\begin{vmatrix} a & b & c \\ a_1 & b_1 & c_1 \\ a_2 & b_2 & c_2 \end{vmatrix}$.

1.8 设 $D=\begin{vmatrix} 3 & 0 & 4 & 0 \\ 2 & 2 & 2 & 2 \\ 0 & -7 & 0 & 0 \\ 5 & 3 & -2 & 2 \end{vmatrix}$，求 $M_{41}+M_{42}+M_{43}+M_{44}$.

1.9 设 $D=\begin{vmatrix} 1 & 5 & 7 & 8 \\ 1 & 1 & 1 & 1 \\ 2 & 0 & 3 & 6 \\ 1 & 2 & 5 & 9 \end{vmatrix}$，求 $A_{11}+2A_{12}+3A_{13}+4A_{14}$.

1.10 求方程 $f(x)=\begin{vmatrix} 1 & 1 & 1 & 1 \\ 1 & 2 & 4 & 8 \\ 1 & -2 & 4 & -8 \\ 1 & x & x^2 & x^3 \end{vmatrix}=0$ 的根.

1.11 计算行列式 $D=\begin{vmatrix} 1 & 1 & 1 & 1 & 1 \\ 1 & 2 & 3 & 4 & 5 \\ 1 & 2^2 & 3^2 & 4^2 & 5^2 \\ 1 & 2^3 & 3^3 & 4^3 & 5^3 \\ 1 & 2^4 & 3^4 & 4^4 & 5^4 \end{vmatrix}$.

1.12 求方程组$\begin{cases}2x_1+2x_2-x_3+x_4=4;\\4x_1+3x_2-x_3+2x_4=6;\\8x_1+5x_2-3x_3+4x_4=12;\\3x_1+3x_2-2x_3+2x_4=6.\end{cases}$的解.

1.13 常数λ取何值时，齐次线性方程组$\begin{cases}(5-\lambda)x+2y+2z=0;\\2x+(6-\lambda)y=0;\\2x+(4-\lambda)z=0.\end{cases}$有非零解？

第 2 章　矩阵及其运算

矩阵是线性代数中最重要的概念，很多数量关系都可用矩阵来描述，如学生的成绩统计表、车站的发车时刻表等表格以矩阵为表达形式非常清晰直观．矩阵在本课程中也是研究线性方程组的求解与线性变换的一个重要工具．

本章主要介绍矩阵的运算、逆矩阵、矩阵的分块、矩阵的初等变换、初等矩阵以及矩阵的秩．

2.1　矩阵的概念

2.1.1　矩阵的概念

二元线性方程组

$$\begin{cases} a_{11}x_1 + a_{12}x_2 = b_1; \\ a_{21}x_1 + a_{22}x_2 = b_2. \end{cases} \tag{2.1.1}$$

中的系数 a_{ij}（$i,j=1,2$）和常数项 b_i（$i=1,2$）按在方程组中的位置组成的数表为

$$\begin{bmatrix} a_{11} & a_{12} & b_1 \\ a_{21} & a_{22} & b_2 \end{bmatrix}$$

该数表与方程组(2.1.1)是一一对应的．在本课程中，以后解线性方程组时，一般只在表中进行运算．

定义 2.1.1　由 $m \times n$ 个数 a_{ij}（$i=1,2,\cdots,m; j=1,2,\cdots,n$）所排成的 m 行 n 列的数表，并加上方括号或圆括号，即

$$\begin{bmatrix} a_{11} & a_{12} & \cdots & a_{1n} \\ a_{21} & a_{22} & \cdots & a_{2n} \\ \vdots & \vdots & & \vdots \\ a_{m1} & a_{m2} & \cdots & a_{mn} \end{bmatrix} \text{或} \begin{pmatrix} a_{11} & a_{12} & \cdots & a_{1n} \\ a_{21} & a_{22} & \cdots & a_{2n} \\ \vdots & \vdots & & \vdots \\ a_{m1} & a_{m2} & \cdots & a_{mn} \end{pmatrix}$$

称为 m 行 n 列的矩阵，简称 $m \times n$ 矩阵，记为 $\boldsymbol{A}_{m\times n}$，$(a_{ij})_{m\times n}$ 或 $\boldsymbol{A}$．即

$$\boldsymbol{A} = (a_{ij})_{m\times n} = \begin{bmatrix} a_{11} & a_{12} & \cdots & a_{1n} \\ a_{21} & a_{22} & \cdots & a_{2n} \\ \vdots & \vdots & & \vdots \\ a_{m1} & a_{m2} & \cdots & a_{mn} \end{bmatrix}.$$

其中元素 a_{ij} 称为矩阵 $\boldsymbol{A}$ 的 (i,j) 元素（或元）．

元素全为实数的矩阵称为实矩阵，元素为复数的矩阵称为复矩阵. 本书除特别说明外，均讨论实矩阵.

例 2.1.1 $\begin{bmatrix} 1 & 0 & 3 & 5 \\ -9 & 6 & 4 & 3 \end{bmatrix}$为$2\times 4$的实矩阵，$\begin{bmatrix} 13 & 6 & 2i \\ 2 & 2 & 2 \\ 2 & 2 & 2 \end{bmatrix}$为$3\times 3$的复矩阵.

$\begin{bmatrix} 1 \\ 2 \\ 4 \end{bmatrix}$为$3\times 1$矩阵，$[2 \quad 3 \quad 5 \quad 9]$为$1\times 4$矩阵，$[4]$为$1\times 1$矩阵.

对于一般的线性方程组$\begin{cases} a_{11}x_1 + a_{12}x_2 + \cdots + a_{1n}x_n = b_1; \\ a_{21}x_1 + a_{22}x_2 + \cdots + a_{2n}x_n = b_2; \\ \quad\vdots \\ a_{m1}x_1 + a_{m2}x_2 + \cdots + a_{mn}x_n = b_m. \end{cases}$

我们称矩阵$\boldsymbol{A} = \begin{bmatrix} a_{11} & a_{12} & \cdots & a_{1n} \\ a_{21} & a_{22} & \cdots & a_{2n} \\ \vdots & \vdots & & \vdots \\ a_{m1} & a_{m2} & \cdots & a_{mn} \end{bmatrix}$为该线性方程组的**系数矩阵**.

称矩阵$\overline{\boldsymbol{A}} = \begin{bmatrix} a_{11} & a_{12} & \cdots & a_{1n} & b_1 \\ a_{21} & a_{22} & \cdots & a_{2n} & b_2 \\ \vdots & \vdots & & \vdots & \vdots \\ a_{m1} & a_{m2} & \cdots & a_{mn} & b_n \end{bmatrix}$为该线性方程组的**增广矩阵**.

2.1.2 几种特殊矩阵

一个行数与列数都为n的矩阵称为**方阵**，即

$$\begin{bmatrix} a_{11} & a_{12} & \cdots & a_{1n} \\ a_{21} & a_{22} & \cdots & a_{2n} \\ \vdots & \vdots & \ddots & \vdots \\ a_{n1} & a_{n2} & \cdots & a_{nn} \end{bmatrix}.$$

也称**为 n 阶矩阵**.

元素全为零的矩阵称为**零矩阵**，记为$\boldsymbol{O}$. 例如，

$$\boldsymbol{O}_{2\times 2} = \begin{bmatrix} 0 & 0 \\ 0 & 0 \end{bmatrix}，\quad \boldsymbol{O}_{3\times 4} = \begin{bmatrix} 0 & 0 & 0 & 0 \\ 0 & 0 & 0 & 0 \\ 0 & 0 & 0 & 0 \end{bmatrix}.$$

仅有一行元素的矩阵称为**行矩阵**，可记为$(a_1,a_2,\cdots,a_n)$；仅有一列元素的矩阵称为**列矩阵**.

在矩阵$\boldsymbol{A}$中每个元素前面都添加一个负号得到的矩阵称为$\boldsymbol{A}$的**负矩阵**，记为$-\boldsymbol{A}$.

主对角线以外的元素全为 0 的方阵称为**对角矩阵**，简称为**对角阵**，形如

$$\begin{bmatrix} \lambda_1 & & & \\ & \lambda_2 & & \\ & & \ddots & \\ & & & \lambda_n \end{bmatrix}，也记为 \mathrm{diag}(\lambda_1,\lambda_2,\cdots,\lambda_n).$$

主对角线上元素全为 1，其他元素全为 0 的方阵称为单位矩阵，记为$\boldsymbol{E}$（或$\boldsymbol{E}_n$）. 即

$$\boldsymbol{E}=\begin{bmatrix} 1 & 0 & \cdots & 0 \\ 0 & 1 & \cdots & 0 \\ \vdots & \vdots & \ddots & \vdots \\ 0 & 0 & \cdots & 1 \end{bmatrix}.$$

2.2　矩阵的运算

定义 2.2.1　如果两个矩阵的行数、列数分别对应相等，则称它们是**同型矩阵**.

两个矩阵$\boldsymbol{A},\boldsymbol{B}$只有在它们的行数、列数分别相等，且对应位置的元素也都相等时，才称为相等，记为$\boldsymbol{A}=\boldsymbol{B}$.

2.2.1　矩阵的线性运算

定义 2.2.2　已知

$$\boldsymbol{A}=\begin{bmatrix} a_{11} & a_{12} & \cdots & a_{1k} \\ a_{21} & a_{22} & \cdots & a_{2k} \\ \vdots & \vdots & & \vdots \\ a_{s1} & a_{s2} & \cdots & a_{sk} \end{bmatrix},\quad \boldsymbol{B}=\begin{bmatrix} b_{11} & b_{12} & \cdots & b_{1k} \\ b_{21} & b_{22} & \cdots & b_{2k} \\ \vdots & \vdots & & \vdots \\ b_{s1} & b_{s2} & \cdots & b_{sk} \end{bmatrix}$$

是两个同型矩阵，则

$$\boldsymbol{C}=\begin{bmatrix} a_{11}+b_{11} & a_{12}+b_{12} & \cdots & a_{1k}+b_{1k} \\ a_{21}+b_{21} & a_{22}+b_{22} & \cdots & a_{2k}+b_{2k} \\ \vdots & \vdots & & \vdots \\ a_{s1}+b_{s1} & a_{s2}+b_{s2} & \cdots & a_{sk}+b_{sk} \end{bmatrix}$$

称为$\boldsymbol{A}$与$\boldsymbol{B}$的和，记为$\boldsymbol{C}=\boldsymbol{A}+\boldsymbol{B}$.

例 2.2.1 $\begin{bmatrix}3 & 2 & -1 & 1\\ 1 & -1 & 2 & 2\\ 3 & 1 & -2 & 4\\ 2 & 3 & 4 & 3\end{bmatrix}+\begin{bmatrix}1 & -1 & 4 & 5\\ 2 & -1 & 3 & 2\\ 0 & 5 & 4 & -2\\ -1 & 0 & 3 & 2\end{bmatrix}$

$$=\begin{bmatrix}3+1 & 2+(-1) & (-1)+4 & 1+5\\ 1+2 & (-1)+(-1) & 2+3 & 2+2\\ 3+0 & 1+5 & (-2)+4 & 4+(-2)\\ 2+(-1) & 3+0 & 4+3 & 3+2\end{bmatrix}=\begin{bmatrix}4 & 1 & 3 & 6\\ 3 & -2 & 5 & 4\\ 3 & 6 & 2 & 2\\ 1 & 3 & 7 & 5\end{bmatrix}.$$

同样，对于矩阵的减法 $\boldsymbol{A}-\boldsymbol{B}$，也要求矩阵 $\boldsymbol{A},\boldsymbol{B}$ 为同型矩阵，且有

$$\boldsymbol{A}-\boldsymbol{B}=\begin{bmatrix}a_{11}-b_{11} & a_{12}-b_{12} & \cdots & a_{1k}-b_{1k}\\ a_{21}-b_{21} & a_{22}-b_{22} & \cdots & a_{2k}-b_{2k}\\ \vdots & \vdots & & \vdots\\ a_{s1}-b_{s1} & a_{s2}-b_{s2} & \cdots & a_{sk}-b_{sk}\end{bmatrix}.$$

注意：只有同型矩阵才能进行加法和减法运算.

定义 2.2.3 设 $\boldsymbol{A}=\begin{bmatrix}a_{11} & a_{12} & \cdots & a_{1n}\\ a_{21} & a_{22} & \cdots & a_{2n}\\ \vdots & \vdots & & \vdots\\ a_{m1} & a_{m2} & \cdots & a_{mn}\end{bmatrix}$，$\lambda$ 为任意实数，则称矩阵

$$\begin{bmatrix}\lambda a_{11} & \lambda a_{12} & \cdots & \lambda a_{1n}\\ \lambda a_{21} & \lambda a_{22} & \cdots & \lambda a_{2n}\\ \vdots & \vdots & & \vdots\\ \lambda a_{m1} & \lambda a_{m2} & \cdots & \lambda a_{mn}\end{bmatrix}$$

为数 λ 与矩阵 $\boldsymbol{A}$ 的乘积，记为 $\lambda\boldsymbol{A}$. 数 λ 与矩阵 $\boldsymbol{A}$ 的乘积，简称为数量乘法或数乘.

矩阵的加（减）法和数乘，统称为矩阵的线性运算.

矩阵的线性运算具有如下运算规律：

（1）$\boldsymbol{A}+\boldsymbol{B}=\boldsymbol{B}+\boldsymbol{A}$　（2）$(\boldsymbol{A}+\boldsymbol{B})+\boldsymbol{C}=\boldsymbol{A}+(\boldsymbol{B}+\boldsymbol{C})$　（3）$\boldsymbol{A}+\boldsymbol{O}=\boldsymbol{A}$

（4）$(\lambda\mu)\boldsymbol{A}=\lambda(\mu\boldsymbol{A})$　（5）$\lambda(\boldsymbol{A}+\boldsymbol{B})=\lambda\boldsymbol{A}+\lambda\boldsymbol{B}$　（6）$(\lambda+\mu)\boldsymbol{A}=\lambda\boldsymbol{A}+\mu\boldsymbol{A}$

矩阵的线性运算与数的加法和乘法所满足的规律完全类似. 因此，在求解只含线性运算的矩阵方程或矩阵方程组时，可按线性方程或线性方程组的求解方法进行.

例 2.2.2 设 $2\boldsymbol{A}+\boldsymbol{X}=\boldsymbol{B}-2\boldsymbol{X}$，其中 $\boldsymbol{A}=\begin{bmatrix}1 & -2 & 0\\ 4 & 3 & 5\end{bmatrix}$，$\boldsymbol{B}=\begin{bmatrix}8 & 2 & 6\\ 5 & 3 & 4\end{bmatrix}$，求矩阵 $\boldsymbol{X}$.

解： 通过移项合并，整理得

$$X=\frac{1}{3}(B-2A)=\frac{1}{3}\left\{\begin{bmatrix}8&2&6\\5&3&4\end{bmatrix}-2\begin{bmatrix}1&-2&0\\4&3&5\end{bmatrix}\right\}$$

$$=\frac{1}{3}\left\{\begin{bmatrix}8&2&6\\5&3&4\end{bmatrix}-\begin{bmatrix}2&-4&0\\8&6&10\end{bmatrix}\right\}=\frac{1}{3}\begin{bmatrix}6&6&6\\-3&-3&-6\end{bmatrix}=\begin{bmatrix}2&2&2\\-1&-1&-2\end{bmatrix}$$

例 2.2.3　设$\begin{cases}X+Y=A;\\X-Y=B.\end{cases}$其中$A=\begin{bmatrix}1&2&3\\4&5&6\end{bmatrix}$，$B=\begin{bmatrix}1&-1&0\\2&4&7\end{bmatrix}$，求矩阵$X$，$Y$.

解：两式分别进行相加、相减，可得$\begin{cases}2X=A+B;\\2Y=A-B.\end{cases}$解得

$$X=\frac{1}{2}(A+B)=\begin{bmatrix}1&\frac{1}{2}&\frac{3}{2}\\3&\frac{9}{2}&\frac{13}{2}\end{bmatrix},\quad Y=\frac{1}{2}(A-B)=\begin{bmatrix}0&\frac{3}{2}&\frac{3}{2}\\1&\frac{1}{2}&-\frac{1}{2}\end{bmatrix}.$$

2.2.2　矩阵的乘法

设有y_1,y_2,y_3到z_1,z_2的线性变换

$$\begin{cases}z_1=a_{11}y_1+a_{12}y_2+a_{13}y_3;\\z_2=a_{21}y_1+a_{22}y_2+a_{23}y_3.\end{cases}\tag{2.2.1}$$

和x_1,x_2到y_1,y_2,y_3的线性变换

$$\begin{cases}y_1=b_{11}x_1+b_{12}x_2;\\y_2=b_{21}x_1+b_{22}x_2;\\y_3=b_{31}x_1+b_{32}x_2.\end{cases}\tag{2.2.2}$$

若要求出x_1,x_2到z_1,z_2的线性变换，代入可得

$$\begin{cases}z_1=(a_{11}b_{11}+a_{12}b_{21}+a_{13}b_{31})x_1+(a_{11}b_{12}+a_{12}b_{22}+a_{13}b_{32})x_2;\\z_2=(a_{21}b_{11}+a_{22}b_{21}+a_{23}b_{31})x_1+(a_{21}b_{12}+a_{22}b_{22}+a_{23}b_{32})x_2.\end{cases}\tag{2.2.3}$$

线性变换(2.2.3)可看成先做线性变换(2.2.2)再做线性变换(2.2.1)的结果.

我们把线性变换(2.2.1)对应于矩阵$\begin{bmatrix}a_{11}&a_{12}&a_{13}\\a_{21}&a_{22}&a_{23}\end{bmatrix}$，线性变换(2.2.2)对应于矩阵

$$\begin{bmatrix}b_{11}&b_{12}\\b_{21}&b_{22}\\b_{31}&b_{32}\end{bmatrix}$$

把线性变换(2.2.3)所对应的矩阵

$$\begin{bmatrix} a_{11}b_{11}+a_{12}b_{21}+a_{13}b_{31} & a_{11}b_{12}+a_{12}b_{22}+a_{13}b_{32} \\ a_{21}b_{11}+a_{22}b_{21}+a_{23}b_{31} & a_{21}b_{12}+a_{22}b_{22}+a_{23}b_{32} \end{bmatrix}$$

定义为线性变换(2.2.1)与线性变换(2.2.2)所对应的矩阵的乘积，即

$$\begin{bmatrix} a_{11} & a_{12} & a_{13} \\ a_{21} & a_{22} & a_{23} \end{bmatrix}\begin{bmatrix} b_{11} & b_{12} \\ b_{21} & b_{22} \\ b_{31} & b_{32} \end{bmatrix}=\begin{bmatrix} a_{11}b_{11}+a_{12}b_{21}+a_{13}b_{31} & a_{11}b_{12}+a_{12}b_{22}+a_{13}b_{32} \\ a_{21}b_{11}+a_{22}b_{21}+a_{23}b_{31} & a_{21}b_{12}+a_{22}b_{22}+a_{23}b_{32} \end{bmatrix}.$$

并由此推广得出矩阵的乘法定义.

定义 2.2.4 设 $\boldsymbol{A}$ 是一个 $m\times k$ 矩阵 $\begin{bmatrix} a_{11} & a_{12} & \cdots & a_{1k} \\ a_{21} & a_{22} & \cdots & a_{2k} \\ \vdots & \vdots & & \vdots \\ a_{m1} & a_{m2} & \cdots & a_{mk} \end{bmatrix}$，$\boldsymbol{B}$ 是一个 $k\times n$ 矩阵 $\begin{bmatrix} b_{11} & b_{12} & \cdots & b_{1n} \\ b_{21} & b_{22} & \cdots & b_{2n} \\ \vdots & \vdots & & \vdots \\ b_{k1} & b_{k2} & \cdots & b_{kn} \end{bmatrix}$，则称 $m\times n$ 矩阵 $\boldsymbol{C}=\begin{bmatrix} c_{11} & c_{12} & \cdots & c_{1n} \\ c_{21} & c_{22} & \cdots & c_{2n} \\ \vdots & \vdots & & \vdots \\ c_{m1} & c_{m2} & \cdots & c_{mn} \end{bmatrix}$ 为 $\boldsymbol{A}$ 与 $\boldsymbol{B}$ 的乘积，其中 $c_{ij}=a_{i1}b_{1j}+a_{i2}b_{2j}+\cdots+a_{ik}b_{kj}$（$i=1,2,\cdots,m; j=1,2,\cdots,n$），记为 $\boldsymbol{C}=\boldsymbol{AB}$.

可见，只有 $\boldsymbol{A}$ 矩阵的列数与 $\boldsymbol{B}$ 矩阵的行数相等时这两个矩阵才能相乘.

例 2.2.4 设 $\boldsymbol{A}=\begin{bmatrix} 3 & -1 \\ 0 & 3 \\ 1 & 0 \end{bmatrix}$，$\boldsymbol{B}=\begin{bmatrix} 1 & 0 \\ 0 & 2 \end{bmatrix}$，求 $\boldsymbol{AB}$，并判断 $\boldsymbol{B}$ 与 $\boldsymbol{A}$ 是否可以相乘？

解： $\boldsymbol{C}=\boldsymbol{AB}=\begin{bmatrix} 3 & -1 \\ 0 & 3 \\ 1 & 0 \end{bmatrix}\begin{bmatrix} 1 & 0 \\ 0 & 2 \end{bmatrix}=\begin{bmatrix} 3 & -2 \\ 0 & 6 \\ 1 & 0 \end{bmatrix}$.

因为 $\boldsymbol{B}$ 的列数与 $\boldsymbol{A}$ 的行数不相等，所以 $\boldsymbol{B}$ 与 $\boldsymbol{A}$ 不能相乘.

例 2.2.5 设 $\boldsymbol{A}=\begin{bmatrix} 1 & -1 & 0 \end{bmatrix}$，$\boldsymbol{B}=\begin{bmatrix} 2 \\ 1 \\ -3 \end{bmatrix}$，求 $\boldsymbol{AB}$ 及 $\boldsymbol{BA}$.

解： $\boldsymbol{AB}=\begin{bmatrix} 1 & -1 & 0 \end{bmatrix}\begin{bmatrix} 2 \\ 1 \\ -3 \end{bmatrix}=\begin{bmatrix} 1 \end{bmatrix}$，$\boldsymbol{BA}=\begin{bmatrix} 2 \\ 1 \\ -3 \end{bmatrix}\begin{bmatrix} 1 & -1 & 0 \end{bmatrix}=\begin{bmatrix} 2 & -2 & 0 \\ 1 & -1 & 0 \\ -3 & 3 & 0 \end{bmatrix}$.

例 2.2.6 设二阶方阵

$$A=\begin{bmatrix}1 & 2\\3 & 6\end{bmatrix},\quad B=\begin{bmatrix}2 & 4\\-1 & -2\end{bmatrix}$$

求 $\boldsymbol{AB}$ 与 $\boldsymbol{BA}$.

解：$\boldsymbol{AB}=\begin{bmatrix}1 & 2\\3 & 6\end{bmatrix}\begin{bmatrix}2 & 4\\-1 & -2\end{bmatrix}=\begin{bmatrix}0 & 0\\0 & 0\end{bmatrix}$，$\boldsymbol{BA}=\begin{bmatrix}2 & 4\\-1 & -2\end{bmatrix}\begin{bmatrix}1 & 2\\3 & 6\end{bmatrix}=\begin{bmatrix}14 & 28\\-7 & -14\end{bmatrix}$.

可以证明，矩阵乘法具有如下运算规律：

（1）$(\boldsymbol{AB})\boldsymbol{C}=\boldsymbol{A}(\boldsymbol{BC})$；

（2）$\boldsymbol{A}(\boldsymbol{B}+\boldsymbol{C})=\boldsymbol{AB}+\boldsymbol{AC}$，$(\boldsymbol{B}+\boldsymbol{C})\boldsymbol{A}=\boldsymbol{BA}+\boldsymbol{CA}$；

（3）$\lambda(\boldsymbol{AB})=(\lambda\boldsymbol{A})\boldsymbol{B}=\boldsymbol{A}(\lambda\boldsymbol{B})$（$\lambda$ 为实数）；

（4）$\boldsymbol{E}_m\boldsymbol{A}_{m\times n}=\boldsymbol{A}_{m\times n}\boldsymbol{E}_n=\boldsymbol{A}_{m\times n}$；

（5）$\boldsymbol{O}_{l\times m}\boldsymbol{A}_{m\times n}=\boldsymbol{O}_{l\times n}$，$\boldsymbol{A}_{m\times n}\boldsymbol{O}_{n\times s}=\boldsymbol{O}_{m\times s}$.

可以看到，矩阵乘法不满足交换律，两个非零矩阵的乘积也有可能为零矩阵.

矩阵的乘法有着广泛的应用，许多复杂的问题借助于矩阵乘法可以表达得很简洁.

例如，线性方程组 $\begin{cases}a_{11}x_1+a_{12}x_2+\cdots+a_{1n}x_n=b_1;\\a_{21}x_1+a_{22}x_2+\cdots+a_{2n}x_n=b_2;\\\quad\vdots\\a_{m1}x_1+a_{m2}x_2+\cdots+a_{mn}x_n=b_m.\end{cases}$

记

$$\boldsymbol{A}=\begin{bmatrix}a_{11} & a_{12} & \cdots & a_{1n}\\a_{21} & a_{22} & \cdots & a_{2n}\\\vdots & \vdots & & \vdots\\a_{m1} & a_{m2} & \cdots & a_{mn}\end{bmatrix},\quad \boldsymbol{x}=\begin{bmatrix}x_1\\x_2\\\vdots\\x_n\end{bmatrix},\quad \boldsymbol{b}=\begin{bmatrix}b_1\\b_2\\\vdots\\b_m\end{bmatrix},$$

则方程组可以表示为 $\boldsymbol{Ax}=\boldsymbol{b}$.

若记

$$\boldsymbol{z}=\begin{bmatrix}z_1\\z_2\end{bmatrix},\quad \boldsymbol{y}=\begin{bmatrix}y_1\\y_2\\y_3\end{bmatrix},\quad \boldsymbol{x}=\begin{bmatrix}x_1\\x_2\end{bmatrix},\quad \boldsymbol{A}=\begin{bmatrix}a_{11} & a_{12} & a_{13}\\a_{21} & a_{22} & a_{23}\end{bmatrix},\quad \boldsymbol{B}=\begin{bmatrix}b_{11} & b_{12}\\b_{21} & b_{22}\\b_{31} & b_{32}\end{bmatrix}$$

则线性变换(2.2.1)可以表示为 $\boldsymbol{z}=\boldsymbol{Ay}$，线性变换(2.2.2)可以表示为 $\boldsymbol{y}=\boldsymbol{Bx}$，且线性变换(2.2.3)可以表示为 $\boldsymbol{z}=\boldsymbol{A}(\boldsymbol{Bx})=(\boldsymbol{AB})\boldsymbol{x}$.

2.2.3　方阵的幂

定义 2.2.5　设 $\boldsymbol{A}$ 为方阵，规定

$$A^0 = E \ (A \neq O), \quad A^k = \overbrace{A \cdot A \cdots A}^{k个} \ (k为正整数).$$

A^k 称为 A 的 k 次幂.

方阵的幂满足如下运算规律：

$$A^m A^n = A^{m+n}, \qquad (A^m)^n = A^{mn} \quad (m,n为自然数).$$

一般地，因为 $AB \neq BA$. 所以 $(A+B)^2 \neq A^2 + B^2 + 2AB$，$(A+B)(A-B) \neq A^2 - B^2$，$(AB)^m \neq A^m B^m$（$m$ 为自然数）. 只有 $AB = BA$ 时，等式 $(A+B)^2 = A^2 + B^2 + 2AB$，$(A+B)(A-B) = A^2 - B^2$，$(AB)^m = A^m B^m$ 才成立.

2.2.4 矩阵的转置

定义 2.2.6 把一个 $m \times k$ 矩阵 $A = \begin{bmatrix} a_{11} & a_{12} & \cdots & a_{1k} \\ a_{21} & a_{22} & \cdots & a_{2k} \\ \vdots & \vdots & & \vdots \\ a_{m1} & a_{m2} & \cdots & a_{mk} \end{bmatrix}$ 的行与列互换得到的 $k \times m$ 矩阵称为 A 的转置矩阵，记为 A^{T}. 即

$$A^{\mathrm{T}} = \begin{bmatrix} a_{11} & a_{21} & \cdots & a_{m1} \\ a_{12} & a_{22} & \cdots & a_{m2} \\ \vdots & \vdots & & \vdots \\ a_{1k} & a_{2k} & \cdots & a_{mk} \end{bmatrix}.$$

例 2.2.7 设 $A = \begin{bmatrix} 2 & 1 & 0 \\ 1 & -2 & 2 \\ 2 & 3 & 1 \end{bmatrix}$，$B = \begin{bmatrix} 4 & 2 \\ 2 & 0 \\ -1 & 1 \end{bmatrix}$，求 $(AB)^{\mathrm{T}}$ 与 $B^{\mathrm{T}} A^{\mathrm{T}}$.

解： $AB = \begin{bmatrix} 2 & 1 & 0 \\ 1 & -2 & 2 \\ 2 & 3 & 1 \end{bmatrix} \begin{bmatrix} 4 & 2 \\ 2 & 0 \\ -1 & 1 \end{bmatrix} = \begin{bmatrix} 10 & 4 \\ -2 & 4 \\ 13 & 5 \end{bmatrix}$，

$$(AB)^{\mathrm{T}} = \begin{bmatrix} 10 & -2 & 13 \\ 4 & 4 & 5 \end{bmatrix},$$

$$B^{\mathrm{T}} A^{\mathrm{T}} = \begin{bmatrix} 4 & 2 & -1 \\ 2 & 0 & 1 \end{bmatrix} \begin{bmatrix} 2 & 1 & 2 \\ 1 & -2 & 3 \\ 0 & 2 & 1 \end{bmatrix} = \begin{bmatrix} 10 & -2 & 13 \\ 4 & 4 & 5 \end{bmatrix}.$$

矩阵的转置满足如下运算规律：

（1）$(A^{\mathrm{T}})^{\mathrm{T}} = A$；

（2）$(A+B)^{\mathrm{T}} = A^{\mathrm{T}} + B^{\mathrm{T}}$；

（3）$(kA)^{\mathrm{T}} = kA^{\mathrm{T}}$；

（4）$(AB)^{\mathrm{T}} = B^{\mathrm{T}}A^{\mathrm{T}}$，$(A_1A_2\cdots A_k)^{\mathrm{T}} = A_k^{\mathrm{T}}\cdots A_2^{\mathrm{T}}A_1^{\mathrm{T}}$.

定义 2.2.7　如果方阵 A 满足 $A^{\mathrm{T}} = A$，即 $a_{ij} = a_{ji}\ (i,j=1,2,\cdots,n)$，则称 A 为**对称矩阵**.

如果方阵 A 满足 $A^{\mathrm{T}} = -A$，即 $a_{ij} = -a_{ji}\ (i,j=1,2,\cdots,n)$，则称 A 为**反对称矩阵**. 易见，反对称矩阵主对角线上的元素全为零.

2.2.5　方阵的行列式

定义 2.2.8　与 n 阶方阵相对应的行列式，称为方阵 A 的行列式，记为 $|A|$ 或 $\det A$.

例 2.2.8　设 $A=\begin{bmatrix}1 & 2 & 3\\ -1 & 3 & -4\\ 1 & 7 & -5\end{bmatrix}$，计算 $|A|$.

解：$|A|=\begin{vmatrix}1 & 2 & 3\\ -1 & 3 & -4\\ 1 & 7 & -5\end{vmatrix}=\begin{vmatrix}1 & 2 & 3\\ 0 & 5 & -1\\ 0 & 5 & -8\end{vmatrix}=\begin{vmatrix}1 & 2 & 3\\ 0 & 5 & -1\\ 0 & 0 & -7\end{vmatrix}=-35$.

可以证明，方阵的行列式有下列运算性质：

（1）$|A^{\mathrm{T}}|=|A|$；

（2）λ 为常数，A 为 n 阶方阵，则 $|\lambda A| = \lambda^n|A|$；

（3）A,B 为同阶方阵，则 $|AB|=|A||B|=|BA|$，特殊地，有 $|A^k|=|A|^k$.

例 2.2.9　设 A 为 3 阶方阵且 $|A|=2$，求 $\left|-\left(\frac{1}{2}A\right)^2\right|$.

解：因为 $-\left(\frac{1}{2}A\right)^2=-\frac{1}{4}A^2$.

所以 $\left|-\left(\frac{1}{2}A\right)^2\right|=\left|-\frac{1}{4}A^2\right|=\left(-\frac{1}{4}\right)^3|A|^2=-\frac{1}{16}$.

2.3　逆　矩　阵

在上一节中，我们定义并讨论了矩阵的加（减）法、数乘和乘法运算，本节在一定条件下讨论矩阵乘法的逆运算.

在数的运算中，当数 $a\neq 0$ 时，为解一元一次方程 $ax=b$，两边乘以 $\frac{1}{a}$，得 $x=\frac{b}{a}$，而 $\frac{1}{a}$ 可记为 a^{-1}，有 $a^{-1}a=aa^{-1}=1$.

设 $\boldsymbol{A},\boldsymbol{B}$ 是已知矩阵， $\boldsymbol{X}$ 是未知矩阵，则 $\boldsymbol{AX}=\boldsymbol{B}$ 称为矩阵方程. 那么，能否像解一元一次方程那样解矩阵方程 $\boldsymbol{AX}=\boldsymbol{B}$?

在矩阵的乘法运算中，我们可以看到，单位矩阵 $\boldsymbol{E}$ 相当于数的乘法运算中的1. 对于一个矩阵 $\boldsymbol{A}$ ，是否存在一个矩阵 $\boldsymbol{A}^{-1}$ ，使得 $\boldsymbol{AA}^{-1}=\boldsymbol{A}^{-1}\boldsymbol{A}=\boldsymbol{E}$?

2.3.1 逆矩阵的定义

定义 2.3.1 对于 n 阶方阵 $\boldsymbol{A}$ ，如果存在 n 阶方阵 $\boldsymbol{B}$ ，使 $\boldsymbol{AB}=\boldsymbol{BA}=\boldsymbol{E}$ ，则称方阵 $\boldsymbol{A}$ 是可逆的，并称 $\boldsymbol{B}$ 为 $\boldsymbol{A}$ 的逆矩阵.

容易看出：

（1）定义中 $\boldsymbol{A}$ 和 $\boldsymbol{B}$ 的地位是对等的，当方阵 $\boldsymbol{A}$ 可逆时，方阵 $\boldsymbol{B}$ 也可逆.

（2）单位矩阵 $\boldsymbol{E}$ 一定是可逆的，且其逆矩阵为同阶单位矩阵 $\boldsymbol{E}$.

定理 2.3.1 如果方阵 $\boldsymbol{A}$ 可逆，则 $\boldsymbol{A}$ 的逆矩阵是唯一的.

证：设 $\boldsymbol{B}$ 、 $\boldsymbol{C}$ 都是 $\boldsymbol{A}$ 的逆矩阵，即 $\boldsymbol{AB}=\boldsymbol{BA}=\boldsymbol{E}$ ， $\boldsymbol{AC}=\boldsymbol{CA}=\boldsymbol{E}$.

则 $\boldsymbol{B}=\boldsymbol{BE}=\boldsymbol{B}(\boldsymbol{AC})=(\boldsymbol{BA})\boldsymbol{C}=\boldsymbol{EC}=\boldsymbol{C}$.

方阵 $\boldsymbol{A}$ 的逆矩阵如果存在，记为 $\boldsymbol{A}^{-1}$.

2.3.2 矩阵可逆的等价条件

定义 2.3.2 设 $\boldsymbol{A}=(a_{ij})_{n\times n}$ ，称

$$\begin{bmatrix} A_{11} & A_{21} & \cdots & A_{n1} \\ A_{12} & A_{22} & \cdots & A_{n2} \\ \vdots & \vdots & \ddots & \vdots \\ A_{1n} & A_{2n} & \cdots & A_{nn} \end{bmatrix}$$

为方阵 $\boldsymbol{A}$ 的**伴随矩阵**，记为 $\boldsymbol{A}^*$（其中 A_{ij} 是行列式 $|\boldsymbol{A}|$ 中元素 a_{ij} 的代数余子式）.

由第 1 章中行列式的性质，可以证明

$$\boldsymbol{A}^*\boldsymbol{A}=\boldsymbol{AA}^*=\begin{bmatrix} |\boldsymbol{A}| & 0 & \cdots & 0 \\ 0 & |\boldsymbol{A}| & \cdots & 0 \\ \vdots & \vdots & \ddots & \vdots \\ 0 & 0 & \cdots & |\boldsymbol{A}| \end{bmatrix}=|\boldsymbol{A}|\boldsymbol{E} .$$

故当 $|\boldsymbol{A}|\neq 0$ 时，有 $\left(\frac{1}{|\boldsymbol{A}|}\boldsymbol{A}^*\right)\boldsymbol{A}=\boldsymbol{A}\left(\frac{1}{|\boldsymbol{A}|}\boldsymbol{A}^*\right)=\boldsymbol{E}$. 所以有

$$\boldsymbol{A}^{-1}=\frac{1}{|\boldsymbol{A}|}\boldsymbol{A}^*$$

定理 2.3.2　矩阵 $\boldsymbol{A}$ 可逆的充分必要条件是 $|\boldsymbol{A}|\neq 0$，且 $\boldsymbol{A}^{-1}=\dfrac{1}{|\boldsymbol{A}|}\boldsymbol{A}^*$.

例 2.3.1　设矩阵 $\boldsymbol{A}=\begin{bmatrix}0 & 1 & 1\\1 & 1 & 2\\2 & -1 & 0\end{bmatrix}$，$\boldsymbol{B}=\begin{bmatrix}2 & 3 & -1\\-1 & 3 & -3\\1 & 15 & -11\end{bmatrix}$.

判别 $\boldsymbol{A}$，$\boldsymbol{B}$ 是否可逆．若可逆，求其逆矩阵.

解：因为

$$|\boldsymbol{A}|=\begin{vmatrix}0 & 1 & 1\\1 & 1 & 2\\2 & -1 & 0\end{vmatrix}=1\neq 0$$

所以 $\boldsymbol{A}$ 可逆，且各元素的代数余子式分别为

$$A_{11}=\begin{vmatrix}1 & 2\\-1 & 0\end{vmatrix}=2,\quad A_{12}=-\begin{vmatrix}1 & 2\\2 & 0\end{vmatrix}=4,\quad A_{13}=\begin{vmatrix}1 & 1\\2 & -1\end{vmatrix}=-3,$$

$$A_{21}=-\begin{vmatrix}1 & 1\\-1 & 0\end{vmatrix}=-1,\quad A_{22}=\begin{vmatrix}0 & 1\\2 & 0\end{vmatrix}=-2,\quad A_{23}=-\begin{vmatrix}0 & 1\\2 & -1\end{vmatrix}=2,$$

$$A_{31}=\begin{vmatrix}1 & 1\\1 & 2\end{vmatrix}=1,\quad A_{32}=-\begin{vmatrix}0 & 1\\1 & 2\end{vmatrix}=1,\quad A_{33}=\begin{vmatrix}0 & 1\\1 & 1\end{vmatrix}=-1.$$

则

$$\boldsymbol{A}^{-1}=\frac{1}{|\boldsymbol{A}|}\boldsymbol{A}^*=\begin{bmatrix}2 & -1 & 1\\4 & -2 & 1\\-3 & 2 & -1\end{bmatrix}.$$

因为

$$|\boldsymbol{B}|=\begin{vmatrix}2 & 3 & -1\\-1 & 3 & -3\\1 & 15 & -11\end{vmatrix}=0,$$

所以 $\boldsymbol{B}$ 不可逆.

例 2.3.2　设方阵 $\boldsymbol{A}$ 满足方程 $\boldsymbol{A}^2-3\boldsymbol{A}+2\boldsymbol{E}=\boldsymbol{O}$，证明 $\boldsymbol{A}+5\boldsymbol{E}$ 可逆，并求 $(\boldsymbol{A}+5\boldsymbol{E})^{-1}$.

证：由 $\boldsymbol{A}^2-3\boldsymbol{A}+2\boldsymbol{E}=\boldsymbol{O}$ 得 $(\boldsymbol{A}+5\boldsymbol{E})(\boldsymbol{A}-8\boldsymbol{E})=-42\boldsymbol{E}$，即

$$(\boldsymbol{A}+5\boldsymbol{E})\left[-\frac{1}{42}(\boldsymbol{A}-8\boldsymbol{E})\right]=\boldsymbol{E},$$

所以 $\boldsymbol{A}+5\boldsymbol{E}$ 可逆，且

$$(\boldsymbol{A}+5\boldsymbol{E})^{-1}=-\frac{1}{42}(\boldsymbol{A}-8\boldsymbol{E}).$$

例 2.3.3　对于二阶方阵 $\boldsymbol{A}=\begin{bmatrix} a & b \\ c & d \end{bmatrix}$，如果满足 $ad-bc\neq 0$，求 $\boldsymbol{A}^{-1}$.

解：因为 $|\boldsymbol{A}|=ad-bc\neq 0$，所以 $\boldsymbol{A}$ 可逆.

又因为

$$\boldsymbol{A}^*=\begin{bmatrix} d & -b \\ -c & a \end{bmatrix}$$

所以

$$\boldsymbol{A}^{-1}=\frac{1}{ad-bc}\begin{bmatrix} d & -b \\ -c & a \end{bmatrix}$$

例 2.3.4　对于对角矩阵 $\begin{bmatrix} a_1 & & & \\ & a_2 & & \\ & & \ddots & \\ & & & a_n \end{bmatrix}$，如果满足 $a_1a_2\cdots a_n\neq 0$，则

$$\begin{bmatrix} a_1 & & & \\ & a_2 & & \\ & & \ddots & \\ & & & a_n \end{bmatrix}^{-1}=\begin{bmatrix} \frac{1}{a_1} & & & \\ & \frac{1}{a_2} & & \\ & & \ddots & \\ & & & \frac{1}{a_n} \end{bmatrix}.$$

关于可逆矩阵有如下结论：

（1）$\boldsymbol{A},\boldsymbol{B}$ 为 n 阶方阵，若 $\boldsymbol{AB}=\boldsymbol{E}$ 或 $\boldsymbol{BA}=\boldsymbol{E}$，则 $\boldsymbol{A}$ 可逆，且 $\boldsymbol{B}=\boldsymbol{A}^{-1}$；

（2）若 $\boldsymbol{A}$ 可逆，则 $(\boldsymbol{A}^{-1})^{-1}=\boldsymbol{A}$；

（3）若 $\boldsymbol{A}$ 可逆，常数 $k\neq 0$，则 $(k\boldsymbol{A})^{-1}=\dfrac{1}{k}\boldsymbol{A}^{-1}$；

（4）若 $\boldsymbol{A},\boldsymbol{B}$ 可逆，则 $(\boldsymbol{AB})^{-1}=\boldsymbol{B}^{-1}\boldsymbol{A}^{-1}$；

　　若同阶方阵 $\boldsymbol{A}_1,\boldsymbol{A}_2,\cdots,\boldsymbol{A}_m$ 都可逆，则 $\left(\boldsymbol{A}_1\boldsymbol{A}_2\cdots\boldsymbol{A}_m\right)^{-1}=\boldsymbol{A}_m^{-1}\cdots\boldsymbol{A}_2^{-1}\boldsymbol{A}_1^{-1}$；

（5）若 $\boldsymbol{A}$ 可逆，则 $(\boldsymbol{A}^{\mathrm{T}})^{-1}=(\boldsymbol{A}^{-1})^{\mathrm{T}}$；

（6）若 $\boldsymbol{A}$ 可逆，则 $\boldsymbol{A}^*=|\boldsymbol{A}|\boldsymbol{A}^{-1}$，$|\boldsymbol{A}^*|=|\boldsymbol{A}|^{n-1}$，$(\boldsymbol{A}^*)^{-1}=\dfrac{1}{|\boldsymbol{A}|}\boldsymbol{A}$.

注意：若 $\boldsymbol{A}$ 可逆，$\boldsymbol{AB}=\boldsymbol{O}$，则 $\boldsymbol{B}=\boldsymbol{O}$.

类似地，若 $\boldsymbol{A}$ 可逆，$\boldsymbol{AB}=\boldsymbol{AC}$，则 $\boldsymbol{B}=\boldsymbol{C}$.

若 $\boldsymbol{A}$ 可逆，还可定义 $\boldsymbol{A}^{-k}=(\boldsymbol{A}^{-1})^k$，其中 k 为正整数. 于是，当 λ、μ 为整数时，有 $\boldsymbol{A}^{\lambda}\boldsymbol{A}^{\mu}=\boldsymbol{A}^{\lambda+\mu}$，$(\boldsymbol{A}^{\lambda})^{\mu}=\boldsymbol{A}^{\lambda\mu}$.

综合矩阵的乘法与逆的运算，如果 $\boldsymbol{A}$ 可逆，则矩阵方程 $\boldsymbol{AX}=\boldsymbol{B}$ 的解为 $\boldsymbol{X}=\boldsymbol{A}^{-1}\boldsymbol{B}$，而矩阵方程 $\boldsymbol{XA}=\boldsymbol{B}$ 的解为 $\boldsymbol{X}=\boldsymbol{BA}^{-1}$.

这里要特别强调的是两个方程解的区别，要注意 $\boldsymbol{B}$ 与 $\boldsymbol{A}^{-1}$ 不能交换.

例 2.3.5　解矩阵方程 $\boldsymbol{AXB}=\boldsymbol{C}$，其中 $\boldsymbol{A}=\begin{bmatrix}1&2&3\\2&2&1\\3&4&3\end{bmatrix}$，$\boldsymbol{B}=\begin{bmatrix}2&3\\1&2\end{bmatrix}$，$\boldsymbol{C}=\begin{bmatrix}1&2\\3&4\\5&0\end{bmatrix}$.

解： 因为 $|\boldsymbol{A}|=2\neq0$，$|\boldsymbol{B}|=1\neq0$，所以 $\boldsymbol{A},\boldsymbol{B}$ 可逆.

原矩阵方程 $\boldsymbol{AXB}=\boldsymbol{C}$ 的解为 $\boldsymbol{X}=\boldsymbol{A}^{-1}\boldsymbol{CB}^{-1}$.

又因为

$$\boldsymbol{A}^{-1}=\begin{bmatrix}1&3&-2\\-\dfrac{3}{2}&-3&\dfrac{5}{2}\\1&1&-1\end{bmatrix},\ \boldsymbol{B}^{-1}=\begin{bmatrix}2&-3\\-1&2\end{bmatrix}$$

解得

$$\boldsymbol{X}=\begin{bmatrix}-14&28\\19&-36\\-8&15\end{bmatrix}.$$

例 2.3.6　利用逆矩阵解线性方程组 $\begin{cases}x+2y+3z=1;\\2x+2y+\ \ z=0;\\3x+4y+3z=1.\end{cases}$

解： 令 $\boldsymbol{A}=\begin{bmatrix}1&2&3\\2&2&1\\3&4&3\end{bmatrix}$，$\boldsymbol{x}=\begin{bmatrix}x\\y\\z\end{bmatrix}$，$\boldsymbol{b}=\begin{bmatrix}1\\0\\1\end{bmatrix}$，方程组可写成 $\boldsymbol{Ax}=\boldsymbol{b}$.

因为 $|\boldsymbol{A}|=2\neq0$，故 $\boldsymbol{A}$ 可逆，方程组的解为 $\boldsymbol{x}=\boldsymbol{A}^{-1}\boldsymbol{b}$.

又因为

$$\boldsymbol{A}^{-1}=\begin{bmatrix}1&3&-2\\-\dfrac{3}{2}&-3&\dfrac{5}{2}\\1&1&-1\end{bmatrix}$$

所以

$$\begin{bmatrix} x \\ y \\ z \end{bmatrix} = \boldsymbol{x} = \boldsymbol{A}^{-1}\boldsymbol{b} = \begin{bmatrix} 1 & 3 & -2 \\ -\frac{3}{2} & -3 & \frac{5}{2} \\ 1 & 1 & -1 \end{bmatrix} \begin{bmatrix} 1 \\ 0 \\ 1 \end{bmatrix} = \begin{bmatrix} -1 \\ 1 \\ 0 \end{bmatrix}.$$

例 2.3.7 证明克拉默法则：n 元线性方程组 $\begin{cases} a_{11}x_1 + a_{12}x_2 + \cdots + a_{1n}x_n = b_1; \\ a_{21}x_1 + a_{22}x_2 + \cdots + a_{2n}x_n = b_2; \\ \quad \vdots \\ a_{n1}x_1 + a_{n2}x_2 + \cdots + a_{nn}x_n = b_n. \end{cases}$ 当其系数行列式 $|\boldsymbol{A}| \neq 0$ 时，存在唯一解

$$x_j = \frac{1}{|\boldsymbol{A}|} \begin{vmatrix} a_{11} & \cdots & a_{1,j-1} & b_1 & a_{1,j+1} & \cdots & a_{1n} \\ a_{21} & \cdots & a_{2,j-1} & b_2 & a_{2,j+1} & \cdots & a_{2n} \\ \vdots & & \vdots & \vdots & \vdots & & \vdots \\ a_{n1} & \cdots & a_{n,j-1} & b_n & a_{n,j+1} & \cdots & a_{nn} \end{vmatrix} \quad (j = 1, 2, \cdots, n).$$

解：方程组可表示为矩阵形式 $\boldsymbol{Ax} = \boldsymbol{b}$.

因为 $|\boldsymbol{A}| \neq 0$，故 $\boldsymbol{A}$ 可逆，方程组的解为 $\boldsymbol{x} = \boldsymbol{A}^{-1}\boldsymbol{b} = \frac{1}{|\boldsymbol{A}|}\boldsymbol{A}^*\boldsymbol{b}$.

即

$$\begin{bmatrix} x_1 \\ x_2 \\ \vdots \\ x_n \end{bmatrix} = \frac{1}{|\boldsymbol{A}|} \begin{bmatrix} A_{11} & A_{21} & \cdots & A_{n1} \\ A_{12} & A_{22} & \cdots & A_{n2} \\ \vdots & \vdots & \ddots & \vdots \\ A_{1n} & A_{2n} & \cdots & A_{nn} \end{bmatrix} \begin{bmatrix} b_1 \\ b_2 \\ \vdots \\ b_n \end{bmatrix} = \frac{1}{|\boldsymbol{A}|} \begin{bmatrix} b_1A_{11} + \cdots + b_nA_{n1} \\ b_1A_{12} + \cdots + b_nA_{n2} \\ \vdots \\ b_1A_{1n} + \cdots + b_nA_{nn} \end{bmatrix}.$$

所以

$$x_j = \frac{1}{|\boldsymbol{A}|}(b_1A_{1j} + \cdots + b_nA_{nj}) = \frac{1}{|\boldsymbol{A}|} \begin{vmatrix} a_{11} & \cdots & a_{1,j-1} & b_1 & a_{1,j+1} & \cdots & a_{1n} \\ a_{21} & \cdots & a_{2,j-1} & b_2 & a_{2,j+1} & \cdots & a_{2n} \\ \vdots & & \vdots & \vdots & \vdots & & \vdots \\ a_{n1} & \cdots & a_{n,j-1} & b_n & a_{n,j+1} & \cdots & a_{nn} \end{vmatrix}.$$

2.4 矩阵的分块

2.4.1 矩阵的分块

将矩阵 $\boldsymbol{A}$ 在行的方向用水平线分成 s 块，在列的方向用竖线分成 t 块，就得到 $\boldsymbol{A}$ 的一个 $s \times t$ 分块矩阵，简称为分块矩阵，即

$$\boldsymbol{A}=\begin{bmatrix} \boldsymbol{A}_{11} & \boldsymbol{A}_{12} & \cdots & \boldsymbol{A}_{1t} \\ \boldsymbol{A}_{21} & \boldsymbol{A}_{22} & \cdots & \boldsymbol{A}_{2t} \\ \vdots & \vdots & & \vdots \\ \boldsymbol{A}_{s1} & \boldsymbol{A}_{s2} & \cdots & \boldsymbol{A}_{st} \end{bmatrix}$$

$\boldsymbol{A}_{ij}$ 称为 $\boldsymbol{A}$ 的子块.

对于分块矩阵，它的元素是矩阵，如果满足一定的条件，也可以按照矩阵的运算方法计算加法、减法、数乘、乘法、转置、逆等运算.

若分块矩阵同型，且对应的元素也同型，就能进行分块矩阵的加法和减法运算．如

$$\begin{bmatrix} \boldsymbol{A}_{11} & \boldsymbol{A}_{12} & \cdots & \boldsymbol{A}_{1t} \\ \boldsymbol{A}_{21} & \boldsymbol{A}_{22} & \cdots & \boldsymbol{A}_{2t} \\ \vdots & \vdots & & \vdots \\ \boldsymbol{A}_{s1} & \boldsymbol{A}_{s2} & \cdots & \boldsymbol{A}_{st} \end{bmatrix} \pm \begin{bmatrix} \boldsymbol{B}_{11} & \boldsymbol{B}_{12} & \cdots & \boldsymbol{B}_{1t} \\ \boldsymbol{B}_{21} & \boldsymbol{B}_{22} & \cdots & \boldsymbol{B}_{2t} \\ \vdots & \vdots & & \vdots \\ \boldsymbol{B}_{s1} & \boldsymbol{B}_{s2} & \cdots & \boldsymbol{B}_{st} \end{bmatrix} = \begin{bmatrix} \boldsymbol{A}_{11}\pm\boldsymbol{B}_{11} & \boldsymbol{A}_{12}\pm\boldsymbol{B}_{12} & \cdots & \boldsymbol{A}_{1t}\pm\boldsymbol{B}_{1t} \\ \boldsymbol{A}_{21}\pm\boldsymbol{B}_{21} & \boldsymbol{A}_{22}\pm\boldsymbol{B}_{22} & \cdots & \boldsymbol{A}_{2t}\pm\boldsymbol{B}_{2t} \\ \vdots & \vdots & & \vdots \\ \boldsymbol{A}_{s1}\pm\boldsymbol{B}_{s1} & \boldsymbol{A}_{s2}\pm\boldsymbol{B}_{s2} & \ldots & \boldsymbol{A}_{st}\pm\boldsymbol{B}_{st} \end{bmatrix}.$$

对于数乘，有

$$\lambda\begin{bmatrix} \boldsymbol{A}_{11} & \boldsymbol{A}_{12} & \cdots & \boldsymbol{A}_{1t} \\ \boldsymbol{A}_{21} & \boldsymbol{A}_{22} & \cdots & \boldsymbol{A}_{2t} \\ \vdots & \vdots & & \vdots \\ \boldsymbol{A}_{s1} & \boldsymbol{A}_{s2} & \cdots & \boldsymbol{A}_{st} \end{bmatrix} = \begin{bmatrix} \lambda\boldsymbol{A}_{11} & \lambda\boldsymbol{A}_{12} & \cdots & \lambda\boldsymbol{A}_{1t} \\ \lambda\boldsymbol{A}_{21} & \lambda\boldsymbol{A}_{22} & \cdots & \lambda\boldsymbol{A}_{2t} \\ \vdots & \vdots & & \vdots \\ \lambda\boldsymbol{A}_{s1} & \lambda\boldsymbol{A}_{s2} & \cdots & \lambda\boldsymbol{A}_{st} \end{bmatrix}.$$

对于乘法 $\boldsymbol{AB}$，若矩阵 $\boldsymbol{A}$ 的列的分块法与矩阵 $\boldsymbol{B}$ 的行的分块法相同，就可以将子块按“数”一样，进行矩阵的乘法.

设矩阵 $\boldsymbol{A}$ 是 $m\times l$ 矩阵，$\boldsymbol{B}$ 是 $l\times n$ 矩阵，现将 $\boldsymbol{A}$ 的 l 列分成 s 组，将 $\boldsymbol{B}$ 的 l 行也分成 s 组，且 $\boldsymbol{A}$ 的每个列组所含列数等于 $\boldsymbol{B}$ 的相应行组所含行数，即

$$\boldsymbol{A}=\begin{bmatrix} \boldsymbol{A}_{11} & \boldsymbol{A}_{12} & \cdots & \boldsymbol{A}_{1s} \\ \boldsymbol{A}_{21} & \boldsymbol{A}_{22} & \cdots & \boldsymbol{A}_{2s} \\ \vdots & \vdots & & \vdots \\ \boldsymbol{A}_{r1} & \boldsymbol{A}_{r2} & \cdots & \boldsymbol{A}_{rs} \end{bmatrix},\quad \boldsymbol{B}=\begin{bmatrix} \boldsymbol{B}_{11} & \boldsymbol{B}_{12} & \cdots & \boldsymbol{B}_{1t} \\ \boldsymbol{B}_{21} & \boldsymbol{B}_{22} & \cdots & \boldsymbol{B}_{2t} \\ \vdots & \vdots & & \vdots \\ \boldsymbol{B}_{s1} & \boldsymbol{B}_{s2} & \cdots & \boldsymbol{B}_{st} \end{bmatrix}.$$

其中，子块 $\boldsymbol{A}_{ij}$ 的列数等于子块 $\boldsymbol{B}_{jk}$ 的行数($j=1,2,\cdots,s$)，则

$$\boldsymbol{AB}=\begin{bmatrix} \boldsymbol{C}_{11} & \boldsymbol{C}_{12} & \cdots & \boldsymbol{C}_{1t} \\ \boldsymbol{C}_{21} & \boldsymbol{C}_{22} & \cdots & \boldsymbol{C}_{2t} \\ \vdots & \vdots & & \vdots \\ \boldsymbol{C}_{r1} & \boldsymbol{C}_{r2} & \cdots & \boldsymbol{C}_{rt} \end{bmatrix}$$

其中

$$\boldsymbol{C}_{ij}=\boldsymbol{A}_{i1}\boldsymbol{B}_{1j}+\boldsymbol{A}_{i2}\boldsymbol{B}_{2j}+\cdots+\boldsymbol{A}_{is}\boldsymbol{B}_{sj}\ .$$

对于矩阵 $\boldsymbol{A}$ 的转置有

$$\begin{bmatrix} A_{11} & A_{12} & \cdots & A_{1s} \\ A_{21} & A_{22} & \cdots & A_{2s} \\ \vdots & \vdots & & \vdots \\ A_{r1} & A_{r2} & \cdots & A_{rs} \end{bmatrix}^{\mathrm{T}} = \begin{bmatrix} A_{11}^{\mathrm{T}} & A_{21}^{\mathrm{T}} & \cdots & A_{r1}^{\mathrm{T}} \\ A_{12}^{\mathrm{T}} & A_{22}^{\mathrm{T}} & \cdots & A_{r2}^{\mathrm{T}} \\ \vdots & \vdots & & \vdots \\ A_{1s}^{\mathrm{T}} & A_{2s}^{\mathrm{T}} & \cdots & A_{rs}^{\mathrm{T}} \end{bmatrix}.$$

例 2.4.1 设 $\boldsymbol{A}=\begin{bmatrix} 1 & 0 & 0 & 0 \\ 0 & 1 & 0 & 0 \\ -1 & 2 & 1 & 0 \\ 1 & 1 & 0 & 1 \end{bmatrix}$，$\boldsymbol{B}=\begin{bmatrix} 1 & 0 & 1 & 0 \\ -1 & 2 & 0 & 1 \\ 1 & 0 & 4 & 1 \\ -1 & -1 & 2 & 0 \end{bmatrix}$，利用矩阵的分块法计算 $\boldsymbol{AB}$.

解： 设 $\boldsymbol{A}_1=\begin{bmatrix} -1 & 2 \\ 1 & 1 \end{bmatrix}$，$\boldsymbol{B}_1=\begin{bmatrix} 1 & 0 \\ -1 & 2 \end{bmatrix}$，$\boldsymbol{B}_2=\begin{bmatrix} 1 & 0 \\ -1 & -1 \end{bmatrix}$，$\boldsymbol{B}_3=\begin{bmatrix} 4 & 1 \\ 2 & 0 \end{bmatrix}$.

则

$$\boldsymbol{A}=\begin{bmatrix} \boldsymbol{E} & \boldsymbol{O} \\ \boldsymbol{A}_1 & \boldsymbol{E} \end{bmatrix},\ \boldsymbol{B}=\begin{bmatrix} \boldsymbol{B}_1 & \boldsymbol{E} \\ \boldsymbol{B}_2 & \boldsymbol{B}_3 \end{bmatrix}.$$

$$\boldsymbol{AB}=\begin{bmatrix} \boldsymbol{E} & \boldsymbol{O} \\ \boldsymbol{A}_1 & \boldsymbol{E} \end{bmatrix}\begin{bmatrix} \boldsymbol{B}_1 & \boldsymbol{E} \\ \boldsymbol{B}_2 & \boldsymbol{B}_3 \end{bmatrix}=\begin{bmatrix} \boldsymbol{B}_1 & \boldsymbol{E} \\ \boldsymbol{A}_1\boldsymbol{B}_1+\boldsymbol{B}_2 & \boldsymbol{A}_1+\boldsymbol{B}_3 \end{bmatrix}.$$

$$\boldsymbol{A}_1\boldsymbol{B}_1+\boldsymbol{B}_2=\begin{bmatrix} -1 & 2 \\ 1 & 1 \end{bmatrix}\begin{bmatrix} 1 & 0 \\ -1 & 2 \end{bmatrix}+\begin{bmatrix} 1 & 0 \\ -1 & -1 \end{bmatrix}=\begin{bmatrix} -2 & 4 \\ -1 & 1 \end{bmatrix}.$$

$$\boldsymbol{A}_1+\boldsymbol{B}_3=\begin{bmatrix} -1 & 2 \\ 1 & 1 \end{bmatrix}+\begin{bmatrix} 4 & 1 \\ 2 & 0 \end{bmatrix}=\begin{bmatrix} 3 & 3 \\ 3 & 1 \end{bmatrix}.$$

所以

$$\boldsymbol{AB}=\begin{bmatrix} 1 & 0 & 1 & 0 \\ -1 & 2 & 0 & 1 \\ -2 & 4 & 3 & 3 \\ -1 & 1 & 3 & 1 \end{bmatrix}$$

对于一些特殊的矩阵，分块后求逆有时更方便.

例 2.4.2 求分块矩阵 $\boldsymbol{A}=\begin{bmatrix} \boldsymbol{B} & \boldsymbol{O} \\ \boldsymbol{C} & \boldsymbol{D} \end{bmatrix}$ 的逆矩阵. 其中 $\boldsymbol{B}=\boldsymbol{B}_{r\times r}$，$\boldsymbol{D}=\boldsymbol{D}_{s\times s}$ 均为可逆矩阵.

解： 设 $\boldsymbol{A}^{-1}=\begin{bmatrix} \boldsymbol{X}_{r\times r} & \boldsymbol{Y} \\ \boldsymbol{Z} & \boldsymbol{W}_{s\times s} \end{bmatrix}$

$$AA^{-1}=\begin{bmatrix} B & O \\ C & D \end{bmatrix}\begin{bmatrix} X & Y \\ Z & W \end{bmatrix}=\begin{bmatrix} BX & BY \\ CX+DZ & CY+DW \end{bmatrix}=\begin{bmatrix} E_r & O \\ O & E_s \end{bmatrix}$$

所以

$$\begin{cases} BX=E_r; \\ BY=O; \\ CX+DZ=O; \\ CY+DW=E_s. \end{cases}$$

解得

$$\begin{cases} X=B^{-1}; \\ Y=O; \\ Z=-D^{-1}CB^{-1}; \\ W=D^{-1}. \end{cases}$$

所以

$$A^{-1}=\begin{bmatrix} B^{-1} & O \\ -D^{-1}CB^{-1} & D^{-1} \end{bmatrix}.$$

2.4.2　准对角阵

定义 2.4.1　形如 $A=\begin{bmatrix} A_1 & & & \\ & A_2 & & \\ & & \ddots & \\ & & & A_s \end{bmatrix}$（$A_1,A_2,\cdots,A_s$ 为方阵）的分块矩阵，叫做**分块对角阵**或**准对角阵**.

关于分块对角阵有下列结论：

（1）若矩阵 $A_1,A_2,\cdots,A_s$ 与 $B_1,B_2,\cdots,B_s$ 为对应同阶方阵，则

$$\begin{bmatrix} A_1 & & \\ & \ddots & \\ & & A_s \end{bmatrix}\begin{bmatrix} B_1 & & \\ & \ddots & \\ & & B_s \end{bmatrix}=\begin{bmatrix} A_1B_1 & & \\ & \ddots & \\ & & A_sB_s \end{bmatrix}.$$

但要注意，此时仍然有 $A_iB_i\neq B_iA_i$（$i=1,2,\cdots,s$）.

（2）$\begin{bmatrix} A_1 & & \\ & \ddots & \\ & & A_s \end{bmatrix}^{\mathrm{T}}=\begin{bmatrix} A_1^{\mathrm{T}} & & \\ & \ddots & \\ & & A_s^{\mathrm{T}} \end{bmatrix}.$

（3）若 $A_1, A_2, \cdots, A_s$ 均可逆，则 $\begin{bmatrix} A_1 & & & \\ & A_2 & & \\ & & \ddots & \\ & & & A_s \end{bmatrix}^{-1} = \begin{bmatrix} A_1^{-1} & & & \\ & A_2^{-1} & & \\ & & \ddots & \\ & & & A_s^{-1} \end{bmatrix}$.

例 2.4.3 设 $A = \begin{bmatrix} 2 & 1 & 0 & 0 \\ 3 & 2 & 0 & 0 \\ 0 & 0 & 1 & 1 \\ 0 & 0 & 4 & 3 \end{bmatrix}$，求 A^{-1}.

解：可将 A 分块为准对角阵 $A = \begin{bmatrix} A_1 & \\ & A_2 \end{bmatrix}$，其中 $A_1 = \begin{bmatrix} 2 & 1 \\ 3 & 2 \end{bmatrix}$，$A_2 = \begin{bmatrix} 1 & 1 \\ 4 & 3 \end{bmatrix}$.

而 $A_1^{-1} = \begin{bmatrix} 2 & -1 \\ -3 & 2 \end{bmatrix}$，$A_2^{-1} = \begin{bmatrix} -3 & 1 \\ 4 & -1 \end{bmatrix}$.

所以

$$A^{-1} = \begin{bmatrix} A_1^{-1} & \\ & A_2^{-1} \end{bmatrix} = \left[\begin{array}{cc|cc} 2 & -1 & 0 & 0 \\ -3 & 2 & 0 & 0 \\ \hline 0 & 0 & -3 & 1 \\ 0 & 0 & 4 & -1 \end{array}\right].$$

2.5 矩阵的初等变换与初等矩阵

2.5.1 矩阵的初等变换与等价

定义 2.5.1 对矩阵所实施的下列三种变换，称为矩阵的**初等行变换**.

（1）交换矩阵的两行（交换 i, j 两行记为 $r_i \leftrightarrow r_j$）；

（2）以非零数 k 乘第 i 行的所有元素（记为 kr_i）；

（3）将第 i 行的所有元素的 k 倍加到第 j 行对应的元素上（记为 $r_j + kr_i$）.

如果将定义中的“行”改为“列”，则所进行的变换称为矩阵的**初等列变换**. 矩阵的初等行变换与初等列变换统称为矩阵的**初等变换**.

定义 2.5.2 若矩阵 A 经过有限次初等变换后变成矩阵 B，则称矩阵 B 与矩阵 A 等价，记为 $A \sim B$.

矩阵等价的性质：

（1）自反性：$A \sim A$；

（2）对称性：若 $\boldsymbol{A}\sim\boldsymbol{B}$，则 $\boldsymbol{B}\sim\boldsymbol{A}$；

（3）传递性：若 $\boldsymbol{A}\sim\boldsymbol{B}$，$\boldsymbol{B}\sim\boldsymbol{C}$，则 $\boldsymbol{A}\sim\boldsymbol{C}$.

定理 2.5.1　设 $\boldsymbol{A},\boldsymbol{B}$ 为同阶方阵，若 $\boldsymbol{A}\sim\boldsymbol{B}$，则存在非零的数 λ，使得 $|\boldsymbol{B}|=\lambda|\boldsymbol{A}|$.

推论 1　初等变换不改变矩阵的可逆性.

推论 2　两个方阵如果等价，那么它们的可逆性相同.

2.5.2　初等变换下的行阶梯形矩阵、行最简形矩阵、等价标准形矩阵

对矩阵 $\boldsymbol{A}=\begin{bmatrix}1&3&1&2&1\\3&9&3&8&4\\-1&-5&3&4&2\\2&4&6&12&6\\2&7&0&2&3\end{bmatrix}$ 进行一系列初等行变换：

$$\boldsymbol{A}\to\begin{bmatrix}1&3&1&2&1\\0&0&0&2&1\\0&-2&4&6&3\\0&-2&4&8&4\\0&1&-2&-2&1\end{bmatrix}\to\begin{bmatrix}1&3&1&2&1\\0&1&-2&-2&1\\0&-2&4&6&3\\0&-2&4&8&4\\0&0&0&2&1\end{bmatrix}\to\begin{bmatrix}1&3&1&2&1\\0&1&-2&-2&1\\0&0&0&2&5\\0&0&0&4&6\\0&0&0&2&1\end{bmatrix}$$

$$\to\begin{bmatrix}1&3&1&2&1\\0&1&-2&-2&1\\0&0&0&2&5\\0&0&0&0&-4\\0&0&0&0&-4\end{bmatrix}\to\begin{bmatrix}1&3&1&2&1\\0&1&-2&-2&1\\0&0&0&2&5\\0&0&0&0&-4\\0&0&0&0&0\end{bmatrix}.$$

定义 2.5.3　矩阵 $\boldsymbol{A}$ 的任一非零行，从左往右第一个非零元素，称为**主元**. 如果主元的列标随着行的增加严格增大，且元素全为零的行（如果有）在最下方的矩阵，称为**行阶梯形矩阵**.

继续进行初等行变换，使得主元全为 1，主元所在列其余元素全为零.

$$\to\begin{bmatrix}1&3&1&2&1\\0&1&-2&-2&1\\0&0&0&1&\frac{5}{2}\\0&0&0&0&1\\0&0&0&0&0\end{bmatrix}\to\begin{bmatrix}1&3&1&2&0\\0&1&-2&-2&0\\0&0&0&1&0\\0&0&0&0&1\\0&0&0&0&0\end{bmatrix}\to\begin{bmatrix}1&3&1&0&0\\0&1&-2&0&0\\0&0&0&1&0\\0&0&0&0&1\\0&0&0&0&0\end{bmatrix}$$

$$\to\begin{bmatrix}1&0&7&0&0\\0&1&-2&0&0\\0&0&0&1&0\\0&0&0&0&1\\0&0&0&0&0\end{bmatrix}.$$

定义 2.5.4　如果在矩阵的行阶梯形中，主元全为 1，主元所在列其余元素全为零，称这样的行阶梯形矩阵为**行最简形矩阵**.

接着再进行初等列变换，使得主元以外的所有元素全为零，主元的列标与行标相同.

$$\to\begin{bmatrix}1&0&0&0&0\\0&1&0&0&0\\0&0&0&1&0\\0&0&0&0&1\\0&0&0&0&0\end{bmatrix}\to\begin{bmatrix}1&0&0&0&0\\0&1&0&0&0\\0&0&1&0&0\\0&0&0&1&0\\0&0&0&0&0\end{bmatrix}=\begin{bmatrix}\boldsymbol{E}&\boldsymbol{O}\\\boldsymbol{O}&\boldsymbol{O}\end{bmatrix}.$$

定义 2.5.5　与矩阵 $\boldsymbol{A}$ 等价的分块矩阵 $\begin{bmatrix}\boldsymbol{E}&\boldsymbol{O}\\\boldsymbol{O}&\boldsymbol{O}\end{bmatrix}$（零行、零列不一定存在）称为矩阵 $\boldsymbol{A}$ 的**等价标准形矩阵**.

也就是说，矩阵 $\boldsymbol{A}$ $\xrightarrow{\text{初等行变换}}$ 行阶梯形矩阵 $\xrightarrow{\text{初等行变换}}$ 行最简形矩阵 $\xrightarrow{\text{初等列变换}}$ 等价标准形矩阵.

因为初等变换都是可逆的，且其逆变换是同种类型的初等变换，所以有下面的定理：

定理 2.5.2　如果两个矩阵有相同的等价标准形，则它们等价.

因为初等变换不改变矩阵的可逆性，所以有下面的定理：

定理 2.5.3　所有 n 阶可逆矩阵的等价标准形都是 n 阶单位矩阵 $\boldsymbol{E}_n$.

所有 n 阶可逆矩阵都是相互等价的.

2.5.3　初等矩阵

定义 2.5.6　将单位矩阵经过一次初等变换所得到的矩阵称为**初等矩阵**.

行、列变换的三种不同的变换方法，对应着三种类型的初等矩阵.

（1）将单位矩阵第 i 行（或第 i 列）乘 k，记为 $\boldsymbol{E}(i(k))$.

$$\boldsymbol{E}(i(k))=\begin{bmatrix}1&&&&&\\&\ddots&&&&\\&&1&&&\\&&&\ddots&&\\&&&&k&&\\&&&&&\ddots&\\&&&&&&1\end{bmatrix}\leftarrow\text{第}i\text{行}$$

（2）将单位矩阵第 i 行元素乘 k 加到第 j 行对应元素上（或将单位矩阵第 j 列元素乘 k 加到第 i 列对应元素上），记为 $\boldsymbol{E}(j,i(k))$.

$$\boldsymbol{E}(j,i(k))=\begin{bmatrix}1 & & & & & & \\ & \ddots & & & & & \\ & & 1 & & & & \\ & & & \ddots & & & \\ & & k & & 1 & & \\ & & & & & \ddots & \\ & & & & & & 1\end{bmatrix}\begin{matrix} \\ \\ \leftarrow 第i行 \\ \\ \leftarrow 第j行 \\ \\ \\ \end{matrix}$$

（3）将单位矩阵的第 i 行与第 j 行交换（或第 i 列与第 j 列交换），记为 $\boldsymbol{E}(i,j)$.

$$\boldsymbol{E}(i,j)=\begin{bmatrix}1 & & & & & & & \\ & \ddots & & & & & & \\ & & 0 & & & 1 & & \\ & & & 1 & & & & \\ & & & & \ddots & & & \\ & & & & & 1 & & \\ & & 1 & & & 0 & & \\ & & & & & & \ddots & \\ & & & & & & & 1\end{bmatrix}\begin{matrix} \\ \\ \leftarrow 第i行 \\ \\ \\ \\ \leftarrow 第j行 \\ \\ \\ \end{matrix}$$

定理 2.5.4　对于矩阵 $\boldsymbol{A}$ 施行一次初等行（列）变换，相当于在矩阵 $\boldsymbol{A}$ 的左（右）边乘上一个相应的初等矩阵.

例 2.5.1　将矩阵 $\boldsymbol{A}=\begin{bmatrix}2 & -1 & 3\\ 1 & 2 & 2\\ 3 & -2 & 4\end{bmatrix}$ 的第二行乘以 2，变换为

$$\boldsymbol{A}=\begin{bmatrix}2 & -1 & 3\\ 1 & 2 & 2\\ 3 & -2 & 4\end{bmatrix}\xrightarrow{2r_2}\begin{bmatrix}2 & -1 & 3\\ 2 & 4 & 4\\ 3 & -2 & 4\end{bmatrix}.$$

相当于将矩阵 $\boldsymbol{A}$ 左边乘上初等矩阵 $\boldsymbol{E}(2(2))$，有

$$\begin{bmatrix}1 & 0 & 0\\ 0 & 2 & 0\\ 0 & 0 & 1\end{bmatrix}\begin{bmatrix}2 & -1 & 3\\ 1 & 2 & 2\\ 3 & -2 & 4\end{bmatrix}=\begin{bmatrix}2 & -1 & 3\\ 2 & 4 & 4\\ 3 & -2 & 4\end{bmatrix}.$$

又如，将矩阵$\begin{bmatrix}2&-1&3\\2&4&4\\3&-2&4\end{bmatrix}$的第一行与第二行交换，变换为

$$\begin{bmatrix}2&-1&3\\2&4&4\\3&-2&4\end{bmatrix}\xrightarrow{r_1\leftrightarrow r_2}\begin{bmatrix}2&4&4\\2&-1&3\\3&-2&4\end{bmatrix}.$$

相当于将矩阵$\begin{bmatrix}2&-1&3\\2&4&4\\3&-2&4\end{bmatrix}$左边乘上初等矩阵$\boldsymbol{E}(1,2)$，有

$$\begin{bmatrix}0&1&0\\1&0&0\\0&0&1\end{bmatrix}\begin{bmatrix}2&-1&3\\2&4&4\\3&-2&4\end{bmatrix}=\begin{bmatrix}2&4&4\\2&-1&3\\3&-2&4\end{bmatrix}.$$

再如，将$\begin{bmatrix}2&4&4\\2&-1&3\\3&-2&4\end{bmatrix}$的第一列乘以$(-1)$加到第二列上，变换为

$$\begin{bmatrix}2&4&4\\2&-1&3\\3&-2&4\end{bmatrix}\xrightarrow{c_2+(-1)c_1}\begin{bmatrix}2&2&4\\2&-3&3\\3&-5&4\end{bmatrix}.$$

相当于将矩阵$\begin{bmatrix}2&4&4\\2&-1&3\\3&-2&4\end{bmatrix}$右边乘上初等矩阵$\boldsymbol{E}(1,2(-1))$，有

$$\begin{bmatrix}2&4&4\\2&-1&3\\3&-2&4\end{bmatrix}\begin{bmatrix}1&-1&0\\0&1&0\\0&0&1\end{bmatrix}=\begin{bmatrix}2&2&4\\2&-3&3\\3&-5&4\end{bmatrix}.$$

由初等矩阵与初等变换的对应关系可以方便地得到：初等矩阵都是可逆的，且其逆矩阵是同类型的初等矩阵，分别有$\left(\boldsymbol{E}\left(i(k)\right)\right)^{-1}=\boldsymbol{E}\left(i\left(\dfrac{1}{k}\right)\right)$，$\left(\boldsymbol{E}\left(i,j(k)\right)\right)^{-1}=\boldsymbol{E}(i,j(-k))$，$\left(\boldsymbol{E}(i,j)\right)^{-1}=\boldsymbol{E}(i,j)$.

2.5.4 利用初等变换求逆矩阵与解矩阵方程

根据定理2.5.4，对矩阵进行初等行（列）变换相当于左（右）乘初等矩阵．可以证明：如果对可逆矩阵$\boldsymbol{A}$施行一系列初等行变换，就一定可以将其化为单位矩阵．如果同时对单

位矩阵 $\boldsymbol{E}$ 施行与 $\boldsymbol{A}$ 相同的初等行变换，那么将 $\boldsymbol{E}$ 化为 $\boldsymbol{A}^{-1}$.

也就是说，对分块矩阵 $(\boldsymbol{A} \mid \boldsymbol{E})$ 施行初等行变换，有 $(\boldsymbol{A} \mid \boldsymbol{E}) \to (\boldsymbol{E} \mid \boldsymbol{A}^{-1})$，由此知，也可以利用初等变换求方阵的逆矩阵.

例 2.5.2　求矩阵 $\boldsymbol{A}=\begin{bmatrix} 0 & 1 & 0 & 0 \\ 8 & 0 & 0 & 0 \\ 0 & 0 & 1 & 1 \\ 0 & 0 & 1 & 2 \end{bmatrix}$ 的逆矩阵.

解：
$$(\boldsymbol{A} \mid \boldsymbol{E})=\left[\begin{array}{cccc:cccc} 0 & 1 & 0 & 0 & 1 & 0 & 0 & 0 \\ 8 & 0 & 0 & 0 & 0 & 1 & 0 & 0 \\ 0 & 0 & 1 & 1 & 0 & 0 & 1 & 0 \\ 0 & 0 & 1 & 2 & 0 & 0 & 0 & 1 \end{array}\right]$$

$$\xrightarrow{r_1 \leftrightarrow r_2}\left[\begin{array}{cccc:cccc} 8 & 0 & 0 & 0 & 0 & 1 & 0 & 0 \\ 0 & 1 & 0 & 0 & 1 & 0 & 0 & 0 \\ 0 & 0 & 1 & 1 & 0 & 0 & 1 & 0 \\ 0 & 0 & 1 & 2 & 0 & 0 & 0 & 1 \end{array}\right]$$

$$\xrightarrow{\frac{1}{8}r_1}\left[\begin{array}{cccc:cccc} 1 & 0 & 0 & 0 & 0 & \frac{1}{8} & 0 & 0 \\ 0 & 1 & 0 & 0 & 1 & 0 & 0 & 0 \\ 0 & 0 & 1 & 1 & 0 & 0 & 1 & 0 \\ 0 & 0 & 1 & 2 & 0 & 0 & 0 & 1 \end{array}\right]$$

$$\xrightarrow{r_4+(-1)r_3}\left[\begin{array}{cccc:cccc} 1 & 0 & 0 & 0 & 0 & \frac{1}{8} & 0 & 0 \\ 0 & 1 & 0 & 0 & 1 & 0 & 0 & 0 \\ 0 & 0 & 1 & 1 & 0 & 0 & 1 & 0 \\ 0 & 0 & 0 & 1 & 0 & 0 & -1 & 1 \end{array}\right]$$

$$\xrightarrow{r_3+(-1)r_4}\left[\begin{array}{cccc:cccc} 1 & 0 & 0 & 0 & 0 & \frac{1}{8} & 0 & 0 \\ 0 & 1 & 0 & 0 & 1 & 0 & 0 & 0 \\ 0 & 0 & 1 & 0 & 0 & 0 & 2 & -1 \\ 0 & 0 & 0 & 1 & 0 & 0 & -1 & 1 \end{array}\right]$$

$$=(\boldsymbol{E} \mid \boldsymbol{A}^{-1})$$

即

$$A^{-1}=\begin{bmatrix}0 & \frac{1}{8} & 0 & 0\\ 1 & 0 & 0 & 0\\ 0 & 0 & 2 & -1\\ 0 & 0 & -1 & 1\end{bmatrix}.$$

用初等行变换也可以解矩阵方程：如果方程 $AX=B$ 中 A 可逆，那么 $X=A^{-1}B$．即，同时进行初等行变换，有

$$(A \mid B)\to\left(E \mid A^{-1}B\right)=(E \mid X).$$

例 2.5.3 解矩阵方程

$$\begin{bmatrix}2 & 3 & -1\\ 1 & 2 & 0\\ -1 & 2 & -2\end{bmatrix}X=\begin{bmatrix}2 & 1\\ -1 & 0\\ 3 & 1\end{bmatrix}.$$

解： $(A \mid B)=\left[\begin{array}{ccc|cc}2 & 3 & -1 & 2 & 1\\ 1 & 2 & 0 & -1 & 0\\ -1 & 2 & -2 & 3 & 1\end{array}\right]$

$$\xrightarrow{r_1\leftrightarrow r_2}\left[\begin{array}{ccc|cc}1 & 2 & 0 & -1 & 0\\ 2 & 3 & -1 & 2 & 1\\ -1 & 2 & -2 & 3 & 1\end{array}\right]$$

$$\xrightarrow[r_3+r_1]{r_2-2r_1}\left[\begin{array}{ccc|cc}1 & 2 & 0 & -1 & 0\\ 0 & -1 & -1 & 4 & 1\\ 0 & 4 & -2 & 2 & 1\end{array}\right]$$

$$\xrightarrow{(-1)\times r_3}\left[\begin{array}{ccc|cc}1 & 2 & 0 & -1 & 0\\ 0 & 1 & 1 & -4 & -1\\ 0 & 4 & -2 & 2 & 1\end{array}\right]$$

$$\xrightarrow{r_4\times(-4r_3)}\left[\begin{array}{ccc|cc}1 & 2 & 0 & -1 & 0\\ 0 & 1 & 1 & -4 & -1\\ 0 & 0 & -6 & 18 & 5\end{array}\right]$$

$$\xrightarrow{-\frac{1}{6}r_3}\left[\begin{array}{ccc|cc}1 & 2 & 0 & -1 & 0\\ 0 & 1 & 1 & -4 & -1\\ 0 & 0 & 1 & -3 & -\frac{5}{6}\end{array}\right]$$

$$\xrightarrow{r_1-2r_2}\left[\begin{array}{ccc|cc}1&0&-2&7&2\\0&1&1&-4&-1\\0&0&1&-3&-\frac{5}{6}\end{array}\right]$$

$$\xrightarrow[r_2-r_3]{r_1+2r_3}\left[\begin{array}{ccc|cc}1&0&0&1&\frac{1}{3}\\0&1&0&-1&-\frac{1}{6}\\0&0&1&-3&-\frac{5}{6}\end{array}\right]$$

$$=(\boldsymbol{E}\mid\boldsymbol{X})$$

即

$$\boldsymbol{X}=\begin{bmatrix}1&\frac{1}{3}\\-1&-\frac{1}{6}\\-3&-\frac{5}{6}\end{bmatrix}.$$

同理，也可用初等列变换求逆矩阵，即$\begin{bmatrix}\boldsymbol{A}\\\hline\boldsymbol{E}\end{bmatrix}\to\begin{bmatrix}\boldsymbol{E}\\\hline\boldsymbol{A}^{-1}\end{bmatrix}$；用初等列变换求解矩阵方程 $\boldsymbol{XA}=\boldsymbol{B}$，其中 $\boldsymbol{X}=\boldsymbol{BA}^{-1}$，即$\begin{bmatrix}\boldsymbol{A}\\\hline\boldsymbol{B}\end{bmatrix}\to\begin{bmatrix}\boldsymbol{E}\\\hline\boldsymbol{X}\end{bmatrix}$，请读者自行证明和举例.

2.6 矩 阵 的 秩

2.6.1 矩阵的秩

矩阵的秩是一个重要的概念.

在矩阵中，任意选定 k 行、k 列，这些行列相交处的 k^2 个元素，按原来的相对位置组成的 k 阶行列式，称为 $\boldsymbol{A}$ 的一个 k 阶子式. 如果该子式的值不为零，则称其为非零子式.

例 2.6.1 将矩阵$\begin{bmatrix} 2 & 4 & -1 & 7 \\ 0 & 2 & 6 & 2 \\ 1 & 1 & -5 & 1 \\ 5 & 3 & 0 & 4 \end{bmatrix}$的第一行、第三行，第二列、第四列上 4 个元素按原来位置组成的二阶子式为$\begin{vmatrix} 4 & 7 \\ 1 & 1 \end{vmatrix}$，且$\begin{vmatrix} 4 & 7 \\ 1 & 1 \end{vmatrix} = -3 \neq 0$，称为二阶非零子式.

定义 2.6.1 矩阵 $\boldsymbol{A}$ 中非零子式的最高阶数称为矩阵 $\boldsymbol{A}$ 的秩，记为 $R(\boldsymbol{A})$. 零矩阵 $\boldsymbol{O}$ 没有非零子式，规定其秩为 0.

容易得到下列关于矩阵的秩的结论：

（1）若 $\boldsymbol{A}$ 是 $m \times n$ 矩阵，则 $R(\boldsymbol{A}) \leqslant \min\{m,n\}$；

（2）若 $\boldsymbol{A}$ 是 n 阶方阵，则 $R(\boldsymbol{A}) = n \Leftrightarrow |\boldsymbol{A}| \neq 0$； $R(\boldsymbol{A}) < n \Leftrightarrow |\boldsymbol{A}| = 0$；

（3）若 $\boldsymbol{A}$ 有一个 r 阶子式不为零，则 $R(\boldsymbol{A}) \geqslant r$；

（4）若 $\boldsymbol{A}$ 的所有 $r+1$ 阶子式全为零，则 $R(\boldsymbol{A}) \leqslant r$.

定理 2.6.1 $R(\boldsymbol{A}) = r$ 的充分必要条件是 $\boldsymbol{A}$ 有一个 r 阶子式不为零，而所有的 $r+1$ 阶子式（如果有的话）全为零.

例 2.6.2 设 $\boldsymbol{A} = \begin{bmatrix} 1 & 2 & 3 & -1 \\ 2 & 4 & 6 & -2 \\ 3 & 0 & 2 & 1 \end{bmatrix}$，求矩阵 $\boldsymbol{A}$ 的秩.

解： $\boldsymbol{A}$ 有一个二阶子式$\begin{vmatrix} 2 & 4 \\ 3 & 0 \end{vmatrix} \neq 0$.

三阶子式$\begin{vmatrix} 1 & 2 & 3 \\ 2 & 4 & 6 \\ 3 & 0 & 2 \end{vmatrix}$，$\begin{vmatrix} 1 & 2 & -1 \\ 2 & 4 & -2 \\ 3 & 0 & 1 \end{vmatrix}$，$\begin{vmatrix} 1 & 3 & -1 \\ 2 & 6 & -2 \\ 3 & 2 & 1 \end{vmatrix}$，$\begin{vmatrix} 2 & 3 & -1 \\ 4 & 6 & -2 \\ 0 & 2 & 1 \end{vmatrix}$全为零.

所以 $R(\boldsymbol{A}) = 2$.

当矩阵 $\boldsymbol{A}$ 的行列数较高时，这一方法的计算量会很大. 但对于行阶梯形矩阵来说，秩的判断却非常简单.

例 2.6.3 求矩阵 $\boldsymbol{A} = \begin{bmatrix} 1 & 3 & 1 & 2 & 1 \\ 0 & 1 & -2 & -2 & 1 \\ 0 & 0 & 0 & 2 & 5 \\ 0 & 0 & 0 & 0 & -4 \\ 0 & 0 & 0 & 0 & 0 \end{bmatrix}$的秩.

解：容易看出，由主元所在的行列构成的 4 阶子式 $\begin{vmatrix} 1 & 3 & 2 & 1 \\ 0 & 1 & -2 & 1 \\ 0 & 0 & 2 & 5 \\ 0 & 0 & 0 & -4 \end{vmatrix} \neq 0$，而更高阶子式一定含有全为零的行，故更高阶子式全为零，因此有 $R(A)=4$.

定理 2.6.2　初等变换不改变矩阵的秩.

定理 2.6.3　对矩阵 $\boldsymbol{A}$ 乘以可逆矩阵，不改变 $\boldsymbol{A}$ 的秩.

由于初等变换不改变矩阵的秩，所以一般用初等行变换将矩阵化为行阶梯形，再求出矩阵的秩.

例 2.6.4　求矩阵 $\boldsymbol{A}=\begin{bmatrix} 1 & -2 & 1 & 3 & 3 \\ 2 & 1 & -3 & 1 & -4 \\ 3 & 4 & -3 & -1 & -11 \\ 1 & 3 & 0 & -2 & -3 \end{bmatrix}$ 的秩.

解：

$$\begin{bmatrix} 1 & -2 & 1 & 3 & 3 \\ 2 & 1 & -3 & 1 & -4 \\ 3 & 4 & -3 & -1 & -11 \\ 1 & 3 & 0 & -2 & -3 \end{bmatrix} \to \begin{bmatrix} 1 & -2 & 1 & 3 & 3 \\ 0 & 5 & -5 & -5 & -10 \\ 0 & 10 & -6 & -10 & -20 \\ 0 & 5 & -1 & -5 & -6 \end{bmatrix}$$

$$\to \begin{bmatrix} 1 & -2 & 1 & 3 & 3 \\ 0 & 5 & -5 & -5 & -10 \\ 0 & 0 & 4 & 0 & 0 \\ 0 & 0 & 4 & 0 & 4 \end{bmatrix} \to \begin{bmatrix} 1 & -2 & 1 & 3 & 3 \\ 0 & 5 & -5 & -5 & -10 \\ 0 & 0 & 4 & 0 & 0 \\ 0 & 0 & 0 & 0 & 4 \end{bmatrix}.$$

因此，$R(A)=4$.

2.6.2　一些关于矩阵秩的结论

因为矩阵 $\boldsymbol{A} \xrightarrow{\text{初等行变换}}$ 行阶梯形矩阵 $\xrightarrow{\text{初等行变换}}$ 行最简形矩阵 $\xrightarrow{\text{初等列变换}}$ 等价标准形矩阵，而初等变换不改变矩阵 $\boldsymbol{A}$ 的秩，所以，矩阵 $\boldsymbol{A}$ 的秩是 $\boldsymbol{A}$ 的非零子式的最高阶数，是其通过初等行变换所得到的行阶梯形矩阵中的非零行数，是该行阶梯形矩阵中的主元个数，也是进一步通过初等变换所得到的等价标准形矩阵 $\begin{bmatrix} \boldsymbol{E} & \boldsymbol{O} \\ \boldsymbol{O} & \boldsymbol{O} \end{bmatrix}$ 中的单位矩阵的阶数.

定理 2.6.4　两个矩阵等价的充分必要条件是它们有相同的等价标准形.

两个同型矩阵等价的充分必要条件是它们的秩相等.

定理 2.6.5　设 $\boldsymbol{A}$ 是 $m \times n$ 矩阵，其秩 $R(\boldsymbol{A})=r$，则必存在 m 阶可逆矩阵 $\boldsymbol{P}$ 和 n 阶可逆矩阵 $\boldsymbol{Q}$，使得 $\boldsymbol{A}=\boldsymbol{P}\begin{bmatrix} \boldsymbol{E}_r & \boldsymbol{O} \\ \boldsymbol{O} & \boldsymbol{O} \end{bmatrix}_{m\times n} \boldsymbol{Q}$，其中 $\boldsymbol{E}_r$ 是 r 阶单位矩阵.

定理 2.6.6 $R(AB) \leqslant R(A)$，$R(AB) \leqslant R(B)$.

证：设 $R(A_{m\times n}) = r$，则 $A = P\begin{bmatrix} E_r & O_{r\times n-r} \\ O_{m-r\times r} & O_{m-r\times n-r} \end{bmatrix}Q$，其中 P_m、Q_n 可逆.

$$R(AB) = R\left(P\begin{bmatrix} E_r & O_{r\times n-r} \\ O_{m-r\times r} & O_{m-r\times n-r} \end{bmatrix}QB\right) = R\left(\begin{bmatrix} E_r & O_{r\times n-r} \\ O_{m-r\times r} & O_{m-r\times n-r} \end{bmatrix}QB\right)$$

Q 为 n 阶方阵，设 B 为 $n\times s$ 矩阵，则 QB 为 $n\times s$ 矩阵.

对 QB 进行分块，记为 $QB = \begin{bmatrix} C_{r\times s} \\ D_{n-r\times s} \end{bmatrix}$，则

$$\begin{bmatrix} E_r & O_{r\times n-r} \\ O_{m-r\times r} & O_{m-r\times n-r} \end{bmatrix}QB = \begin{bmatrix} E_r & O_{r\times n-r} \\ O_{m-r\times r} & O_{m-r\times n-r} \end{bmatrix}\begin{bmatrix} C_{r\times s} \\ D_{n-r\times s} \end{bmatrix} = \begin{bmatrix} C_{r\times s} \\ O_{n-r\times s} \end{bmatrix}.$$

所以，$R(AB) = R\left(\begin{bmatrix} C_{r\times s} \\ O_{n-r\times s} \end{bmatrix}\right) \leqslant r = R(A)$. 类似可证明 $R(AB) \leqslant R(B)$.

定理 2.6.7 设 A 是 $m\times n$ 矩阵，若 $R(A) < n$，则 n 元齐次线性方程组 $Ax = 0$ 必有非零解.

证：$R(A) = r < n$，则 A 的等价标准形 $\begin{bmatrix} E_r & O \\ O & O \end{bmatrix}$ 中，必存在零列.

所以 $A = P\begin{bmatrix} E_r & O \\ O & O \end{bmatrix}Q$，其中 P 为 m 阶可逆矩阵，Q 为 n 阶可逆矩阵.

由 $A = P\begin{bmatrix} E_r & O \\ O & O \end{bmatrix}Q$ 可得 $AQ^{-1} = P\begin{bmatrix} E_r & O \\ O & O \end{bmatrix}$.

取 $\alpha = \begin{bmatrix} 0 \\ I_{n-r} \end{bmatrix} \neq 0$（$I_{n-r}$ 元素全为 1），则有 $AQ^{-1}\alpha = P\begin{bmatrix} E_r & O \\ O & O \end{bmatrix}\begin{bmatrix} 0 \\ I_{n-r} \end{bmatrix} = P\begin{bmatrix} 0 \\ 0 \end{bmatrix} = P0 = 0$.

所以 $Q^{-1}\alpha$ 为 $Ax = 0$ 的解，且 $Q^{-1}\alpha \neq 0$.

本章小结

1. 基本要求

（1）理解矩阵的概念；

（2）了解单位矩阵、对角矩阵、对称矩阵的概念及其基本性质；

（3）掌握矩阵的线性运算、乘法、转置及其运算规律，了解方阵的幂、方阵乘积的行列式；

（4）理解逆矩阵的概念，掌握逆矩阵的性质以及矩阵可逆的充要条件；

（5）理解伴随矩阵的概念，掌握用伴随矩阵求矩阵的逆矩阵的方法；

（6）了解分块矩阵及其运算；

（7）掌握矩阵的初等变换，了解矩阵等价的概念，掌握用初等变换将矩阵化为行阶梯形、行最简形和等价标准形的方法；

（8）理解初等变换与初等矩阵乘积的关系，掌握用初等变换求矩阵的逆矩阵的方法；

（9）理解矩阵秩的概念，掌握用初等变换求矩阵秩的方法.

重点：矩阵的线性运算、乘法及其运算规律；矩阵的初等变换；矩阵可逆的条件与求逆矩阵的方法.

难点：矩阵乘法；矩阵求逆；矩阵秩的概念；分块矩阵及其运算.

2. 学习要点

（1）矩阵的概念

形如$\begin{bmatrix} a_{11} & a_{12} & \cdots & a_{1n} \\ a_{21} & a_{22} & \cdots & a_{2n} \\ \vdots & \vdots & & \vdots \\ a_{m1} & a_{m2} & \cdots & a_{mn} \end{bmatrix}$的数表称为$m\times n$阶矩阵．记为$\boldsymbol{A}$、$\boldsymbol{A}_{m\times n}$、$\left(a_{ij}\right)_{m\times n}$等，$a_{ij}$称为矩阵的$(i,j)$元.

注意：矩阵和行列式是两个完全不同的概念，矩阵是由$m\times n$个元素排列成m行n列的一个数表，其行数和列数未必相等；而行列式表示一个数，其行数和列数一定相等.

（2）矩阵的运算

①加减法：将两个矩阵的对应元素相加减（只有同型矩阵才能相加减）；

②数乘$k\boldsymbol{A}$：将数k乘到矩阵$\boldsymbol{A}$的每一个元素上；

注：数乘矩阵与数乘行列式不同．用数k乘以行列式等于仅给行列式的某一行（列）乘以数k；

③转置$\boldsymbol{A}^{\mathrm{T}}$：将矩阵的行列互换；

④乘法：$\boldsymbol{AB}=\boldsymbol{C}$，这里矩阵$\boldsymbol{C}$的$(i,j)$元等于左矩阵$\boldsymbol{A}$的第$i$行与右矩阵$\boldsymbol{B}$的第$j$列对应元素乘积之和（$\boldsymbol{A}$矩阵的列数等于$\boldsymbol{B}$矩阵的行数才能相乘）；

一般来说，$\boldsymbol{AB}\neq\boldsymbol{BA}$；$\boldsymbol{AB}=\boldsymbol{AC} \not\Rightarrow \boldsymbol{B}=\boldsymbol{C}$；$\boldsymbol{AB}=\boldsymbol{O} \not\Rightarrow \boldsymbol{A}=\boldsymbol{O}或\boldsymbol{B}=\boldsymbol{O}$.

⑤方阵的行列式：若$\boldsymbol{A},\boldsymbol{B}$都是$n$阶方阵，$\lambda$是数，则有$|\lambda\boldsymbol{A}|=\lambda^n|\boldsymbol{A}|$，$|\boldsymbol{AB}|=|\boldsymbol{A}||\boldsymbol{B}|$.

（3）逆矩阵

若对于方阵$\boldsymbol{A}$，存在方阵$\boldsymbol{B}$满足$\boldsymbol{AB}=\boldsymbol{BA}=\boldsymbol{E}$，则称$\boldsymbol{A}$可逆，$\boldsymbol{B}$称为$\boldsymbol{A}$的逆矩阵，记为$\boldsymbol{A}^{-1}$.

逆矩阵的基本性质：

$$(\boldsymbol{A}^{-1})^{-1}=\boldsymbol{A}，(\boldsymbol{AB})^{-1}=\boldsymbol{B}^{-1}\boldsymbol{A}^{-1}，(k\boldsymbol{A})^{-1}=\frac{1}{k}\boldsymbol{A}^{-1}，(\boldsymbol{A}^{\mathrm{T}})^{-1}=(\boldsymbol{A}^{-1})^{\mathrm{T}}.$$

方阵 $\boldsymbol{A}$ 可逆的充分必要条件是 $|\boldsymbol{A}|\neq 0$.

求方阵 $\boldsymbol{A}$ 的逆矩阵的方法：

①伴随矩阵法：设 $\boldsymbol{A}$ 为可逆阵，则 $\boldsymbol{A}^{-1}=\dfrac{\boldsymbol{A}^*}{|\boldsymbol{A}|}$（该法常用于二三阶方阵的求逆）;

②初等变换法：用初等行变换把可逆阵 $\boldsymbol{A}$ 化为 $\boldsymbol{E}$，则相同的初等行变换就将 $\boldsymbol{E}$ 变为 $\boldsymbol{A}^{-1}$. 即 $(\boldsymbol{A}\mid\boldsymbol{E})\xrightarrow{\text{初等行变换}}(\boldsymbol{E}\mid\boldsymbol{A}^{-1})$;

③分块法（仅适用于一些特殊类型矩阵）：对于分块对角阵，若 $\boldsymbol{A}_1,\boldsymbol{A}_2,\cdots,\boldsymbol{A}_s$ 均可逆，则

$$\begin{bmatrix}\boldsymbol{A}_1 & & & \\ & \boldsymbol{A}_2 & & \\ & & \ddots & \\ & & & \boldsymbol{A}_s\end{bmatrix}^{-1}=\begin{bmatrix}\boldsymbol{A}_1^{-1} & & & \\ & \boldsymbol{A}_2^{-1} & & \\ & & \ddots & \\ & & & \boldsymbol{A}_s^{-1}\end{bmatrix}.$$

若 $\boldsymbol{B}$,$\boldsymbol{D}$ 均为可逆矩阵，则

$$\begin{bmatrix}\boldsymbol{B} & \boldsymbol{O}\\ \boldsymbol{C} & \boldsymbol{D}\end{bmatrix}^{-1}=\begin{bmatrix}\boldsymbol{B}^{-1} & \boldsymbol{O}\\ -\boldsymbol{D}^{-1}\boldsymbol{C}\boldsymbol{B}^{-1} & \boldsymbol{D}^{-1}\end{bmatrix}.$$

（4）矩阵的初等变换与初等矩阵

①初等变换有三种形式：交换矩阵的两行（列）；以非零数 k 乘某行（列）的所有元素；将某行（列）所有元素的 k 倍加到另一行（列）对应的元素上；

②若矩阵 $\boldsymbol{A}$ 经过有限次初等变换后变成矩阵 $\boldsymbol{B}$，则称矩阵 $\boldsymbol{B}$ 与矩阵 $\boldsymbol{A}$ 等价，记为 $\boldsymbol{A}\sim\boldsymbol{B}$；

两个矩阵等价的充要条件是它们有相同的等价标准形.

两个同型矩阵等价的充要条件是它们有相同的秩.

③单位矩阵经过一次初等变换所得到的矩阵称为初等矩阵.

对于 $m\times n$ 矩阵 $\boldsymbol{A}$ 施行一次初等行（列）变换，相当于在矩阵 $\boldsymbol{A}$ 的左（右）边乘上一个相应的 m 阶（n 阶）初等矩阵.

（5）矩阵的秩

矩阵 $\boldsymbol{A}$ 中非零子式的最高阶数称为矩阵 $\boldsymbol{A}$ 的秩，记为 $R(\boldsymbol{A})$.

对矩阵 $\boldsymbol{A}$ 进行有限次初等变换不改变 $\boldsymbol{A}$ 的秩. 对矩阵 $\boldsymbol{A}$ 乘以可逆矩阵不改变 $\boldsymbol{A}$ 的秩.

求矩阵 $\boldsymbol{A}$ 的秩的方法：

①定义法：求出 $\boldsymbol{A}$ 的最高阶非零子式的阶数，即，若 $\boldsymbol{A}$ 有一个 r 阶子式不为零，而所有的 $r+1$ 阶子式（如果有的话）全为零，则 $R(\boldsymbol{A})=r$；

②初等行变换法：对矩阵 $\boldsymbol{A}$ 进行初等行变换化为行阶梯形，则行阶梯形矩阵中非零行的行数即为矩阵 $\boldsymbol{A}$ 的秩.

习　题　2

2.1　设 $\boldsymbol{A}=\begin{bmatrix}3&1&0\\-1&2&1\\3&4&2\end{bmatrix}$，$\boldsymbol{B}=\begin{bmatrix}1&-1&0\\2&-2&5\\3&4&1\end{bmatrix}$，

求（1）$\boldsymbol{AB}-\boldsymbol{BA}$；（2）$\boldsymbol{A}^2-\boldsymbol{B}^2$；（3）$(\boldsymbol{A}-\boldsymbol{B})(\boldsymbol{A}+\boldsymbol{B})$.

2.2　设 $\boldsymbol{A}=\begin{bmatrix}1&2&0\\3&4&0\\-1&2&1\end{bmatrix}$，$\boldsymbol{B}=\begin{bmatrix}2&3&-1\\-2&4&0\end{bmatrix}$，求 $\boldsymbol{AB}^{\mathrm{T}}$.

2.3　设 $\boldsymbol{\alpha}=(1,2,3,4)$，$\boldsymbol{\beta}=(1,1,1,1)$，求 $\left(\boldsymbol{\alpha}^{\mathrm{T}}\boldsymbol{\beta}\right)^k$.

2.4　已知矩阵 $\boldsymbol{A}=\begin{bmatrix}3&1&0\\-1&2&1\\3&4&2\end{bmatrix}$，$\boldsymbol{B}=\begin{bmatrix}1&-1&0\\2&-2&5\\3&4&1\end{bmatrix}$，

计算 $|\boldsymbol{A}|$，$|\boldsymbol{B}|$，$\boldsymbol{AB}$，$\boldsymbol{BA}$，$|\boldsymbol{AB}|$，$|\boldsymbol{BA}|$.

2.5　设 $\boldsymbol{A}$ 为 3 阶方阵，$\boldsymbol{A}^*$ 为 $\boldsymbol{A}$ 的伴随矩阵，且 $|\boldsymbol{A}|=\dfrac{1}{2}$，求 $\left|(3\boldsymbol{A})^{-1}-2\boldsymbol{A}^*\right|$.

2.6　已知方阵 $\boldsymbol{A}$ 满足关系式 $\boldsymbol{A}^2+2\boldsymbol{A}-3\boldsymbol{E}=\boldsymbol{O}$，求 $(\boldsymbol{A}+4\boldsymbol{E})^{-1}$.

2.7　设 $\boldsymbol{A}$ 为 n 阶方阵，且满足 $\boldsymbol{AA}^{\mathrm{T}}=\boldsymbol{E}$. 若 $|\boldsymbol{A}|<0$，求 $|\boldsymbol{A}+\boldsymbol{E}|$.

2.8　求下列矩阵的逆矩阵.

（1）$\boldsymbol{A}=\begin{bmatrix}4&7\\1&2\end{bmatrix}$；（2）$\boldsymbol{A}=\begin{bmatrix}2&-3&1\\4&-5&2\\5&-7&3\end{bmatrix}$.

2.9　矩阵 $\boldsymbol{A}=\begin{bmatrix}0&-1&0\\1&0&0\\0&0&1\end{bmatrix}$，$\boldsymbol{B}=\begin{bmatrix}-1&-2&0\\2&-1&0\\0&0&0\end{bmatrix}$，

求矩阵方程 $\boldsymbol{XA}-\boldsymbol{B}=2\boldsymbol{E}$ 的解 $\boldsymbol{X}$.

2.10　设 $\boldsymbol{A}=\begin{bmatrix}0&0&5&2\\0&0&2&1\\1&-2&0&0\\1&1&0&0\end{bmatrix}$，求 $\boldsymbol{A}^{-1}$.

2.11　用初等行变换将下列矩阵化为行最简形矩阵.

（1）$\begin{bmatrix}1&-1&2\\3&2&1\\1&-2&0\end{bmatrix}$；（2）$\begin{bmatrix}0&2&-3&1\\0&3&-4&3\\0&4&-7&-1\end{bmatrix}$；（3）$\begin{bmatrix}2&3&1&-3&-7\\1&2&0&-2&-4\\3&-2&8&3&0\\2&-3&7&4&3\end{bmatrix}$.

2.12　求下列矩阵的秩.

（1）$A=\begin{bmatrix}1&2&-1\\0&1&1\\2&5&-1\end{bmatrix}$；（2）$A=\begin{bmatrix}3&1&0&2\\1&-1&2&-1\\1&3&-4&4\end{bmatrix}$；（3）$A=\begin{bmatrix}1&-2&2&-1&1\\2&-4&8&0&2\\-2&4&-2&3&3\\3&-6&0&-6&4\end{bmatrix}$.

2.13　设 $A=\begin{bmatrix}1&-2&3k\\-1&2k&-3\\k&-2&3\end{bmatrix}$，常数 k 为何值时，

（1）$R(A)=1$；（2）$R(A)=2$；（3）$R(A)=3$？

2.14　已知 $A=\begin{bmatrix}1&0&1\\2&1&0\\-3&2&-5\end{bmatrix}$，求 $(E-A)^{-1}$.

第3章 向量和向量空间

在解析几何中，平面和空间的向量可分别用二元或三元数组表示. 当我们研究线性变换和线性方程组时，发现其中的每一个线性关系式都对应一个更多元的有序数组，对这些线性关系式进行加减、数乘运算，实际上相当于对这些多元数组进行相应的运算. 据此，我们抽象出 n 维向量的概念，探讨了向量组的线性相关性，并引入向量空间的理论，为进一步研究线性方程组、线性变换等线性问题奠定了基础.

3.1 向量与向量组

定义 3.1.1 n 个有次序的数 $a_1,a_2,\cdots,a_n$ 所组成的数组称为 n 维向量，这 n 个数称为该向量的 n 个分量，第 i 个数 a_i 称为第 i 个分量. 分量全为实数的向量称为实向量，分量为复数的向量称为复向量. 除非特别说明，本书只讨论实向量.

n 维向量可以写成一行 $(a_1,a_2,\cdots,a_n)$，称为行向量，可看做一个行矩阵；也可以写成一列

$$\begin{bmatrix} a_1 \\ a_2 \\ \vdots \\ a_n \end{bmatrix}$$

称为列向量，可看做一个列矩阵，并规定行向量和列向量都按矩阵的运算规律进行运算.

本书中默认讨论列向量，用 $\boldsymbol{a},\boldsymbol{b},\boldsymbol{\alpha},\boldsymbol{\beta}$ 等表示，行向量则用 $\boldsymbol{a}^{\mathrm{T}},\boldsymbol{b}^{\mathrm{T}},\boldsymbol{\alpha}^{\mathrm{T}},\boldsymbol{\beta}^{\mathrm{T}}$ 等表示. 分量全为零的向量记为 $\boldsymbol{0}$.

根据矩阵运算的法则，对于任意的 n 维向量 $\boldsymbol{\alpha},\boldsymbol{\beta},\boldsymbol{\gamma}$ 以及任意的实数 k,l，容易得到：

（1）$\boldsymbol{\alpha}+\boldsymbol{\beta}=\boldsymbol{\beta}+\boldsymbol{\alpha}$；

（2）$(\boldsymbol{\alpha}+\boldsymbol{\beta})+\boldsymbol{\gamma}=\boldsymbol{\alpha}+(\boldsymbol{\beta}+\boldsymbol{\gamma})$；

（3）$0\boldsymbol{\alpha}=\boldsymbol{0}$，$1\boldsymbol{\alpha}=\boldsymbol{\alpha}$，$(-1)\boldsymbol{\alpha}=-\boldsymbol{\alpha}$；

（4）$k\boldsymbol{0}=\boldsymbol{0}$，$k\boldsymbol{\alpha}=\boldsymbol{0}\Leftrightarrow k=0$ 或 $\boldsymbol{\alpha}=\boldsymbol{0}$；

（5）$\boldsymbol{0}+\boldsymbol{\alpha}=\boldsymbol{\alpha}+\boldsymbol{0}=\boldsymbol{\alpha}$，$\boldsymbol{\alpha}+(-\boldsymbol{\alpha})=(-\boldsymbol{\alpha})+\boldsymbol{\alpha}=\boldsymbol{0}$；

（6）$(kl)\boldsymbol{\alpha}=k(l\boldsymbol{\alpha})$；

（7）$(k+l)\boldsymbol{\alpha}=k\boldsymbol{\alpha}+l\boldsymbol{\alpha}$，$k(\boldsymbol{\alpha}+\boldsymbol{\beta})=k\boldsymbol{\alpha}+k\boldsymbol{\beta}$.

若干同维数的列向量（或同维数的行向量）所组成的集合称为向量组. 例如，矩阵 $\boldsymbol{A}_{m\times n}$

的全体列向量是一个含 n 个 m 维列向量的向量组，它的全体行向量是一个含 m 个 n 维行向量的向量组．这样，矩阵可以用向量组来表示，反之，含有有限个向量的向量组也可以构成矩阵．例如，m 个 n 维列向量所组成的向量组 $\boldsymbol{\alpha}_1,\boldsymbol{\alpha}_2,\cdots,\boldsymbol{\alpha}_m$，可以构成一个 $n\times m$ 矩阵

$$\boldsymbol{A}=(\boldsymbol{\alpha}_1,\boldsymbol{\alpha}_2,\cdots,\boldsymbol{\alpha}_m);$$

m 个 n 维行向量所组成的向量组 $\boldsymbol{\beta}_1^{\mathrm{T}},\boldsymbol{\beta}_2^{\mathrm{T}},\cdots,\boldsymbol{\beta}_m^{\mathrm{T}}$，可以构成一个 $m\times n$ 矩阵

$$\boldsymbol{B}=\begin{bmatrix}\boldsymbol{\beta}_1^{\mathrm{T}}\\ \boldsymbol{\beta}_2^{\mathrm{T}}\\ \vdots\\ \boldsymbol{\beta}_m^{\mathrm{T}}\end{bmatrix}.$$

总之，含有有限个向量的有序向量组可以与矩阵一一对应．

3.2 向量组的线性相关性

考虑线性方程组

$$\begin{cases}a_{11}x_1+a_{12}x_2+\cdots+a_{1n}x_n=b_1;\\ a_{21}x_1+a_{22}x_2+\cdots+a_{2n}x_n=b_2;\\ \qquad\vdots\\ a_{m1}x_1+a_{m2}x_2+\cdots+a_{mn}x_n=b_m.\end{cases}\tag{3.2.1}$$

记 $\boldsymbol{\alpha}_j=\begin{bmatrix}a_{1j}\\ a_{2j}\\ \vdots\\ a_{mj}\end{bmatrix}$（$j=1,2,\cdots,n$），$\boldsymbol{\beta}=\begin{bmatrix}b_1\\ b_2\\ \vdots\\ b_m\end{bmatrix}$，则方程组(3.2.1)可改写为

$$x_1\boldsymbol{\alpha}_1+x_2\boldsymbol{\alpha}_2+\cdots+x_n\boldsymbol{\alpha}_n=\boldsymbol{\beta}\tag{3.2.2}$$

方程组(3.2.1)是否有解等价于向量等式(3.2.2)能否成立．

方程组(3.2.1)有解的条件下，解是否唯一等价于已知向量等式(3.2.2)能够成立，向量的系数是否唯一．

本节将从这两个问题出发，给出向量的线性表示以及向量组的线性相关性，并对它们的性质和运算进行讨论．

3.2.1 向量的线性组合与线性表示

定义 3.2.1 已知向量组 $\boldsymbol{\alpha}_1,\boldsymbol{\alpha}_2,\cdots,\boldsymbol{\alpha}_s$，对于实数 $k_1,k_2,\cdots,k_s$，表达式 $k_1\boldsymbol{\alpha}_1+k_2\boldsymbol{\alpha}_2+\cdots+k_s\boldsymbol{\alpha}_s$ 称为向量组 $\boldsymbol{\alpha}_1,\boldsymbol{\alpha}_2,\cdots,\boldsymbol{\alpha}_s$ 的一个**线性组合**，其中 $k_1,k_2,\cdots,k_s$ 称为该线性组合的组合系数．

定义 3.2.2　已知向量组$\boldsymbol{\alpha}_1,\boldsymbol{\alpha}_2,\cdots,\boldsymbol{\alpha}_s$及向量$\boldsymbol{\beta}$，如果存在一组常数$k_1,k_2,\cdots,k_s$，使得$\boldsymbol{\beta}=k_1\boldsymbol{\alpha}_1+k_2\boldsymbol{\alpha}_2+\cdots+k_s\boldsymbol{\alpha}_s$，则称$\boldsymbol{\beta}$可以表示为向量组$\boldsymbol{\alpha}_1,\boldsymbol{\alpha}_2,\cdots,\boldsymbol{\alpha}_s$的**线性组合**，或称$\boldsymbol{\beta}$可由向量组$\boldsymbol{\alpha}_1,\boldsymbol{\alpha}_2,\cdots,\boldsymbol{\alpha}_s$**线性表示**，其中,$k_1,k_2,\cdots,k_s$称为组合系数.

称下列n个n维向量：$\boldsymbol{e}_1=(1,0,0,\cdots,0)^{\mathrm{T}}$，$\boldsymbol{e}_2=(0,1,0,\cdots,0)^{\mathrm{T}}$，$\cdots$，$\boldsymbol{e}_n=(0,0,0,\cdots,1)^{\mathrm{T}}$构成的向量组为**$\boldsymbol{n}$维基本向量组**.

容易得到下列基本结论：

（1）任一n维向量$\boldsymbol{\alpha}=(a_1,a_2,\cdots,a_n)^{\mathrm{T}}$，都可以由$n$维基本向量组线性表示：

$$\boldsymbol{\alpha}=a_1\boldsymbol{e}_1+a_2\boldsymbol{e}_2+\cdots+a_n\boldsymbol{e}_n;$$

（2）零向量$\mathbf{0}$可以由任一向量组线性表示：$\mathbf{0}=0\boldsymbol{\alpha}_1+0\boldsymbol{\alpha}_2+\cdots+0\boldsymbol{\alpha}_s$；

（3）向量组$\boldsymbol{\alpha}_1,\boldsymbol{\alpha}_2,\cdots,\boldsymbol{\alpha}_s$中的任一向量$\boldsymbol{\alpha}_j$（$1\leqslant j\leqslant s$）都可以由向量组$\boldsymbol{\alpha}_1,\boldsymbol{\alpha}_2,\cdots,\boldsymbol{\alpha}_s$线性表示.

从线性组合的角度来描述刚才的线性方程组(3.2.1)及其向量形式(3.2.2)，可得方程组(3.2.1)有解的充分必要条件是方程组右端常数项所对应的向量$\boldsymbol{\beta}$，可由系数矩阵的列向量组$\boldsymbol{\alpha}_1,\boldsymbol{\alpha}_2,\cdots,\boldsymbol{\alpha}_n$线性表示，且线性表达式$x_1\boldsymbol{\alpha}_1+x_2\boldsymbol{\alpha}_2+\cdots+x_n\boldsymbol{\alpha}_n=\boldsymbol{\beta}$中的组合系数就是该方程组的解.

例 3.2.1　已知向量组$\boldsymbol{\alpha}_1=(1,0,-1)^{\mathrm{T}}$，$\boldsymbol{\alpha}_2=(1,1,1)^{\mathrm{T}}$，$\boldsymbol{\alpha}_3=(3,1,-1)^{\mathrm{T}}$和向量$\boldsymbol{\beta}=(5,3,1)^{\mathrm{T}}$. 向量$\boldsymbol{\beta}$能否由向量组$\boldsymbol{\alpha}_1,\boldsymbol{\alpha}_2,\boldsymbol{\alpha}_3$线性表示？如果可以，求出一个这样的线性表达式.

解：设有一组数k_1,k_2,k_3，使得$k_1\boldsymbol{\alpha}_1+k_2\boldsymbol{\alpha}_2+k_3\boldsymbol{\alpha}_3=\boldsymbol{\beta}$.

而$k_1\boldsymbol{\alpha}_1+k_2\boldsymbol{\alpha}_2+k_3\boldsymbol{\alpha}_3=\boldsymbol{\beta}$等同于

$$\begin{cases} k_1+k_2+3k_3=5; \\ k_2+k_3=3; \\ -k_1+k_2-k_3=1. \end{cases}$$

该方程组等价于

$$\begin{cases} k_1+k_2+3k_3=5; \\ k_2+k_3=3; \\ 2k_2+2k_3=6. \end{cases}$$

进一步等价于

$$\begin{cases} k_1=2-2k_3; \\ k_2=3-k_3. \end{cases}$$

取$k_3=1$，得$k_1=0$，$k_2=2$，有$\boldsymbol{\beta}=0\boldsymbol{\alpha}_1+2\boldsymbol{\alpha}_2+\boldsymbol{\alpha}_3$.

取$k_3=-1$，得$k_1=4$，$k_2=4$，有$\boldsymbol{\beta}=4\boldsymbol{\alpha}_1+4\boldsymbol{\alpha}_2-\boldsymbol{\alpha}_3$.

可见，$\boldsymbol{\beta}$可由$\boldsymbol{\alpha}_1,\boldsymbol{\alpha}_2,\boldsymbol{\alpha}_3$线性表示，且线性表示方式不唯一.

例 3.2.2 已知向量组$\boldsymbol{\xi}_1=(2,1,1)^{\mathrm{T}}$，$\boldsymbol{\xi}_2=(1,2,1)^{\mathrm{T}}$，$\boldsymbol{\xi}_3=(-1,1,2)^{\mathrm{T}}$和向量$\boldsymbol{\eta}=(1,2,3)^{\mathrm{T}}$. 向量$\boldsymbol{\eta}$能否由向量组$\boldsymbol{\xi}_1,\boldsymbol{\xi}_2,\boldsymbol{\xi}_3$线性表示？如果可以，求出一个这样的线性表达式.

解： 设有一组数k_1,k_2,k_3，使得

$$k_1\boldsymbol{\xi}_1+k_2\boldsymbol{\xi}_2+k_3\boldsymbol{\xi}_3=\boldsymbol{\eta}.$$

而$k_1\boldsymbol{\xi}_1+k_2\boldsymbol{\xi}_2+k_3\boldsymbol{\xi}_3=\boldsymbol{\eta}$等同于

$$\begin{cases}2k_1+k_2-k_3=1;\\ k_1+2k_2+k_3=2;\\ k_1+k_2+2k_3=3.\end{cases}$$

该方程组等价于

$$\begin{cases}k_1+k_2+2k_3=3;\\ \qquad k_2-\ k_3=-1;\\ \quad -k_2-5k_3=-5.\end{cases}$$

进一步等价于

$$\begin{cases}k_1+k_2+2k_3=3;\\ \qquad k_2-\ k_3=-1;\\ \qquad\quad -6k_3=-6.\end{cases}$$

求得唯一解$k_1=1,k_2=0,k_3=1$，故有$\boldsymbol{\eta}=\boldsymbol{\xi}_1+\boldsymbol{\xi}_3$.

可见，$\boldsymbol{\eta}$可由$\boldsymbol{\xi}_1,\boldsymbol{\xi}_2,\boldsymbol{\xi}_3$线性表示，且线性表示方式唯一.

那么，当向量$\boldsymbol{\beta}$可以由向量组$\boldsymbol{\alpha}_1,\boldsymbol{\alpha}_2,\cdots,\boldsymbol{\alpha}_s$线性表示时，在什么条件下，线性表示方式是唯一的？在什么条件下，线性表示方式不唯一呢？

3.2.2 向量组的线性相关性

定义 3.2.3 对于给定的一组向量$\boldsymbol{\alpha}_1,\boldsymbol{\alpha}_2,\cdots,\boldsymbol{\alpha}_s$，如果存在一组不全为零的常数$k_1,k_2,\cdots,k_s$，使$k_1\boldsymbol{\alpha}_1+k_2\boldsymbol{\alpha}_2+\cdots+k_s\boldsymbol{\alpha}_s=\mathbf{0}$，那么称**向量组$\boldsymbol{\alpha}_1,\boldsymbol{\alpha}_2,\cdots,\boldsymbol{\alpha}_s$线性相关**；否则，称**向量组$\boldsymbol{\alpha}_1,\boldsymbol{\alpha}_2,\cdots,\boldsymbol{\alpha}_s$线性无关**. 即，如果$k_1\boldsymbol{\alpha}_1+k_2\boldsymbol{\alpha}_2+\cdots+k_s\boldsymbol{\alpha}_s=\mathbf{0}$，当且仅当所有系数$k_1,k_2,\cdots,k_s$全为零，那么向量组$\boldsymbol{\alpha}_1,\boldsymbol{\alpha}_2,\cdots,\boldsymbol{\alpha}_s$线性无关.

对于向量组$\boldsymbol{\alpha}_1=\begin{bmatrix}a_{11}\\a_{21}\\\vdots\\a_{m1}\end{bmatrix}$，$\boldsymbol{\alpha}_2=\begin{bmatrix}a_{12}\\a_{22}\\\vdots\\a_{m2}\end{bmatrix}$，$\cdots$，$\boldsymbol{\alpha}_s=\begin{bmatrix}a_{1s}\\a_{2s}\\\vdots\\a_{ms}\end{bmatrix}$，考虑齐次线性方程组

$$\begin{cases}a_{11}x_1+a_{12}x_2+\cdots+a_{1s}x_s=0;\\ a_{21}x_1+a_{22}x_2+\cdots+a_{2s}x_s=0;\\ \qquad\qquad\vdots\\ a_{m1}x_1+a_{m2}x_2+\cdots+a_{ms}x_s=0.\end{cases}\tag{3.2.3}$$

则向量组 $\boldsymbol{\alpha}_1,\boldsymbol{\alpha}_2,\cdots,\boldsymbol{\alpha}_s$ 线性相关等价于方程组(3.2.3)有非零解，向量组 $\boldsymbol{\alpha}_1,\boldsymbol{\alpha}_2,\cdots,\boldsymbol{\alpha}_s$ 线性无关等价于方程组(3.2.3)仅有零解.

例 3.2.3　证明向量组 $\boldsymbol{\alpha}_1=(1,2,-1)^{\mathrm{T}}$，$\boldsymbol{\alpha}_2=(2,-3,1)^{\mathrm{T}}$，$\boldsymbol{\alpha}_3=(-2,17,-7)^{\mathrm{T}}$ 线性相关.

证：考虑方程组

$$\begin{cases} x_1+2x_2-\ 2x_3=0; \\ 2x_1-3x_2+17x_3=0; \\ -x_1+\ x_2-\ 7x_3=0. \end{cases}$$

该方程组等价于

$$\begin{cases} x_1+2x_2-\ 2x_3=0; \\ \quad -7x_2+21x_3=0; \\ \quad\quad 3x_2-\ 9x_3=0. \end{cases}$$

进一步等价于

$$\begin{cases} x_1+2x_2-2x_3=0; \\ \quad\quad x_2-3x_3=0; \\ \quad\quad\quad\quad 0=0. \end{cases}$$

解得

$$\begin{cases} x_1=-4x_3; \\ x_2=3x_3. \end{cases}$$

取 $x_3=1$，得 $x_1=-4$，$x_2=3$，有 $-4\boldsymbol{\alpha}_1+3\boldsymbol{\alpha}_2+\boldsymbol{\alpha}_3=\mathbf{0}$，故 $\boldsymbol{\alpha}_1,\boldsymbol{\alpha}_2,\boldsymbol{\alpha}_3$ 线性相关.

例 3.2.4　证明 n 维基本向量组 $\boldsymbol{e}_1=\begin{bmatrix}1\\0\\\vdots\\0\end{bmatrix}$，$\boldsymbol{e}_2=\begin{bmatrix}0\\1\\\vdots\\0\end{bmatrix}$，$\cdots$，$\boldsymbol{e}_n=\begin{bmatrix}0\\0\\\vdots\\1\end{bmatrix}$ 线性无关.

证：设 $k_1\boldsymbol{e}_1+k_2\boldsymbol{e}_2+\cdots+k_n\boldsymbol{e}_n=\mathbf{0}$，等同于方程组 $\begin{cases} k_1 & & & =0; \\ & k_2 & & =0; \\ & & \ddots & \\ & & & k_n=0. \end{cases}$

解得唯一解 $k_1=k_2=\cdots=k_n=0$，故 $\boldsymbol{e}_1,\boldsymbol{e}_2,\cdots,\boldsymbol{e}_n$ 线性无关.

例 3.2.5　已知向量组 $\boldsymbol{\alpha}_1,\boldsymbol{\alpha}_2,\boldsymbol{\alpha}_3$ 线性无关，而 $\boldsymbol{\beta}_1=\boldsymbol{\alpha}_1$，$\boldsymbol{\beta}_2=\boldsymbol{\alpha}_1+\boldsymbol{\alpha}_2$，$\boldsymbol{\beta}_3=\boldsymbol{\alpha}_1+\boldsymbol{\alpha}_2+\boldsymbol{\alpha}_3$. 证明：向量组 $\boldsymbol{\beta}_1,\boldsymbol{\beta}_2,\boldsymbol{\beta}_3$ 也线性无关.

证：设 $k_1\boldsymbol{\beta}_1+k_2\boldsymbol{\beta}_2+k_3\boldsymbol{\beta}_3=\mathbf{0}$，即 $k_1\boldsymbol{\alpha}_1+k_2(\boldsymbol{\alpha}_1+\boldsymbol{\alpha}_2)+k_3(\boldsymbol{\alpha}_1+\boldsymbol{\alpha}_2+\boldsymbol{\alpha}_3)=\mathbf{0}$.

整理得 $(k_1+k_2+k_3)\boldsymbol{\alpha}_1+(k_2+k_3)\boldsymbol{\alpha}_2+k_3\boldsymbol{\alpha}_3=\mathbf{0}$.

因为 $\boldsymbol{\alpha}_1,\boldsymbol{\alpha}_2,\boldsymbol{\alpha}_3$ 线性无关，所以$\begin{cases} k_1+k_2+k_3=0; \\ \quad\ \ k_2+k_3=0; \\ \qquad\quad\ k_3=0. \end{cases}$

解得唯一解 $k_1=k_2=k_3=0$，故 $\boldsymbol{\beta}_1,\boldsymbol{\beta}_2,\boldsymbol{\beta}_3$ 线性无关.

3.2.3 关于向量组线性相关性的一些结论

（1）单个向量 $\boldsymbol{\alpha}$ 线性相关 $\Leftrightarrow \boldsymbol{\alpha}=\mathbf{0}$，

单个向量 $\boldsymbol{\alpha}$ 线性无关 $\Leftrightarrow \boldsymbol{\alpha}\neq\mathbf{0}$；

（2）包含零向量的向量组一定线性相关；

（3）如果向量组 $\boldsymbol{\alpha}_1,\boldsymbol{\alpha}_2,\cdots,\boldsymbol{\alpha}_s$ 线性相关，那么添加若干向量 $\boldsymbol{\alpha}_{s+1},\cdots,\boldsymbol{\alpha}_{s+k}$ 后所得向量组 $\boldsymbol{\alpha}_1,\boldsymbol{\alpha}_2,\cdots,\boldsymbol{\alpha}_s,\boldsymbol{\alpha}_{s+1},\cdots,\boldsymbol{\alpha}_{s+k}$ 也一定线性相关；

该结论的逆否命题为：如果向量组 $\boldsymbol{\alpha}_1,\boldsymbol{\alpha}_2,\cdots,\boldsymbol{\alpha}_s,\boldsymbol{\alpha}_{s+1},\cdots,\boldsymbol{\alpha}_{s+k}$ 线性无关，那么去掉若干向量 $\boldsymbol{\alpha}_{s+1},\cdots,\boldsymbol{\alpha}_{s+k}$ 后所得向量组 $\boldsymbol{\alpha}_1,\boldsymbol{\alpha}_2,\cdots,\boldsymbol{\alpha}_s$ 也一定线性无关；

（4）如果 l 维向量组 $\boldsymbol{\alpha}_1,\boldsymbol{\alpha}_2,\cdots,\boldsymbol{\alpha}_s$ 线性无关，那么给该向量组的每个向量都添加上 m 个分量（$\boldsymbol{\alpha}_1,\boldsymbol{\alpha}_2,\cdots,\boldsymbol{\alpha}_s$ 添加分量的位置对应相同），所得到的 $l+m$ 维向量组 $\tilde{\boldsymbol{\alpha}}_1,\tilde{\boldsymbol{\alpha}}_2,\cdots,\tilde{\boldsymbol{\alpha}}_s$ 一定线性无关.

例3.2.6 向量组 $\boldsymbol{\alpha}_1=\begin{bmatrix} a_{11} \\ \vdots \\ a_{l1} \end{bmatrix}$，$\boldsymbol{\alpha}_2=\begin{bmatrix} a_{12} \\ \vdots \\ a_{l2} \end{bmatrix}$，$\cdots$，$\boldsymbol{\alpha}_s=\begin{bmatrix} a_{1s} \\ \vdots \\ a_{ls} \end{bmatrix}$添加若干向量后得到向量组

$$\tilde{\boldsymbol{\alpha}}_1=\begin{bmatrix} a_{11} \\ \vdots \\ a_{l1} \\ b_{11} \\ \vdots \\ b_{m1} \end{bmatrix},\quad \tilde{\boldsymbol{\alpha}}_2=\begin{bmatrix} a_{12} \\ \vdots \\ a_{l2} \\ b_{12} \\ \vdots \\ b_{m2} \end{bmatrix},\quad \cdots,\quad \tilde{\boldsymbol{\alpha}}_s=\begin{bmatrix} a_{1s} \\ \vdots \\ a_{ls} \\ b_{1s} \\ \vdots \\ b_{ms} \end{bmatrix},$$

如果 $\boldsymbol{\alpha}_1,\boldsymbol{\alpha}_2,\cdots,\boldsymbol{\alpha}_s$ 线性无关，那么向量组 $\tilde{\boldsymbol{\alpha}}_1,\tilde{\boldsymbol{\alpha}}_2,\cdots,\tilde{\boldsymbol{\alpha}}_s$ 也线性无关.

证： 向量组 $\boldsymbol{\alpha}_1,\boldsymbol{\alpha}_2,\cdots,\boldsymbol{\alpha}_s$ 线性无关等价于方程组

$$\begin{cases} a_{11}x_1+a_{12}x_2+\cdots+a_{1s}x_s=0; \\ \qquad\qquad\vdots \\ a_{l1}x_1+a_{l2}x_2+\cdots+a_{ls}x_s=0. \end{cases} \tag{3.2.4}$$

仅有零解.

而向量组 $\tilde{\boldsymbol{\alpha}}_1,\tilde{\boldsymbol{\alpha}}_2,\cdots,\tilde{\boldsymbol{\alpha}}_s$ 线性无关等价于方程组

$$\begin{cases} a_{11}x_1 + a_{12}x_2 + \cdots + a_{1s}x_s = 0; \\ \quad\vdots \\ a_{l1}x_1 + a_{l2}x_2 + \cdots + a_{ls}x_s = 0; \\ b_{11}x_1 + b_{12}x_2 + \cdots + b_{1s}x_s = 0; \\ \quad\vdots \\ b_{m1}x_1 + b_{m2}x_2 + \cdots + b_{ms}x_s = 0. \end{cases} \tag{3.2.5}$$

仅有零解.

注意到方程组(3.2.4)的方程都是方程组(3.2.5)的方程，所以当方程组(3.2.4)仅有零解时，方程组(3.2.5)也必定仅有零解.

该结论的逆否命题为：假设n维向量组$\boldsymbol{\beta}_1,\boldsymbol{\beta}_2,\cdots,\boldsymbol{\beta}_s$线性相关，若对该向量组的每个向量都删去相同位置上的l个分量($1 \leqslant l < n$)，则所得到的$n-l$维向量组$\tilde{\boldsymbol{\beta}}_1,\tilde{\boldsymbol{\beta}}_2,\cdots,\tilde{\boldsymbol{\beta}}_s$一定线性相关.

定理 3.2.1　向量组$\boldsymbol{\alpha}_1,\boldsymbol{\alpha}_2,\cdots,\boldsymbol{\alpha}_s$（$s \geqslant 2$）线性相关的充分必要条件是其中至少有一个向量可以由其余$s-1$个向量线性表示.

仅证必要性： 向量组$\boldsymbol{\alpha}_1,\boldsymbol{\alpha}_2,\cdots,\boldsymbol{\alpha}_s$线性相关，则必定存在不全为零的常数$k_1,\cdots,k_i,\cdots,k_s$，使得$k_1\boldsymbol{\alpha}_1+\cdots+k_i\boldsymbol{\alpha}_i+\cdots+k_s\boldsymbol{\alpha}_s=\boldsymbol{0}$.

因为$k_1,\cdots,k_i,\cdots,k_s$不全为零，不妨假设$k_i \neq 0$，则有

$$\boldsymbol{\alpha}_i = -\frac{k_1}{k_i}\boldsymbol{\alpha}_1 \cdots -\frac{k_{i-1}}{k_i}\boldsymbol{\alpha}_{i-1} - \frac{k_{i+1}}{k_i}\boldsymbol{\alpha}_{i+1} - \cdots - \frac{k_s}{k_i}\boldsymbol{\alpha}_s$$

即$\boldsymbol{\alpha}_i$可以由其余$s-1$个向量线性表示.

推论　向量组$\boldsymbol{\alpha}_1,\boldsymbol{\alpha}_2,\cdots,\boldsymbol{\alpha}_s$（$s \geqslant 2$）线性无关的充分必要条件是其中每一个向量都不能由其余$s-1$个向量线性表示.

特殊地，在几何空间$\boldsymbol{R}^3$（空间直角坐标系）中，两个向量$\boldsymbol{\alpha}_1,\boldsymbol{\alpha}_2$线性相关的充分必要条件是$\boldsymbol{\alpha}_1=k\boldsymbol{\alpha}_2$或$\boldsymbol{\alpha}_2=k\boldsymbol{\alpha}_1$，即$\boldsymbol{\alpha}_1,\boldsymbol{\alpha}_2$共线；两个向量$\boldsymbol{\alpha}_1,\boldsymbol{\alpha}_2$线性无关的充分必要条件是$\boldsymbol{\alpha}_1,\boldsymbol{\alpha}_2$不共线；三个向量$\boldsymbol{\alpha}_1,\boldsymbol{\alpha}_2,\boldsymbol{\alpha}_3$线性相关的充分必要条件是$\boldsymbol{\alpha}_1=k_1\boldsymbol{\alpha}_2+k_2\boldsymbol{\alpha}_3$或$\boldsymbol{\alpha}_2=\lambda_1\boldsymbol{\alpha}_1+\lambda_2\boldsymbol{\alpha}_2$或$\boldsymbol{\alpha}_3=\mu_1\boldsymbol{\alpha}_1+\mu_2\boldsymbol{\alpha}_2$，即$\boldsymbol{\alpha}_1,\boldsymbol{\alpha}_2,\boldsymbol{\alpha}_3$共面；三个向量$\boldsymbol{\alpha}_1,\boldsymbol{\alpha}_2,\boldsymbol{\alpha}_3$线性无关的充分必要条件是$\boldsymbol{\alpha}_1,\boldsymbol{\alpha}_2,\boldsymbol{\alpha}_3$不共面.

定理 3.2.2　若向量组$\boldsymbol{\alpha}_1,\boldsymbol{\alpha}_2,\cdots,\boldsymbol{\alpha}_s$线性无关，添加向量$\boldsymbol{\beta}$后，向量组$\boldsymbol{\alpha}_1,\boldsymbol{\alpha}_2,\cdots,\boldsymbol{\alpha}_s,\boldsymbol{\beta}$线性相关，则向量$\boldsymbol{\beta}$一定可由向量组$\boldsymbol{\alpha}_1,\boldsymbol{\alpha}_2,\cdots,\boldsymbol{\alpha}_s$线性表示，而且线性表示方式$\boldsymbol{\beta}=k_1\boldsymbol{\alpha}_1+k_2\boldsymbol{\alpha}_2+\cdots+k_s\boldsymbol{\alpha}_s$是唯一确定的.

证： 设$l_1\boldsymbol{\alpha}_1+l_2\boldsymbol{\alpha}_2+\cdots+l_s\boldsymbol{\alpha}_s+\lambda\boldsymbol{\beta}=\boldsymbol{0}$.

若$\lambda=0$，则有$l_1\boldsymbol{\alpha}_1+l_2\boldsymbol{\alpha}_2+\cdots+l_s\boldsymbol{\alpha}_s=\boldsymbol{0}$. 而向量组$\boldsymbol{\alpha}_1,\boldsymbol{\alpha}_2,\cdots,\boldsymbol{\alpha}_s$线性无关，故$l_1=l_2=\cdots=l_s=0$，即$l_1=l_2=\cdots=l_s=\lambda=0$.

这与向量组$\boldsymbol{\alpha}_1,\boldsymbol{\alpha}_2,\cdots,\boldsymbol{\alpha}_s,\boldsymbol{\beta}$线性相关矛盾，故$\lambda \neq 0$.

所以$\boldsymbol{\beta} = -\frac{l_1}{\lambda}\boldsymbol{\alpha}_1 - \frac{l_2}{\lambda}\boldsymbol{\alpha}_2 - \cdots - \frac{l_s}{\lambda}\boldsymbol{\alpha}_s$，即向量$\boldsymbol{\beta}$可由向量组$\boldsymbol{\alpha}_1,\boldsymbol{\alpha}_2,\cdots,\boldsymbol{\alpha}_s$线性表示.

下面证明该线性表达式的唯一性：

设$\boldsymbol{\beta} = k_1\boldsymbol{\alpha}_1 + k_2\boldsymbol{\alpha}_2 + \cdots + k_s\boldsymbol{\alpha}_s$且$\boldsymbol{\beta} = m_1\boldsymbol{\alpha}_1 + m_2\boldsymbol{\alpha}_2 + \cdots + m_s\boldsymbol{\alpha}_s$.

两式相减得$\mathbf{0} = (k_1 - m_1)\boldsymbol{\alpha}_1 + (k_2 - m_2)\boldsymbol{\alpha}_2 + \cdots + (k_s - m_s)\boldsymbol{\alpha}_s$.

因为向量组$\boldsymbol{\alpha}_1,\boldsymbol{\alpha}_2,\cdots,\boldsymbol{\alpha}_s$线性无关，故$k_1 - m_1 = k_2 - m_2 = \cdots = k_s - m_s = 0$.

即$k_1 = m_1, k_2 = m_2, \cdots, k_s = m_s$，说明线性表示方式唯一.

推论 向量$\boldsymbol{\beta}$可由向量组$\boldsymbol{\alpha}_1,\boldsymbol{\alpha}_2,\cdots,\boldsymbol{\alpha}_s$线性表示时，线性表达式唯一的充分必要条件是向量组$\boldsymbol{\alpha}_1,\boldsymbol{\alpha}_2,\cdots,\boldsymbol{\alpha}_s$线性无关.

3.2.4 线性相关性的矩阵判定法

定理 3.2.3 将列向量组$\boldsymbol{\alpha}_1,\boldsymbol{\alpha}_2,\cdots,\boldsymbol{\alpha}_s$构成矩阵$\boldsymbol{A} = (\boldsymbol{\alpha}_1,\boldsymbol{\alpha}_2,\cdots,\boldsymbol{\alpha}_s)$，对矩阵$\boldsymbol{A}$施行初等行变换得到矩阵$\boldsymbol{B} = (\boldsymbol{\beta}_1,\boldsymbol{\beta}_2,\cdots,\boldsymbol{\beta}_s)$，则$\boldsymbol{A}$的列向量组$\boldsymbol{\alpha}_1,\boldsymbol{\alpha}_2,\cdots,\boldsymbol{\alpha}_s$与$\boldsymbol{B}$的列向量组$\boldsymbol{\beta}_1,\boldsymbol{\beta}_2,\cdots,\boldsymbol{\beta}_s$（或任何相应的部分向量组）有着相同的线性相关性及相同的线性组合关系（线性组合系数相同）.

证： 仅证明$\boldsymbol{\alpha}_1,\boldsymbol{\alpha}_2,\cdots,\boldsymbol{\alpha}_s$与$\boldsymbol{\beta}_1,\boldsymbol{\beta}_2,\cdots,\boldsymbol{\beta}_s$有着相同的线性相关性及相同的线性组合关系，关于任何相应的部分向量组的结论证明完全类似，请读者自行证明.

因为$\boldsymbol{A} \xrightarrow{\text{初等行变换}} \boldsymbol{B}$，故有$\boldsymbol{B} = \boldsymbol{P}_k \cdots \boldsymbol{P}_2\boldsymbol{P}_1\boldsymbol{A} = \boldsymbol{P}\boldsymbol{A}$，其中$\boldsymbol{P}_1,\boldsymbol{P}_2,\cdots,\boldsymbol{P}_k$为这些初等行变换所对应的初等矩阵，$\boldsymbol{P}_k \cdots \boldsymbol{P}_2\boldsymbol{P}_1 = \boldsymbol{P}$为可逆矩阵.

所以$\boldsymbol{A}\boldsymbol{x} = \mathbf{0}$等价于$\boldsymbol{P}\boldsymbol{A}\boldsymbol{x} = \mathbf{0}$，也就等价于$\boldsymbol{B}\boldsymbol{x} = \mathbf{0}$.

即$(\boldsymbol{\alpha}_1,\boldsymbol{\alpha}_2,\cdots,\boldsymbol{\alpha}_s)\begin{bmatrix} x_1 \\ x_2 \\ \vdots \\ x_s \end{bmatrix} = \begin{bmatrix} 0 \\ 0 \\ \vdots \\ 0 \end{bmatrix}$等价于$(\boldsymbol{\beta}_1,\boldsymbol{\beta}_2,\cdots,\boldsymbol{\beta}_s)\begin{bmatrix} x_1 \\ x_2 \\ \vdots \\ x_s \end{bmatrix} = \begin{bmatrix} 0 \\ 0 \\ \vdots \\ 0 \end{bmatrix}$.

所以$x_1\boldsymbol{\alpha}_1 + x_2\boldsymbol{\alpha}_2 + \cdots + x_s\boldsymbol{\alpha}_s = \mathbf{0}$与$x_1\boldsymbol{\beta}_1 + x_2\boldsymbol{\beta}_2 + \cdots + x_s\boldsymbol{\beta}_s = \mathbf{0}$同解.

因此$\boldsymbol{\alpha}_1,\boldsymbol{\alpha}_2,\cdots,\boldsymbol{\alpha}_s$与$\boldsymbol{\beta}_1,\boldsymbol{\beta}_2,\cdots,\boldsymbol{\beta}_s$有着相同的线性相关性及相同的线性组合关系.

例 3.2.7 已知向量组$\boldsymbol{\alpha}_1 = \begin{bmatrix} 1 \\ 0 \\ -2 \end{bmatrix}$，$\boldsymbol{\alpha}_2 = \begin{bmatrix} 3 \\ 2 \\ 0 \end{bmatrix}$，$\boldsymbol{\alpha}_3 = \begin{bmatrix} -2 \\ -1 \\ 1 \end{bmatrix}$，$\boldsymbol{\alpha}_4 = \begin{bmatrix} 2 \\ 3 \\ 5 \end{bmatrix}$.

判断：（1）$\boldsymbol{\alpha}_1,\boldsymbol{\alpha}_2$的线性相关性；（2）$\boldsymbol{\alpha}_1,\boldsymbol{\alpha}_2,\boldsymbol{\alpha}_3,\boldsymbol{\alpha}_4$的线性相关性；（3）$\boldsymbol{\alpha}_3$和$\boldsymbol{\alpha}_4$能否用$\boldsymbol{\alpha}_1,\boldsymbol{\alpha}_2$线性表示，如果可以，写出线性表示式.

解： $A=(\boldsymbol{\alpha}_1,\boldsymbol{\alpha}_2,\boldsymbol{\alpha}_3,\boldsymbol{\alpha}_4)=\begin{bmatrix}1&3&-2&2\\0&2&-1&3\\-2&0&1&5\end{bmatrix}$

$$\to\begin{bmatrix}1&3&-2&2\\0&2&-1&3\\0&6&-3&9\end{bmatrix}\to\begin{bmatrix}1&3&-2&2\\0&2&-1&3\\0&0&0&0\end{bmatrix}$$

$$\to\begin{bmatrix}1&0&-\frac{1}{2}&-\frac{5}{2}\\0&1&-\frac{1}{2}&\frac{3}{2}\\0&0&0&0\end{bmatrix}=(\boldsymbol{\beta}_1,\boldsymbol{\beta}_2,\boldsymbol{\beta}_3,\boldsymbol{\beta}_4).$$

容易得到 $\boldsymbol{\beta}_1,\boldsymbol{\beta}_2$ 线性无关，$\boldsymbol{\beta}_1,\boldsymbol{\beta}_2,\boldsymbol{\beta}_3,\boldsymbol{\beta}_4$ 线性相关，$\boldsymbol{\beta}_3=-\frac{1}{2}\boldsymbol{\beta}_1-\frac{1}{2}\boldsymbol{\beta}_2$，$\boldsymbol{\beta}_4=-\frac{5}{2}\boldsymbol{\beta}_1+\frac{3}{2}\boldsymbol{\beta}_2$. 由定理 3.2.3 可得 $\boldsymbol{\alpha}_1,\boldsymbol{\alpha}_2$ 线性无关，$\boldsymbol{\alpha}_1,\boldsymbol{\alpha}_2,\boldsymbol{\alpha}_3,\boldsymbol{\alpha}_4$ 线性相关，$\boldsymbol{\alpha}_3=-\frac{1}{2}\boldsymbol{\alpha}_1-\frac{1}{2}\boldsymbol{\alpha}_2$，$\boldsymbol{\alpha}_4=-\frac{5}{2}\boldsymbol{\alpha}_1+\frac{3}{2}\boldsymbol{\alpha}_2$.

从例 3.2.7 可以看出，向量组 $\boldsymbol{\alpha}_1,\boldsymbol{\alpha}_2,\boldsymbol{\alpha}_3,\boldsymbol{\alpha}_4$ 中向量个数最多的线性无关向量组可以取为行阶梯形矩阵中主元对应的向量组 $\boldsymbol{\alpha}_1,\boldsymbol{\alpha}_2$，该线性无关组的向量个数等于矩阵 $\boldsymbol{A}$ 的秩，故我们也可以利用矩阵 $\boldsymbol{A}$ 的秩判断向量组的线性相关性.

在研究向量组 $\boldsymbol{\alpha}_1=\begin{bmatrix}a_{11}\\a_{21}\\\vdots\\a_{n1}\end{bmatrix}$，$\boldsymbol{\alpha}_2=\begin{bmatrix}a_{12}\\a_{22}\\\vdots\\a_{n2}\end{bmatrix}$，$\cdots$，$\boldsymbol{\alpha}_s=\begin{bmatrix}a_{1s}\\a_{2s}\\\vdots\\a_{ns}\end{bmatrix}$ 的线性相关性时，以 $\boldsymbol{\alpha}_1,\boldsymbol{\alpha}_2,\cdots,\boldsymbol{\alpha}_s$ 为列，构造矩阵

$$\boldsymbol{A}=(\boldsymbol{\alpha}_1,\boldsymbol{\alpha}_2,\cdots,\boldsymbol{\alpha}_s)=\begin{bmatrix}a_{11}&a_{12}&\cdots&a_{1s}\\a_{21}&a_{22}&\cdots&a_{2s}\\\vdots&\vdots&&\vdots\\a_{n1}&a_{n2}&\cdots&a_{ns}\end{bmatrix}.$$

利用矩阵 $\boldsymbol{A}$ 的秩，判定向量组 $\boldsymbol{\alpha}_1,\boldsymbol{\alpha}_2,\cdots,\boldsymbol{\alpha}_s$ 的线性相关性.

定理 3.2.4　向量组 $\boldsymbol{\alpha}_1,\boldsymbol{\alpha}_2,\cdots,\boldsymbol{\alpha}_s$ 线性相关的充要条件为矩阵 $\boldsymbol{A}$ 的秩 $R(\boldsymbol{A})<s$，向量组 $\boldsymbol{\alpha}_1,\boldsymbol{\alpha}_2,\cdots,\boldsymbol{\alpha}_s$ 线性无关的充要条件为矩阵 $\boldsymbol{A}$ 的秩 $R(\boldsymbol{A})=s$.

特殊地，当向量个数 $s=n$ 时，构造的矩阵

$$A=(\alpha_1,\alpha_2,\cdots,\alpha_n)=\begin{bmatrix} a_{11} & a_{12} & \cdots & a_{1n} \\ a_{21} & a_{22} & \cdots & a_{2n} \\ \vdots & \vdots & \ddots & \vdots \\ a_{n1} & a_{n2} & \cdots & a_{nn} \end{bmatrix}\text{为}n\text{阶方阵.}$$

此时有：

定理 3.2.5 n 维向量组 $\alpha_1,\alpha_2,\cdots,\alpha_n$ 线性相关 $\Leftrightarrow$ 矩阵 A 的秩 $R(A)<n$ $\Leftrightarrow$ $|A|=0$ $\Leftrightarrow$ A 不可逆.

n 维向量组 $\alpha_1,\alpha_2,\cdots,\alpha_n$ 线性无关 $\Leftrightarrow$ 矩阵 A 的秩 $R(A)=n$ $\Leftrightarrow$ $|A|\neq 0$ $\Leftrightarrow$ A 可逆.

当向量个数 $s>n$ 时，构造的矩阵

$$A=(\alpha_1,\alpha_2,\cdots,\alpha_s)=\begin{bmatrix} a_{11} & a_{12} & \cdots & a_{1s} \\ a_{21} & a_{22} & \cdots & a_{2s} \\ \vdots & \vdots & & \vdots \\ a_{n1} & a_{n2} & \cdots & a_{ns} \end{bmatrix}$$

为 $n\times s$ 矩阵，该矩阵 A 的秩 $R(A)\leqslant n<s$，故向量组 $\alpha_1,\alpha_2,\cdots,\alpha_s$ 一定线性相关.

定理 3.2.6 $s>n$ 时，任意 s 个 n 维向量构成的向量组必线性相关.

3.3 向量组的秩

3.3.1 等价向量组

定义 3.3.1 若向量组 $\beta_1,\beta_2,\cdots,\beta_r$ 中每一个向量都可由向量组 $\alpha_1,\alpha_2,\cdots,\alpha_s$ 线性表示，即

$$\begin{cases} \beta_1=k_{11}\alpha_1+k_{21}\alpha_2+\cdots+k_{s1}\alpha_s; \\ \beta_2=k_{12}\alpha_1+k_{22}\alpha_2+\cdots+k_{s2}\alpha_s; \\ \quad\vdots \\ \beta_r=k_{1r}\alpha_1+k_{2r}\alpha_2+\cdots+k_{sr}\alpha_s. \end{cases}$$

则称向量组 $\beta_1,\beta_2,\cdots,\beta_r$ 可由向量组 $\alpha_1,\alpha_2,\cdots,\alpha_s$ 线性表示. 也可记作

$$(\beta_1,\beta_2,\cdots,\beta_r)=(\alpha_1,\alpha_2,\cdots,\alpha_s)\begin{bmatrix} k_{11} & k_{12} & \cdots & k_{1r} \\ k_{21} & k_{22} & \cdots & k_{2r} \\ \vdots & \vdots & & \vdots \\ k_{s1} & k_{s2} & \cdots & k_{sr} \end{bmatrix}.$$

向量组的线性表示具有传递性：如果 $\gamma_1,\cdots,\gamma_t$ 可由 $\beta_1,\cdots,\beta_s$ 线性表示，而 $\beta_1,\cdots,\beta_s$ 可由 $\alpha_1,\cdots,\alpha_r$ 线性表示，则 $\gamma_1,\cdots,\gamma_t$ 可由 $\alpha_1,\cdots,\alpha_r$ 线性表示. 即 $(\gamma_1,\cdots,\gamma_t)=(\beta_1,\cdots,\beta_s)G$，$(\beta_1,\cdots,\beta_s)=(\alpha_1,\cdots,\alpha_r)K$ 都成立的条件下，一定有 $(\gamma_1,\cdots,\gamma_t)=(\alpha_1,\cdots,\alpha_r)KG$ 成立.

定义 3.3.2　如果向量组 $\boldsymbol{\alpha}_1,\boldsymbol{\alpha}_2,\cdots,\boldsymbol{\alpha}_r$ 与向量组 $\boldsymbol{\beta}_1,\boldsymbol{\beta}_2,\cdots,\boldsymbol{\beta}_s$ 可以相互线性表示，则称**向量组 $\boldsymbol{\alpha}_1,\boldsymbol{\alpha}_2,\cdots,\boldsymbol{\alpha}_r$ 与向量组 $\boldsymbol{\beta}_1,\boldsymbol{\beta}_2,\cdots,\boldsymbol{\beta}_s$ 等价**，记为

$$\{\boldsymbol{\alpha}_1,\boldsymbol{\alpha}_2,\cdots,\boldsymbol{\alpha}_r\}\sim\{\boldsymbol{\beta}_1,\boldsymbol{\beta}_2,\cdots,\boldsymbol{\beta}_s\}.$$

向量组的等价具有自反性、对称性和传递性.

例 3.3.1　设向量组 $\boldsymbol{\alpha}_1,\boldsymbol{\alpha}_2,\boldsymbol{\alpha}_3$ 线性相关，向量组 $\boldsymbol{\alpha}_2,\boldsymbol{\alpha}_3,\boldsymbol{\alpha}_4$ 线性无关，问

（1）$\boldsymbol{\alpha}_1$ 能否由 $\boldsymbol{\alpha}_2,\boldsymbol{\alpha}_3$ 线性表示？

（2）$\boldsymbol{\alpha}_4$ 能否由 $\boldsymbol{\alpha}_1,\boldsymbol{\alpha}_2,\boldsymbol{\alpha}_3$ 线性表示？

解：（1）因为向量组 $\boldsymbol{\alpha}_2,\boldsymbol{\alpha}_3,\boldsymbol{\alpha}_4$ 线性无关，故部分向量组 $\boldsymbol{\alpha}_2,\boldsymbol{\alpha}_3$ 也一定线性无关. 而向量组 $\boldsymbol{\alpha}_1,\boldsymbol{\alpha}_2,\boldsymbol{\alpha}_3$ 是线性相关的，由定理 3.2.2 可得：$\boldsymbol{\alpha}_1$ 可以由 $\boldsymbol{\alpha}_2,\boldsymbol{\alpha}_3$ 线性表示，且表示方式唯一.

（2）因为向量组 $\boldsymbol{\alpha}_2,\boldsymbol{\alpha}_3,\boldsymbol{\alpha}_4$ 线性无关，故向量 $\boldsymbol{\alpha}_4$ 不能由 $\boldsymbol{\alpha}_2,\boldsymbol{\alpha}_3$ 线性表示. 而 $\boldsymbol{\alpha}_1$ 可以由 $\boldsymbol{\alpha}_2,\boldsymbol{\alpha}_3$ 线性表示，故 $\{\boldsymbol{\alpha}_1,\boldsymbol{\alpha}_2,\boldsymbol{\alpha}_3\}\sim\{\boldsymbol{\alpha}_2,\boldsymbol{\alpha}_3\}$.

于是，向量 $\boldsymbol{\alpha}_4$ 也不能由 $\boldsymbol{\alpha}_1,\boldsymbol{\alpha}_2,\boldsymbol{\alpha}_3$ 线性表示.

3.3.2　最大无关组

定义 3.3.3　向量组 $\boldsymbol{\alpha}_{i_1},\boldsymbol{\alpha}_{i_2},\cdots,\boldsymbol{\alpha}_{i_r}$ 是向量组 $\boldsymbol{\alpha}_1,\boldsymbol{\alpha}_2,\cdots,\boldsymbol{\alpha}_s$ 中的一个部分组，如果满足：（1）$\boldsymbol{\alpha}_{i_1}$，$\boldsymbol{\alpha}_{i_2},\cdots,\boldsymbol{\alpha}_{i_r}$ 线性无关；（2）向量组 $\boldsymbol{\alpha}_1,\boldsymbol{\alpha}_2,\cdots,\boldsymbol{\alpha}_s$ 中任意 $r+1$ 个向量（如果存在的话）都线性相关，就称 $\boldsymbol{\alpha}_{i_1},\boldsymbol{\alpha}_{i_2},\cdots,\boldsymbol{\alpha}_{i_r}$ 是向量组 $\boldsymbol{\alpha}_1,\boldsymbol{\alpha}_2,\cdots,\boldsymbol{\alpha}_s$ 的一个**最大线性无关组**，简称**最大无关组**.

例 3.3.2　求向量组 $(1,0)^{\mathrm{T}}$，$(0,1)^{\mathrm{T}}$，$(1,1)^{\mathrm{T}}$ 的最大线性无关组.

解：容易证明，该向量组中的任意两个向量均构成其最大线性无关组.

定理 3.3.1　向量组与其最大线性无关组等价.

由向量组等价的传递性可知，向量组的任意两个最大无关组彼此等价，从而所含向量个数相同，于是有如下定义：

定义 3.3.4　向量组 $\boldsymbol{\alpha}_1,\boldsymbol{\alpha}_2,\cdots,\boldsymbol{\alpha}_s$ 的最大无关组所含向量的个数，称为该**向量组的秩**，记为**秩**$(\boldsymbol{\alpha}_1,\boldsymbol{\alpha}_2,\cdots,\boldsymbol{\alpha}_s)$ 或 $R(\boldsymbol{\alpha}_1,\boldsymbol{\alpha}_2,\cdots,\boldsymbol{\alpha}_s)$. 仅含零向量的向量组没有最大无关组，规定其秩为 0.

由向量组秩的定义，容易得到下列结论：

（1）向量组 $\boldsymbol{\alpha}_1,\boldsymbol{\alpha}_2,\cdots,\boldsymbol{\alpha}_s$ 线性无关 $\Leftrightarrow R(\boldsymbol{\alpha}_1,\boldsymbol{\alpha}_2,\cdots,\boldsymbol{\alpha}_s)=s$；

（2）向量组 $\boldsymbol{\alpha}_1,\boldsymbol{\alpha}_2,\cdots,\boldsymbol{\alpha}_s$ 线性相关 $\Leftrightarrow R(\boldsymbol{\alpha}_1,\boldsymbol{\alpha}_2,\cdots,\boldsymbol{\alpha}_s)<s$；

（3）若 $R(\boldsymbol{\alpha}_1,\boldsymbol{\alpha}_2,\cdots,\boldsymbol{\alpha}_s)=r$，则向量组 $\boldsymbol{\alpha}_1,\boldsymbol{\alpha}_2,\cdots,\boldsymbol{\alpha}_s$ 中的任意 $r+1$ 个向量必定线性相关；

（4）若 $R(\boldsymbol{\alpha}_1,\boldsymbol{\alpha}_2,\cdots,\boldsymbol{\alpha}_s)=r$，则向量组 $\boldsymbol{\alpha}_1,\boldsymbol{\alpha}_2,\cdots,\boldsymbol{\alpha}_s$ 中的任意 r 个线性无关的向量，都可作为该向量组的最大无关组.

定理 3.3.2　设有两个向量组

$$\boldsymbol{A}:\boldsymbol{\alpha}_1,\boldsymbol{\alpha}_2,\cdots,\boldsymbol{\alpha}_s;\quad \boldsymbol{B}:\boldsymbol{\beta}_1,\boldsymbol{\beta}_2,\cdots,\boldsymbol{\beta}_t$$

若向量组 $\boldsymbol{A}$ 线性无关，且 $\boldsymbol{A}$ 可由 $\boldsymbol{B}$ 线性表示，则 $s\leqslant t$.

证：构造向量组 $\boldsymbol{T}:\boldsymbol{\alpha}_1,\boldsymbol{\alpha}_2,\cdots,\boldsymbol{\alpha}_s,\boldsymbol{\beta}_1,\boldsymbol{\beta}_2,\cdots,\boldsymbol{\beta}_t$.

设 $\boldsymbol{B}_1$ 是向量组 $\boldsymbol{B}$ 的一个最大无关组，则 $\boldsymbol{B}$ 可由 $\boldsymbol{B}_1$ 线性表示，而 $\boldsymbol{A}$ 可由 $\boldsymbol{B}$ 线性表示，由传递性知 $\boldsymbol{A}$ 也可由 $\boldsymbol{B}_1$ 线性表示，从而向量组 $\boldsymbol{T}$ 可由 $\boldsymbol{B}_1$ 线性表示，所以 $\boldsymbol{B}_1$ 是 $\boldsymbol{T}$ 的一个最大无关组. 又 $\boldsymbol{A}$ 是 $\boldsymbol{T}$ 的一个线性无关组，所以 $\boldsymbol{A}$ 的向量个数不超过 $\boldsymbol{B}_1$ 的向量个数，又 $\boldsymbol{B}_1$ 所含向量的个数不超过 t，从而 $s \leqslant t$.

推论 1 若向量组 $\boldsymbol{A}:\boldsymbol{\alpha}_1,\boldsymbol{\alpha}_2,\cdots,\boldsymbol{\alpha}_s$ 可由向量组 $\boldsymbol{B}:\boldsymbol{\beta}_1,\boldsymbol{\beta}_2,\cdots,\boldsymbol{\beta}_t$ 线性表示，则 $R(\boldsymbol{A}) \leqslant R(\boldsymbol{B})$.

推论 2 等价的向量组有相同的秩.

推论 3 向量组 $\boldsymbol{\alpha}_1,\boldsymbol{\alpha}_2,\cdots,\boldsymbol{\alpha}_s$ 与向量组 $\boldsymbol{\alpha}_1,\boldsymbol{\alpha}_2,\cdots,\boldsymbol{\alpha}_s,\boldsymbol{\alpha}_{s+1},\cdots,\boldsymbol{\alpha}_{s+k}$ 等价的充分必要条件是

$$R(\boldsymbol{\alpha}_1,\boldsymbol{\alpha}_2,\cdots,\boldsymbol{\alpha}_s)=R(\boldsymbol{\alpha}_1,\boldsymbol{\alpha}_2,\cdots,\boldsymbol{\alpha}_s,\boldsymbol{\alpha}_{s+1},\cdots,\boldsymbol{\alpha}_{s+k}).$$

3.3.3 秩的三合一定理

定义 3.3.5 矩阵 $\boldsymbol{A}$ 的列向量组的秩称为 $\boldsymbol{A}$ 的**列秩**，矩阵 $\boldsymbol{A}$ 的行向量组的秩称为 $\boldsymbol{A}$ 的**行秩.**

那么，矩阵 $\boldsymbol{A}$ 的行秩、列秩，以及矩阵 $\boldsymbol{A}$ 的秩有什么关系呢？

例 3.3.3 矩阵 $\boldsymbol{A}=\begin{bmatrix}\boldsymbol{\alpha}_1\\ \boldsymbol{\alpha}_2\\ \boldsymbol{\alpha}_3\\ \boldsymbol{\alpha}_4\end{bmatrix}$ 经初等行变换化为矩阵 $\boldsymbol{B}=\begin{bmatrix}\boldsymbol{\alpha}_2\\ \boldsymbol{\alpha}_1\\ \lambda\boldsymbol{\alpha}_3\\ \boldsymbol{\alpha}_4+k\boldsymbol{\alpha}_1\end{bmatrix}=\begin{bmatrix}\boldsymbol{\beta}_1\\ \boldsymbol{\beta}_2\\ \boldsymbol{\beta}_3\\ \boldsymbol{\beta}_4\end{bmatrix}$，其中 k,λ 为常数且 $\lambda \neq 0$； $\boldsymbol{\alpha}_i,\boldsymbol{\beta}_i$ 为行向量（$i=1,2,3,4$）. 证明 $\boldsymbol{A}$ 与 $\boldsymbol{B}$ 的行向量组等价.

证： 易见 $\boldsymbol{B}$ 的行向量组 $\boldsymbol{\beta}_1,\boldsymbol{\beta}_2,\boldsymbol{\beta}_3,\boldsymbol{\beta}_4$ 可由 $\boldsymbol{A}$ 的行向量组 $\boldsymbol{\alpha}_1,\boldsymbol{\alpha}_2,\boldsymbol{\alpha}_3,\boldsymbol{\alpha}_4$ 线性表示. 而 $\boldsymbol{\alpha}_1=\boldsymbol{\beta}_2$， $\boldsymbol{\alpha}_2=\boldsymbol{\beta}_1$， $\boldsymbol{\alpha}_3=\dfrac{1}{\lambda}\boldsymbol{\beta}_3$， $\boldsymbol{\alpha}_4=\boldsymbol{\beta}_4-k\boldsymbol{\beta}_2$. 故 $\boldsymbol{A}$ 与 $\boldsymbol{B}$ 的行向量组等价.

这一结果可以推广至一般情形.

定理 3.3.3 若矩阵 $\boldsymbol{A}$ 经有限次初等行（列）变换变成矩阵 $\boldsymbol{B}$，则 $\boldsymbol{A}$ 与 $\boldsymbol{B}$ 的行（列）向量组彼此等价.

$\boldsymbol{A}_{m\times n}=\begin{bmatrix}\boldsymbol{\alpha}_1\\ \boldsymbol{\alpha}_2\\ \vdots\\ \boldsymbol{\alpha}_r\\ \boldsymbol{\alpha}_{r+1}\\ \vdots\\ \boldsymbol{\alpha}_m\end{bmatrix}$ 经过有限次初等行变换化为行阶梯形矩阵 $\boldsymbol{B}_{m\times n}=\begin{bmatrix}\boldsymbol{\beta}_1\\ \boldsymbol{\beta}_2\\ \vdots\\ \boldsymbol{\beta}_r\\ \boldsymbol{0}\\ \vdots\\ \boldsymbol{0}\end{bmatrix}$，其中 $\boldsymbol{\alpha}_i,\boldsymbol{\beta}_j$ 为行向量（$i=1,2,\cdots,m; j=1,2,\cdots,r$）.

因为 $\boldsymbol{A}$ 与 $\boldsymbol{B}$ 的行向量组等价，而等价向量组的秩相同. 所以 $R(\boldsymbol{\alpha}_1,\boldsymbol{\alpha}_2,\cdots,\boldsymbol{\alpha}_m)=R(\boldsymbol{\beta}_1,\boldsymbol{\beta}_2,\cdots,\boldsymbol{\beta}_r,\boldsymbol{0},\cdots,\boldsymbol{0})=r=R(\boldsymbol{A})=R(\boldsymbol{B})$.

同理，对 $\boldsymbol{A}^{\mathrm{T}}$ 进行有限次初等行变换化为行阶梯形矩阵，可知 $R(\boldsymbol{A}^{\mathrm{T}})=r$，即 $\boldsymbol{A}$ 的列向量组的秩亦为 r，于是有如下定理：

定理 3.3.4　（秩的三合一定理）任一矩阵的秩既等于其列秩，也等于其行秩.

秩的三合一定理给出了向量组的秩与矩阵的秩之间的关系，利用这一定理，我们可以进一步借助于矩阵的初等变换来计算向量组的秩，进而判定向量组的线性相关性.

例 3.3.4　判定向量组 $\boldsymbol{\alpha}_1=(1,3,6,2)^{\mathrm{T}}$，$\boldsymbol{\alpha}_2=(2,1,2,-1)^{\mathrm{T}}$，$\boldsymbol{\alpha}_3=(3,5,10,2)^{\mathrm{T}}$，$\boldsymbol{\alpha}_4=(3,8,8,1)^{\mathrm{T}}$ 的线性相关性，并求其秩和一个最大无关组.

解：令 $A=(\boldsymbol{\alpha}_1,\boldsymbol{\alpha}_2,\boldsymbol{\alpha}_3,\boldsymbol{\alpha}_4)=\begin{bmatrix}1&2&3&3\\3&1&5&8\\6&2&10&8\\2&-1&2&1\end{bmatrix}$

$$\to\begin{bmatrix}1&2&3&3\\0&-5&-4&-1\\0&-10&-8&-10\\0&-5&-4&-5\end{bmatrix}\to\begin{bmatrix}1&2&3&3\\0&-5&-4&-1\\0&0&0&-8\\0&0&0&-4\end{bmatrix}\to\begin{bmatrix}1&2&3&3\\0&-5&-4&-1\\0&0&0&-8\\0&0&0&0\end{bmatrix}$$

所以 $R(\boldsymbol{\alpha}_1,\boldsymbol{\alpha}_2,\boldsymbol{\alpha}_3,\boldsymbol{\alpha}_4)=R(A)=3$，该向量组线性相关，$\boldsymbol{\alpha}_1,\boldsymbol{\alpha}_2,\boldsymbol{\alpha}_4$ 是它的一个最大线性无关组.

例 3.3.5　若向量组 $\boldsymbol{\alpha}_1,\boldsymbol{\alpha}_2,\boldsymbol{\alpha}_3$ 线性无关，证明向量组 $\boldsymbol{\alpha}_1,2\boldsymbol{\alpha}_2+\boldsymbol{\alpha}_1,3\boldsymbol{\alpha}_3-\boldsymbol{\alpha}_1$ 也线性无关.

证：$(\boldsymbol{\alpha}_1,2\boldsymbol{\alpha}_2+\boldsymbol{\alpha}_1,3\boldsymbol{\alpha}_3-\boldsymbol{\alpha}_1)=(\boldsymbol{\alpha}_1,\boldsymbol{\alpha}_2,\boldsymbol{\alpha}_3)\begin{bmatrix}1&1&-1\\0&2&0\\0&0&3\end{bmatrix}$.

因为向量组 $\boldsymbol{\alpha}_1,\boldsymbol{\alpha}_2,\boldsymbol{\alpha}_3$ 线性无关，故 $R(\boldsymbol{\alpha}_1,\boldsymbol{\alpha}_2,\boldsymbol{\alpha}_3)=3$.

因为 $\begin{vmatrix}1&1&-1\\0&2&0\\0&0&3\end{vmatrix}=6\neq0$，故 $\begin{bmatrix}1&1&-1\\0&2&0\\0&0&3\end{bmatrix}$ 可逆.

因为与可逆矩阵作乘积不改变秩，由秩的三合一定理可得 $R(\boldsymbol{\alpha}_1,2\boldsymbol{\alpha}_2+\boldsymbol{\alpha}_1,3\boldsymbol{\alpha}_3-\boldsymbol{\alpha}_1)=3$，所以向量组 $\boldsymbol{\alpha}_1,2\boldsymbol{\alpha}_2+\boldsymbol{\alpha}_1,3\boldsymbol{\alpha}_3-\boldsymbol{\alpha}_1$ 也线性无关.

例 3.3.6　求向量组 $\boldsymbol{\alpha}_1=\begin{bmatrix}-1\\-1\\0\\0\end{bmatrix}$，$\boldsymbol{\alpha}_2=\begin{bmatrix}1\\2\\1\\-1\end{bmatrix}$，$\boldsymbol{\alpha}_3=\begin{bmatrix}0\\1\\1\\-1\end{bmatrix}$，$\boldsymbol{\alpha}_4=\begin{bmatrix}1\\3\\2\\1\end{bmatrix}$，$\boldsymbol{\alpha}_5=\begin{bmatrix}2\\6\\4\\-1\end{bmatrix}$ 的秩及一个最大无关组，并将其余向量用该最大无关组线性表示.

解：令 $A=(\boldsymbol{\alpha}_1,\boldsymbol{\alpha}_2,\boldsymbol{\alpha}_3,\boldsymbol{\alpha}_4,\boldsymbol{\alpha}_5)=\begin{bmatrix}-1&1&0&1&2\\-1&2&1&3&6\\0&1&1&2&4\\0&-1&-1&1&-1\end{bmatrix}$

$$\xrightarrow[\text{化为阶梯形}]{\text{初等行变换}}\begin{bmatrix}1&-1&0&-1&-2\\0&1&1&2&4\\0&0&0&1&1\\0&0&0&0&0\end{bmatrix}$$

$$\xrightarrow[\text{化为行最简形}]{\text{初等行变换}}\begin{bmatrix}1&0&1&0&1\\0&1&1&0&2\\0&0&0&1&1\\0&0&0&0&0\end{bmatrix}$$

所以该向量组的秩$R(\boldsymbol{\alpha}_1,\boldsymbol{\alpha}_2,\boldsymbol{\alpha}_3,\boldsymbol{\alpha}_4,\boldsymbol{\alpha}_5)=R(\boldsymbol{A})=3$.

其最大线性无关组为$\boldsymbol{\alpha}_1,\boldsymbol{\alpha}_2,\boldsymbol{\alpha}_4$，且有$\boldsymbol{\alpha}_3=\boldsymbol{\alpha}_1+\boldsymbol{\alpha}_2$，$\boldsymbol{\alpha}_5=\boldsymbol{\alpha}_1+2\boldsymbol{\alpha}_2+\boldsymbol{\alpha}_4$.

3.4 向量空间

定义 3.4.1 设V为n维向量的集合，若集合V非空，且集合V对于加法和数乘两种运算封闭，则称集合V为向量空间. 所谓封闭，是指：若$\boldsymbol{\alpha}\in V,\boldsymbol{\beta}\in V$，则$\boldsymbol{\alpha}+\boldsymbol{\beta}\in V$；若$\boldsymbol{\alpha}\in V$，$\lambda\in R$，则$\lambda\boldsymbol{\alpha}\in V$.

例 3.4.1 证明：集合$V=\{\boldsymbol{x}=(x_1,\cdots,x_{n-1},0)^{\mathrm{T}}\,|\,x_1,\cdots,x_{n-1}\in R\}$是一个向量空间.

证：设λ是实数，若向量$\boldsymbol{\alpha}=(a_1,\cdots,a_{n-1},0)^{\mathrm{T}}\in V$，$\boldsymbol{\beta}=(b_1,\cdots,b_{n-1},0)^{\mathrm{T}}\in V$，则$\boldsymbol{\alpha}+\boldsymbol{\beta}=(a_1+b_1,\cdots,a_{n-1}+b_{n-1},0)^{\mathrm{T}}\in V$，$\lambda\boldsymbol{\alpha}=(\lambda a_1,\cdots,\lambda a_{n-1},0)^{\mathrm{T}}\in V$，故集合$V$是向量空间.

例 3.4.2 证明：集合$\{\boldsymbol{0}\}$是向量空间.

证：$\boldsymbol{0}+\boldsymbol{0}=\boldsymbol{0}\in\{\boldsymbol{0}\}$，$\lambda\boldsymbol{0}=\boldsymbol{0}\in\{\boldsymbol{0}\}$. 故$\{\boldsymbol{0}\}$是向量空间，称为**零空间**.

例 3.4.3 证明：集合$V=\{\boldsymbol{x}=(\boldsymbol{x}_1,\cdots,\boldsymbol{x}_{n-1},1)^{\mathrm{T}}\,|\,\boldsymbol{x}_1,\cdots,\boldsymbol{x}_{n-1}\in R\}$不是一个向量空间.

证：因为$\boldsymbol{\alpha}=(a_1,\cdots,a_{n-1},1)^{\mathrm{T}}\in V$，则$2\boldsymbol{\alpha}=(2a_1,\cdots,2a_{n-1},2)^{\mathrm{T}}\notin V$，故集合$V$对数乘运算不封闭.

定义 3.4.2 设$\boldsymbol{\alpha}_1,\boldsymbol{\alpha}_2,\cdots,\boldsymbol{\alpha}_m$为向量组，则集合$L=\{\boldsymbol{x}=\lambda_1\boldsymbol{\alpha}_1+\lambda_2\boldsymbol{\alpha}_2+\cdots+\lambda_m\boldsymbol{\alpha}_m\,|\,\lambda_1,\lambda_2,\cdots,\lambda_m\in R\}$称为由向量组$\boldsymbol{\alpha}_1,\boldsymbol{\alpha}_2,\cdots,\boldsymbol{\alpha}_m$生成的向量空间.

定义 3.4.3 设有向量空间V_1和V_2，如果$V_1\subset V_2$，则称V_1是V_2的子空间.

定义 3.4.4 n维向量的全体所组成的集合$\left\{(x_1,x_2,\cdots,x_n)^{\mathrm{T}}\,\middle|\,x_1,x_2,\cdots,x_n\in R\right\}$称为$n$维向量空间，记作$\boldsymbol{R}^n$.

任何由n维向量所组成的向量空间V，总有$V\subset\boldsymbol{R}^n$，故这样的向量空间V总是$\boldsymbol{R}^n$的子空间.

定义 3.4.5 设V是向量空间，若r个向量$\boldsymbol{\alpha}_1,\boldsymbol{\alpha}_2,\cdots,\boldsymbol{\alpha}_r\in V$，并且满足：

（1）$\boldsymbol{\alpha}_1,\boldsymbol{\alpha}_2,\cdots,\boldsymbol{\alpha}_r$线性无关；

（2）V 中任何向量都可由 $\boldsymbol{\alpha}_1,\boldsymbol{\alpha}_2,\cdots,\boldsymbol{\alpha}_r$ 线性表示.

则向量组 $\boldsymbol{\alpha}_1,\boldsymbol{\alpha}_2,\cdots,\boldsymbol{\alpha}_r$ 称为向量空间 V 的一个基，r 称为向量空间 V 的维数，记为 $\dim V=r$，并称 V 为 r 维向量空间．零空间没有基，规定其维数为 0.

如果在向量空间 V 中任取一个基 $\boldsymbol{\alpha}_1,\boldsymbol{\alpha}_2,\cdots,\boldsymbol{\alpha}_r$，那么 V 中任何向量 $\boldsymbol{\xi}$ 可唯一地表示为

$$\boldsymbol{\xi}=k_1\boldsymbol{\alpha}_1+k_2\boldsymbol{\alpha}_2+\cdots+k_r\boldsymbol{\alpha}_r,$$

数组 $(k_1,k_2,\cdots,k_r)$ 称为向量 $\boldsymbol{\xi}$ 在基 $\boldsymbol{\alpha}_1,\boldsymbol{\alpha}_2,\cdots,\boldsymbol{\alpha}_r$ 下的坐标.

特别地，在 n 维向量空间 $\boldsymbol{R}^n$ 中取 n 维基本向量组 $\boldsymbol{e}_1,\boldsymbol{e}_2,\cdots,\boldsymbol{e}_n$ 为基，则向量 $\boldsymbol{x}=(x_1,x_2,\cdots,x_n)$ 可以表示为 $\boldsymbol{x}=x_1\boldsymbol{e}_1+x_2\boldsymbol{e}_2+\cdots+x_n\boldsymbol{e}_n$，向量 $\boldsymbol{x}$ 在基 $\boldsymbol{e}_1,\boldsymbol{e}_2,\cdots,\boldsymbol{e}_n$ 下的坐标就是 $(x_1,x_2,\cdots,x_n)$．故 $\boldsymbol{e}_1,\boldsymbol{e}_2,\cdots,\boldsymbol{e}_n$ 叫向量空间 $\boldsymbol{R}^n$ 中的自然基.

例 3.4.4　求向量 $\boldsymbol{\alpha}=(a_1,a_2,\cdots,a_n)^{\mathrm{T}}$ 在基 $\boldsymbol{\beta}_1=(1,0,0,\cdots,0)^{\mathrm{T}}$，$\boldsymbol{\beta}_2=(1,1,0,\cdots,0)^{\mathrm{T}}$，$\cdots$，$\boldsymbol{\beta}_{n-1}=(1,1,\cdots,1,0)^{\mathrm{T}}$，$\boldsymbol{\beta}_n=(1,1,\cdots,1,1)^{\mathrm{T}}$ 下的坐标.

解：设 $\boldsymbol{\alpha}=\begin{bmatrix}a_1\\a_2\\\vdots\\a_{n-1}\\a_n\end{bmatrix}=x_1\boldsymbol{\beta}_1+x_2\boldsymbol{\beta}_2+\cdots+x_n\boldsymbol{\beta}_n=\begin{bmatrix}x_1+\cdots+x_n\\x_2+\cdots+x_n\\\vdots\\x_{n-1}+x_n\\x_n\end{bmatrix}$

解得

$$\begin{cases}x_1=a_1-a_2;\\x_2=a_2-a_3;\\\quad\vdots\\x_{n-1}=a_{n-1}-a_n;\\x_n=a_n.\end{cases}$$

即向量 $\boldsymbol{\alpha}$ 在基 $\boldsymbol{\beta}_1,\boldsymbol{\beta}_2,\cdots,\boldsymbol{\beta}_n$ 下的坐标为 $\left(a_1-a_2,a_2-a_3,\cdots,a_{n-1}-a_n,a_n\right)$.

本 章 小 结

1．基本要求

（1）理解 n 维向量的概念；

（2）理解向量组的线性组合、线性相关、线性无关的概念；

（3）掌握向量组线性相关性的有关性质及判别法；

（4）理解向量组的最大无关组和向量组的秩的概念，掌握向量组的最大无关组及秩的求法；

（5）了解向量组等价的概念，理解向量组的秩与矩阵的秩之间的关系；

（6）了解n维向量空间、基、维数和坐标的概念.

重点：向量组线性相关、线性无关的定义；向量组线性相关、线性无关的性质；向量组的最大无关组与向量组秩.

难点：向量组线性相关性的判定；向量组的最大无关组与向量组秩的求法.

2. 学习要点

（1）n维向量与向量组的概念

n个有次序的数$a_1,a_2,\cdots,a_n$所组成的数组称为n维向量，若干同维数的向量所组成的集合称为向量组.

规定行向量和列向量都按矩阵的运算规律进行运算.

矩阵$\boldsymbol{A}_{m\times n}$的全体列向量是含$n$个$m$维列向量的向量组，全体行向量是含$m$个$n$维行向量的向量组，即矩阵可用向量组来表示；反之，含有有限个向量的向量组也可以构成矩阵. n元线性方程组中的每一个方程也可和一个n维向量建立对应关系.

（2）线性表示、线性相关和线性无关的概念

①已知向量组$\boldsymbol{\alpha}_1,\boldsymbol{\alpha}_2,\cdots,\boldsymbol{\alpha}_s$及向量$\boldsymbol{\beta}$，如果存在一组常数$k_1,k_2,\cdots,k_s$，使得$\boldsymbol{\beta}=k_1\boldsymbol{\alpha}_1+k_2\boldsymbol{\alpha}_2+\cdots+k_s\boldsymbol{\alpha}_s$，称$\boldsymbol{\beta}$可由向量组$\boldsymbol{\alpha}_1,\boldsymbol{\alpha}_2,\cdots,\boldsymbol{\alpha}_s$线性表示，其中$k_1,k_2,\cdots,k_s$称为组合系数（或表示系数）；

②对于给定的一组向量$\boldsymbol{\alpha}_1,\boldsymbol{\alpha}_2,\cdots,\boldsymbol{\alpha}_s$. 如果存在一组不全为零的常数$k_1,k_2,\cdots,k_s$，使$k_1\boldsymbol{\alpha}_1+k_2\boldsymbol{\alpha}_2+\cdots+k_s\boldsymbol{\alpha}_s=\boldsymbol{0}$，就称向量组$\boldsymbol{\alpha}_1,\boldsymbol{\alpha}_2,\cdots,\boldsymbol{\alpha}_s$线性相关；否则，称向量组$\boldsymbol{\alpha}_1,\boldsymbol{\alpha}_2,\cdots,\boldsymbol{\alpha}_s$线性无关，即$k_1\boldsymbol{\alpha}_1+k_2\boldsymbol{\alpha}_2+\cdots+k_s\boldsymbol{\alpha}_s=\boldsymbol{0}$当且仅当所有系数$k_1,k_2,\cdots,k_s$全为零时成立，则向量组$\boldsymbol{\alpha}_1,\boldsymbol{\alpha}_2,\cdots,\boldsymbol{\alpha}_s$线性无关.

（3）向量组线性相关性的一些结论

①向量组$\boldsymbol{\alpha}_1=\begin{bmatrix}a_{11}\\a_{21}\\\vdots\\a_{m1}\end{bmatrix}$，$\boldsymbol{\alpha}_2=\begin{bmatrix}a_{12}\\a_{22}\\\vdots\\a_{m2}\end{bmatrix}$，…，$\boldsymbol{\alpha}_s=\begin{bmatrix}a_{1s}\\a_{2s}\\\vdots\\a_{ms}\end{bmatrix}$线性相关（无关）的充要条件是对应的齐次线性方程组

$$\begin{cases}a_{11}x_1+a_{12}x_2+\cdots+a_{1s}x_s=0;\\a_{21}x_1+a_{22}x_2+\cdots+a_{2s}x_s=0;\\\qquad\vdots\\a_{m1}x_1+a_{m2}x_2+\cdots+a_{ms}x_s=0.\end{cases}$$

有非零解（仅有零解）.

②若向量组$\boldsymbol{\alpha}_1,\boldsymbol{\alpha}_2,\cdots,\boldsymbol{\alpha}_s$线性相关，则添加若干向量$\boldsymbol{\alpha}_{s+1},\cdots,\boldsymbol{\alpha}_{s+k}$后所得向量组$\boldsymbol{\alpha}_1,\boldsymbol{\alpha}_2,\cdots,\boldsymbol{\alpha}_s,\boldsymbol{\alpha}_{s+1},\cdots,\boldsymbol{\alpha}_{s+k}$也一定线性相关；

若向量组$\boldsymbol{\alpha}_1,\boldsymbol{\alpha}_2,\cdots,\boldsymbol{\alpha}_s,\boldsymbol{\alpha}_{s+1},\cdots,\boldsymbol{\alpha}_{s+k}$线性无关，则去掉若干向量$\boldsymbol{\alpha}_{s+1},\cdots,\boldsymbol{\alpha}_{s+k}$后所得向量组$\boldsymbol{\alpha}_1,\boldsymbol{\alpha}_2,\cdots,\boldsymbol{\alpha}_s$也一定线性无关；

③若l维向量组$\boldsymbol{\alpha}_1,\boldsymbol{\alpha}_2,\cdots,\boldsymbol{\alpha}_s$线性无关，则给该向量组的每个向量都添加上$m$个分量（$\boldsymbol{\alpha}_1,\boldsymbol{\alpha}_2,\cdots,\boldsymbol{\alpha}_s$添加分量的位置对应相同），所得到的$l+m$维向量组$\tilde{\boldsymbol{\alpha}}_1,\tilde{\boldsymbol{\alpha}}_2,\cdots,\tilde{\boldsymbol{\alpha}}_s$一定线性无关；

假设n维向量组$\boldsymbol{\beta}_1,\boldsymbol{\beta}_2,\cdots,\boldsymbol{\beta}_s$线性相关，若对该向量组的每个向量，都删去相同位置上的l个分量（$1\leqslant l<n$），则所得到的$n-l$维向量组$\tilde{\boldsymbol{\beta}}_1,\tilde{\boldsymbol{\beta}}_2,\cdots,\tilde{\boldsymbol{\beta}}_s$也一定线性相关；

④向量组$\boldsymbol{\alpha}_1,\boldsymbol{\alpha}_2,\cdots,\boldsymbol{\alpha}_s$（$s\geqslant 2$）线性相关的充要条件是其中至少有一个向量可以由其余$s-1$个向量线性表示；

向量组$\boldsymbol{\alpha}_1,\boldsymbol{\alpha}_2,\cdots,\boldsymbol{\alpha}_s$（$s\geqslant 2$）线性无关的充要条件是其中每一个向量都不能由其余$s-1$个向量线性表示；

⑤若向量组$\boldsymbol{\alpha}_1,\boldsymbol{\alpha}_2,\cdots,\boldsymbol{\alpha}_s$线性无关，添加向量$\boldsymbol{\beta}$后，向量组$\boldsymbol{\alpha}_1,\boldsymbol{\alpha}_2,\cdots,\boldsymbol{\alpha}_s,\boldsymbol{\beta}$线性相关，则向量$\boldsymbol{\beta}$必可由向量组$\boldsymbol{\alpha}_1,\boldsymbol{\alpha}_2,\cdots,\boldsymbol{\alpha}_s$线性表示，而且线性表达式$\boldsymbol{\beta}=k_1\boldsymbol{\alpha}_1+k_2\boldsymbol{\alpha}_2+\cdots+k_s\boldsymbol{\alpha}_s$是唯一确定的；

向量$\boldsymbol{\beta}$可由向量组$\boldsymbol{\alpha}_1,\boldsymbol{\alpha}_2,\cdots,\boldsymbol{\alpha}_s$线性表示时，线性表达式唯一的充要条件是向量组$\boldsymbol{\alpha}_1,\boldsymbol{\alpha}_2,\cdots,\boldsymbol{\alpha}_s$线性无关.

⑥将列向量组$\boldsymbol{\alpha}_1,\boldsymbol{\alpha}_2,\cdots,\boldsymbol{\alpha}_s$构成矩阵$\boldsymbol{A}=(\boldsymbol{\alpha}_1,\boldsymbol{\alpha}_2,\cdots,\boldsymbol{\alpha}_s)$，对矩阵$\boldsymbol{A}$施行初等行变换得到矩阵$\boldsymbol{B}=(\boldsymbol{\beta}_1,\boldsymbol{\beta}_2,\cdots,\boldsymbol{\beta}_s)$，则$\boldsymbol{A}$的列向量组$\boldsymbol{\alpha}_1,\boldsymbol{\alpha}_2,\cdots,\boldsymbol{\alpha}_s$与$\boldsymbol{B}$的列向量组$\boldsymbol{\beta}_1,\boldsymbol{\beta}_2,\cdots,\boldsymbol{\beta}_s$（或任何相应的部分向量组）有着相同的线性相关性及相同的线性组合关系（线性组合系数相同）；

⑦向量组$\boldsymbol{a}_1,\boldsymbol{a}_2,\cdots,\boldsymbol{a}_m$线性相关的充要条件是它所构成的矩阵$\boldsymbol{A}=(\boldsymbol{a}_1,\boldsymbol{a}_2,\cdots,\boldsymbol{a}_m)$的秩$R(\boldsymbol{A})<m$；向量组线性无关的充要条件是$R(\boldsymbol{A})=m$；

⑧$s>n$时，任意s个n维向量构成的向量组必线性相关.

（4）向量组的等价、向量组的最大无关组、向量组的秩及相关结论

①设有两个向量组$\boldsymbol{A}:\boldsymbol{\alpha}_1,\boldsymbol{\alpha}_2,\cdots,\boldsymbol{\alpha}_m$和$\boldsymbol{B}:\boldsymbol{\beta}_1,\boldsymbol{\beta}_2,\cdots,\boldsymbol{\beta}_n$，若$\boldsymbol{B}$组中的每个向量能由$\boldsymbol{A}$组的向量线性表示，则称向量组$\boldsymbol{B}$能由向量组$\boldsymbol{A}$线性表示. 若向量组$\boldsymbol{A}$与向量组$\boldsymbol{B}$能够相互线性表示，则称这两个向量组等价；

②向量组$\boldsymbol{\alpha}_{i_1},\boldsymbol{\alpha}_{i_2},\cdots,\boldsymbol{\alpha}_{i_r}$是向量组$\boldsymbol{\alpha}_1,\boldsymbol{\alpha}_2,\cdots,\boldsymbol{\alpha}_s$中的一个部分组，若$\boldsymbol{\alpha}_{i_1},\boldsymbol{\alpha}_{i_2},\cdots,\boldsymbol{\alpha}_{i_r}$线性无关，而向量组$\boldsymbol{\alpha}_1,\boldsymbol{\alpha}_2,\cdots,\boldsymbol{\alpha}_s$中任意$r+1$个向量（如果存在的话）都线性相关，则称$\boldsymbol{\alpha}_{i_1},\boldsymbol{\alpha}_{i_2},\cdots,\boldsymbol{\alpha}_{i_r}$是向量组$\boldsymbol{\alpha}_1,\boldsymbol{\alpha}_2,\cdots,\boldsymbol{\alpha}_s$的一个最大无关组；

③向量组与其最大无关组等价；

④向量组的最大无关组所含向量的个数，称为该向量组的秩；

⑤若向量组$\boldsymbol{A}:\boldsymbol{\alpha}_1,\boldsymbol{\alpha}_2,\cdots,\boldsymbol{\alpha}_s$可由向量组$\boldsymbol{B}:\boldsymbol{\beta}_1,\boldsymbol{\beta}_2,\cdots,\boldsymbol{\beta}_t$线性表示，则$R(\boldsymbol{A})\leqslant R(\boldsymbol{B})$；

⑥等价的向量组有相同的秩；

⑦矩阵的秩既等于其列向量组的秩（列秩），也等于其行向量组的秩（行秩）.

（5）向量组线性相关性的判定方法

判定 s 个 n 维列向量 $\boldsymbol{\alpha}_1,\boldsymbol{\alpha}_2,\cdots,\boldsymbol{\alpha}_s$ 的线性相关性，常用方法如下：

方法 1（定义法或方程组法）：考察齐次线性方程组 $x_1\boldsymbol{\alpha}_1+x_2\boldsymbol{\alpha}_2+\cdots+x_s\boldsymbol{\alpha}_s=\mathbf{0}$，若有非零解，则线性相关；若仅有零解，则线性无关；

方法 2（求秩法）：求向量组 $\boldsymbol{\alpha}_1,\boldsymbol{\alpha}_2,\cdots,\boldsymbol{\alpha}_s$ 所构成的矩阵 $\boldsymbol{A}=(\boldsymbol{\alpha}_1,\boldsymbol{\alpha}_2,\cdots,\boldsymbol{\alpha}_s)$ 的秩，若 $R(\boldsymbol{A})<s$，则线性相关；若 $R(\boldsymbol{A})=s$，则线性无关；

方法 3（行列式法）：设向量组 $\boldsymbol{\alpha}_1,\boldsymbol{\alpha}_2,\cdots,\boldsymbol{\alpha}_n$ 的向量个数等于向量的维数，可考察方阵 $\boldsymbol{A}=(\boldsymbol{\alpha}_1,\boldsymbol{\alpha}_2,\cdots,\boldsymbol{\alpha}_n)$ 的行列式 $|\boldsymbol{A}|$，若 $|\boldsymbol{A}|=0$，则线性相关；若 $|\boldsymbol{A}|\neq 0$，则线性无关；

方法 4（利用线性相关性的有关结论来判定）：例如

①含零向量的向量组一定线性相关；

②向量组中两个向量的对应分量成比例，则该向量组必线性相关；

③线性相关的向量组添加向量后仍线性相关，线性无关的无关组减少向量后仍线性无关；

④线性无关的向量组，每个向量都在相同位置添加分量后仍线性无关，线性相关的向量组，每个向量都去掉相同位置的分量后仍线性相关；

⑤向量组线性相关 $\Leftrightarrow$ 其中至少有一个向量可由其余向量线性表示；

⑥向量组线性无关 $\Leftrightarrow$ 该组的每一个向量都不能由其余向量线性表示；

⑦向量组所含向量的个数大于向量的维数时，该向量组一定线性相关.

（6）求向量组的秩与最大无关组的方法

方法 1（子式法）：求向量组所构成的矩阵的最高阶非零子式，最高阶非零子式的阶数就是该向量组的秩，该子式所在列的列向量组即为该向量组的一个最大无关组；

方法 2（初等行变换法）：对矩阵 $\boldsymbol{A}$ 进行初等行变换，化为行最简形矩阵 $\boldsymbol{J}$，$\boldsymbol{J}$ 中非零行的行数即为该向量组的秩；$\boldsymbol{J}$ 的主元所在列对应的矩阵 $\boldsymbol{A}$ 的列向量构成该向量组的一个最大无关组；$\boldsymbol{A}$ 的列向量组与 $\boldsymbol{J}$ 的列向量组（或任何相应的部分向量组）有着相同的线性相关性及相同的线性组合关系（即线性组合系数相同），据此可将 $\boldsymbol{A}$ 的列向量组的其余向量用该最大无关组线性表示.

习 题 3

3.1 已知向量 $\boldsymbol{\alpha}=(1,0,1)^{\mathrm{T}}$，$\boldsymbol{\beta}=(3,-5,7)^{\mathrm{T}}$，设 $4(\boldsymbol{\alpha}-\boldsymbol{\gamma})-6(\boldsymbol{\beta}+\boldsymbol{\gamma})=5\boldsymbol{\gamma}$，求 $\boldsymbol{\gamma}$.

3.2 试问下列向量 $\boldsymbol{\beta}$ 能否由向量 $\boldsymbol{\alpha}_1,\boldsymbol{\alpha}_2$ 线性表示？如果能，写出其线性表达式.

（1）$\boldsymbol{\alpha}_1=(1,2)^{\mathrm{T}}$，$\boldsymbol{\alpha}_2=(-1,0)^{\mathrm{T}}$，$\boldsymbol{\beta}=(3,4)^{\mathrm{T}}$.

（2）$\boldsymbol{\alpha}_1=(1,0,2)^{\mathrm{T}}$，$\boldsymbol{\alpha}_2=(2,-8,0)^{\mathrm{T}}$，$\boldsymbol{\beta}=(1,2,-1)^{\mathrm{T}}$.

3.3　已知向量$\boldsymbol{\alpha}_1=(1+\lambda,1,1)^{\mathrm{T}}$，$\boldsymbol{\alpha}_2=(1,1+\lambda,1)^{\mathrm{T}}$，$\boldsymbol{\alpha}_3=(1,1,1+\lambda)^{\mathrm{T}}$，$\boldsymbol{\beta}=(0,\lambda,\lambda^2)^{\mathrm{T}}$. 试问当$\lambda$取何值时：

（1）$\boldsymbol{\beta}$可由$\boldsymbol{\alpha}_1,\boldsymbol{\alpha}_2,\boldsymbol{\alpha}_3$线性表示，且表示方式唯一？

（2）$\boldsymbol{\beta}$可由$\boldsymbol{\alpha}_1,\boldsymbol{\alpha}_2,\boldsymbol{\alpha}_3$线性表示，且表示方式不唯一？

（3）$\boldsymbol{\beta}$不能由$\boldsymbol{\alpha}_1,\boldsymbol{\alpha}_2,\boldsymbol{\alpha}_3$线性表示？

3.4　判定下列向量组的线性相关性.

（1）$\boldsymbol{\alpha}_1=(2,3,-1)^{\mathrm{T}}$，$\boldsymbol{\alpha}_2=(3,-4,6)^{\mathrm{T}}$，$\boldsymbol{\alpha}_3=(-5,0,7)^{\mathrm{T}}$.

（2）$\boldsymbol{\alpha}_1=(1,2,3,6)^{\mathrm{T}}$，$\boldsymbol{\alpha}_2=(1,-1,2,4)^{\mathrm{T}}$，$\boldsymbol{\alpha}_3=(-1,1,-2,-8)^{\mathrm{T}}$，$\boldsymbol{\alpha}_4=(1,2,3,2)^{\mathrm{T}}$.

3.5　已知向量组$\boldsymbol{\alpha}_1,\boldsymbol{\alpha}_2,\boldsymbol{\alpha}_3,\boldsymbol{\alpha}_4$线性无关，证明向量组$\boldsymbol{\alpha}_1+\boldsymbol{\alpha}_2,\boldsymbol{\alpha}_2+\boldsymbol{\alpha}_3,\boldsymbol{\alpha}_3+\boldsymbol{\alpha}_4,\boldsymbol{\alpha}_4-\boldsymbol{\alpha}_1$线性无关.

3.6　已知向量组$\boldsymbol{\alpha}_1,\boldsymbol{\alpha}_2,\boldsymbol{\alpha}_3$与向量组$\boldsymbol{\beta}_1,\boldsymbol{\beta}_2,\boldsymbol{\beta}_3$有如下关系：

$$\boldsymbol{\beta}_1=\boldsymbol{\alpha}_2+\boldsymbol{\alpha}_3,\quad \boldsymbol{\beta}_2=\boldsymbol{\alpha}_1+\boldsymbol{\alpha}_3,\quad \boldsymbol{\beta}_3=\boldsymbol{\alpha}_1+\boldsymbol{\alpha}_2.$$

证明：向量组$\boldsymbol{\alpha}_1,\boldsymbol{\alpha}_2,\boldsymbol{\alpha}_3$与向量组$\boldsymbol{\beta}_1,\boldsymbol{\beta}_2,\boldsymbol{\beta}_3$等价.

3.7　已知向量组$\boldsymbol{\alpha}_1=(1,2,-3)^{\mathrm{T}}$，$\boldsymbol{\alpha}_2=(3,0,1)^{\mathrm{T}}$，$\boldsymbol{\alpha}_3=(9,6,-7)^{\mathrm{T}}$与向量组$\boldsymbol{\beta}_1=(0,1,-1)^{\mathrm{T}}$，$\boldsymbol{\beta}_2=(a,2,1)^{\mathrm{T}}$，$\boldsymbol{\beta}_3=(b,1,0)^{\mathrm{T}}$有相同的秩，且$\boldsymbol{\beta}_3$可由$\boldsymbol{\alpha}_1,\boldsymbol{\alpha}_2,\boldsymbol{\alpha}_3$线性表示，求常数$a,b$.

3.8　求下列向量组的秩与一个最大无关组，并将其余向量表示为该最大无关组的线性组合.

（1）$\boldsymbol{\alpha}_1=(1,2,-1)^{\mathrm{T}}$，$\boldsymbol{\alpha}_2=(-1,-2,1)^{\mathrm{T}}$，$\boldsymbol{\alpha}_3=(1,2,3)^{\mathrm{T}}$.

（2）$\boldsymbol{\alpha}_1=(1,3,2,0)^{\mathrm{T}}$，$\boldsymbol{\alpha}_2=(7,0,14,3)^{\mathrm{T}}$，$\boldsymbol{\alpha}_3=(2,-1,0,1)^{\mathrm{T}}$，$\boldsymbol{\alpha}_4=(5,1,6,2)^{\mathrm{T}}$，$\boldsymbol{\alpha}_5=(2,-1,4,1)^{\mathrm{T}}$.

3.9　向量组$\boldsymbol{\alpha}_1=(1,2,-1,1)^{\mathrm{T}}$，$\boldsymbol{\alpha}_2=(2,0,t,0)^{\mathrm{T}}$，$\boldsymbol{\alpha}_3=(0,-4,5,-2)^{\mathrm{T}}$的秩为 2，求常数$t$.

3.10　求下列矩阵的秩.

（1）$\boldsymbol{A}=\begin{bmatrix}3&1&1\\1&-1&3\\0&2&-4\\2&-1&4\end{bmatrix}$；

（2）$\boldsymbol{A}=\begin{bmatrix}2&2&0&7&5\\1&5&7&2&1\\2&3&1&0&5\end{bmatrix}$.

3.11　已知向量组$\boldsymbol{\alpha}_1,\boldsymbol{\alpha}_2,\cdots,\boldsymbol{\alpha}_m$的秩为$r$（$r>1$）. 证明向量组$\boldsymbol{\beta}_1=\boldsymbol{\alpha}_2+\boldsymbol{\alpha}_3+\cdots+\boldsymbol{\alpha}_m$，$\boldsymbol{\beta}_2=\boldsymbol{\alpha}_1+\boldsymbol{\alpha}_3+\cdots+\boldsymbol{\alpha}_m$，$\cdots$，$\boldsymbol{\beta}_m=\boldsymbol{\alpha}_1+\boldsymbol{\alpha}_2+\cdots+\boldsymbol{\alpha}_{m-1}$的秩也是$r$.

3.12　设$\boldsymbol{A},\boldsymbol{B}$为两个同型矩阵，证明：$R(\boldsymbol{A}+\boldsymbol{B})\leqslant R(\boldsymbol{A})+R(\boldsymbol{B})$.

3.13　判断$\boldsymbol{R}^3$的下列子集是否是$\boldsymbol{R}^3$的子空间.

（1）$\{(0,1,z)|z \in R\}$.

（2）$\{(x,y,0)|x,y \in R\}$.

（3）$\{(x,y,z)|x+y+z=1\}$.

（4）$\{(x,y,z)|x+y+z=0\}$.

3.14 验证向量组 $\boldsymbol{\alpha}_1=(1,-1,0)^{\mathrm{T}}$，$\boldsymbol{\alpha}_2=(2,1,3)^{\mathrm{T}}$，$\boldsymbol{\alpha}_3=(3,1,2)^{\mathrm{T}}$ 为 $\boldsymbol{R}^3$ 的一组基，并求 $\boldsymbol{\beta}_1=(5,0,7)^{\mathrm{T}}$，$\boldsymbol{\beta}_2=(-9,-8,-13)^{\mathrm{T}}$ 在这组基下的坐标.

第4章 线性方程组

线性方程组是代数学的基本内容之一，它在工程技术的诸多领域都有广泛的应用.本章将以矩阵和向量为工具，就线性方程组的可解性、线性方程组解的结构以及如何求解线性方程组进行讨论.

4.1 线性方程组的可解性

由若干多元一次方程组成的方程组，称为线性方程组，其一般形式为

$$\begin{cases} a_{11}x_1 + a_{12}x_2 + \cdots + a_{1n}x_n = b_1; \\ a_{21}x_1 + a_{22}x_2 + \cdots + a_{2n}x_n = b_2; \\ \vdots \\ a_{m1}x_1 + a_{m2}x_2 + \cdots + a_{mn}x_n = b_m. \end{cases} \tag{4.1.1}$$

$x_1, x_2, \cdots, x_n$ 称为未知量，a_{ij}（$i = 1,2,\cdots,m; j = 1,2,\cdots,n$）称为线性方程组的系数，$b_1, b_2, \cdots, b_m$ 称为线性方程组的常数项.

令

$$\boldsymbol{A} = \begin{bmatrix} a_{11} & a_{12} & \cdots & a_{1n} \\ a_{21} & a_{22} & \cdots & a_{2n} \\ \vdots & \vdots & & \vdots \\ a_{m1} & a_{m2} & \cdots & a_{mn} \end{bmatrix}, \quad \boldsymbol{x} = \begin{bmatrix} x_1 \\ x_2 \\ \vdots \\ x_n \end{bmatrix}, \quad \boldsymbol{b} = \begin{bmatrix} b_1 \\ b_2 \\ \vdots \\ b_n \end{bmatrix}$$

则线性方程组(4.1.1)可写成

$$\boldsymbol{Ax} = \boldsymbol{b} \tag{4.1.2}$$

称其为线性方程组(4.1.1)的矩阵形式. $\boldsymbol{A}$ 称为线性方程组(4.1.1)的**系数矩阵**，$\boldsymbol{b}$ 称为线性方程组(4.1.1)的常数列向量，$\overline{\boldsymbol{A}} = (\boldsymbol{A} \mid \boldsymbol{b})$ 称为线性方程组(4.1.1)的**增广矩阵**.

若令 $\boldsymbol{\alpha}_j = \begin{bmatrix} a_{1j} \\ a_{2j} \\ \vdots \\ a_{mj} \end{bmatrix}$（$j = 1,2,\cdots,n$），$\boldsymbol{b} = \begin{bmatrix} b_1 \\ b_2 \\ \vdots \\ b_m \end{bmatrix}$，则线性方程组(4.1.1)可写为

$$x_1\boldsymbol{\alpha}_1+x_2\boldsymbol{\alpha}_2+\cdots+x_n\boldsymbol{\alpha}_n=\boldsymbol{b} \tag{4.1.3}$$

称其为线性方程组(4.1.1)的向量形式.

一般将常数项全为零的线性方程组

$$\begin{cases} a_{11}x_1+a_{12}x_2+\cdots+a_{1n}x_n=0; \\ a_{21}x_1+a_{22}x_2+\cdots+a_{2n}x_n=0; \\ \quad\vdots \\ a_{m1}x_1+a_{m2}x_2+\cdots+a_{mn}x_n=0. \end{cases} \tag{4.1.4}$$

称为齐次线性方程组，而将常数项不全为零的线性方程组称为非齐次线性方程组.

下面用矩阵和向量的理论给出线性方程组的可解性分析.

若线性方程组(4.1.1)有解，则存在一组数 $x_1,x_2,\cdots,x_n$，使方程(4.1.3)成立，即向量 $\boldsymbol{b}$ 可由向量组 $\boldsymbol{\alpha}_1,\boldsymbol{\alpha}_2,\cdots,\boldsymbol{\alpha}_n$ 线性表示，故向量组 $\boldsymbol{\alpha}_1,\boldsymbol{\alpha}_2,\cdots,\boldsymbol{\alpha}_n$ 与向量组 $\boldsymbol{\alpha}_1,\boldsymbol{\alpha}_2,\cdots,\boldsymbol{\alpha}_n,\boldsymbol{b}$ 等价，由定理 3.3.2 的推论 2 可知 $R(\boldsymbol{\alpha}_1,\boldsymbol{\alpha}_2,\cdots,\boldsymbol{\alpha}_n)=R(\boldsymbol{\alpha}_1,\boldsymbol{\alpha}_2,\cdots,\boldsymbol{\alpha}_n,\boldsymbol{b})$，再由秩的三合一定理可得 $R(\boldsymbol{A})=R(\overline{\boldsymbol{A}})$.

反之，若 $R(\boldsymbol{A})=R(\overline{\boldsymbol{A}})$，由秩的三合一定理可得 $R(\boldsymbol{\alpha}_1,\boldsymbol{\alpha}_2,\cdots,\boldsymbol{\alpha}_n)=R(\boldsymbol{\alpha}_1,\boldsymbol{\alpha}_2,\cdots,\boldsymbol{\alpha}_n,\boldsymbol{b})$，由定理 3.3.2 的推论 3 可知向量组 $\boldsymbol{\alpha}_1,\boldsymbol{\alpha}_2,\cdots,\boldsymbol{\alpha}_n$ 与向量组 $\boldsymbol{\alpha}_1,\boldsymbol{\alpha}_2,\cdots,\boldsymbol{\alpha}_n,\boldsymbol{b}$ 等价，故 $\boldsymbol{b}$ 可由 $\boldsymbol{\alpha}_1,\boldsymbol{\alpha}_2,\cdots,\boldsymbol{\alpha}_n$ 线性表示，即方程组(4.1.1)有解.

定理 4.1.1 线性方程组(4.1.1)有解的充分必要条件是 $R(\boldsymbol{A})=R(\overline{\boldsymbol{A}})$.

当线性方程组(4.1.1)有解时，由定理 3.2.2 的推论可知方程组(4.1.1)有唯一解等价于向量组 $\boldsymbol{\alpha}_1,\boldsymbol{\alpha}_2,\cdots,\boldsymbol{\alpha}_n$ 线性无关，而向量组 $\boldsymbol{\alpha}_1,\boldsymbol{\alpha}_2,\cdots,\boldsymbol{\alpha}_n$ 线性无关又等价于 $R(\boldsymbol{\alpha}_1,\boldsymbol{\alpha}_2,\cdots,\boldsymbol{\alpha}_n)=n$，于是由秩的三合一定理可得 $R(\boldsymbol{A})=n$. 而方程组(4.1.1)有无穷多解等价于向量组 $\boldsymbol{\alpha}_1,\boldsymbol{\alpha}_2,\cdots,\boldsymbol{\alpha}_n$ 线性相关，向量组 $\boldsymbol{\alpha}_1,\boldsymbol{\alpha}_2,\cdots,\boldsymbol{\alpha}_n$ 线性相关又等价于 $R(\boldsymbol{\alpha}_1,\boldsymbol{\alpha}_2,\cdots,\boldsymbol{\alpha}_n)<n$，再由秩的三合一定理可得 $R(\boldsymbol{A})<n$.

定理 4.1.2 线性方程组(4.1.1)有唯一解的充分必要条件是 $R(\boldsymbol{A})=R(\overline{\boldsymbol{A}})=n$.

线性方程组(4.1.1)有无穷多解的充分必要条件是 $R(\boldsymbol{A})=R(\overline{\boldsymbol{A}})<n$.

因此，线性方程组(4.1.1)解的情况有以下三种：

（1）当 $R(\boldsymbol{A})<R(\overline{\boldsymbol{A}})$ 时无解；

（2）当 $R(\boldsymbol{A})=R(\overline{\boldsymbol{A}})=n$ 时有唯一解；

（3）当 $R(\boldsymbol{A})=R(\overline{\boldsymbol{A}})<n$ 时有无穷多解.

而齐次线性方程组(4.1.4)必有解 $\boldsymbol{x}=(x_1,x_2,\cdots,x_n)^{\mathrm{T}}=(0,0,\cdots,0)^{\mathrm{T}}=\boldsymbol{0}$，所以其解的情况有两种：

（1）当 $R(\boldsymbol{A})=n$ 时有唯一解 $\boldsymbol{x}=\boldsymbol{0}$，即仅有零解；

（2）当 $R(\boldsymbol{A})<n$ 时有无穷多解，一定有解 $\boldsymbol{x}\neq\boldsymbol{0}$，即有非零解.

例 4.1.1　判断线性方程组$\begin{cases} x_1 + x_2 - 2x_3 + 3x_4 = 0; \\ 3x_1 + 2x_2 - 8x_3 + 7x_4 = 1; \\ x_1 - x_2 - 6x_3 - x_4 = 2. \end{cases}$的可解性.

解：该方程组的增广矩阵为$\bar{A} = \begin{bmatrix} 1 & 1 & -2 & 3 & 0 \\ 3 & 2 & -8 & 7 & 1 \\ 1 & -1 & -6 & -1 & 2 \end{bmatrix}$，为了求系数矩阵$A$和增广矩阵$\bar{A}$的秩，我们将其进行初等行变换，有

$$\bar{A} \to \begin{bmatrix} 1 & 1 & -2 & 3 & 0 \\ 0 & -1 & -2 & -2 & 1 \\ 0 & -2 & -4 & -4 & 2 \end{bmatrix} \to \begin{bmatrix} 1 & 1 & -2 & 3 & 0 \\ 0 & 1 & 2 & 2 & -1 \\ 0 & 0 & 0 & 0 & 0 \end{bmatrix}$$

所以$R(A) = 2$，$R(\bar{A}) = 2$，有$R(A) = R(\bar{A}) < n$，该方程组有无穷多解.

例 4.1.2　已知线性方程组$\begin{cases} x_1 + 2x_2 + 3x_3 - x_4 = 1; \\ x_1 + x_2 + 2x_3 + 3x_4 = 1; \\ 3x_1 - x_2 - x_3 - 2x_4 = a; \\ 2x_1 + 3x_2 - x_3 + bx_4 = -6. \end{cases}$讨论$a$，$b$取不同值时方程组解的情况.

解：该方程组的增广矩阵为

$$\bar{A} = \begin{bmatrix} 1 & 2 & 3 & -1 & 1 \\ 1 & 1 & 2 & 3 & 1 \\ 3 & -1 & -1 & -2 & a \\ 2 & 3 & -1 & b & -6 \end{bmatrix}$$

将其进行初等行变换得

$$\bar{A} \to \begin{bmatrix} 1 & 2 & 3 & -1 & 1 \\ 0 & -1 & -1 & 4 & 0 \\ 0 & 0 & -3 & -27 & a-3 \\ 0 & 0 & 0 & b+52 & -2a-2 \end{bmatrix}$$

因此，当$b \neq -52$时，$R(A) = 4$，$R(\bar{A}) = 4$，有$R(A) = R(\bar{A}) = n$，该方程组有唯一解.

当$b = -52$，$a \neq -1$时，$R(A) = 3$，$R(\bar{A}) = 4$，有$R(A) < R(\bar{A})$，该方程组无解.

当$b = -52$，$a = -1$时，$R(A) = 3$，$R(\bar{A}) = 3$，有$R(A) = R(\bar{A}) < n$，该方程组有无穷多解.

当方程个数m与未知数个数n相同时，我们还可以结合本章的方法与克拉默法则进行判断.

例 4.1.3 已知线性方程组$\begin{cases} kx_1+x_2+x_3=1; \\ x_1+kx_2+x_3=k; \\ x_1+x_2+kx_3=k^2. \end{cases}$讨论参数$k$取不同值时方程组解的情况.

解： 系数矩阵$\boldsymbol{A}=\begin{bmatrix} k & 1 & 1 \\ 1 & k & 1 \\ 1 & 1 & k \end{bmatrix}$为 3 阶方阵.

$$|\boldsymbol{A}|=\begin{vmatrix} k & 1 & 1 \\ 1 & k & 1 \\ 1 & 1 & k \end{vmatrix}=(k-1)^2(k+2)$$

当$k\neq1$且$k\neq-2$时，$|\boldsymbol{A}|\neq0$，由克拉默法则知该方程组有唯一解.

当$k=1$时，$\overline{\boldsymbol{A}}=\begin{bmatrix} 1 & 1 & 1 & 1 \\ 1 & 1 & 1 & 1 \\ 1 & 1 & 1 & 1 \end{bmatrix}\xrightarrow{\text{初等行变换}}\begin{bmatrix} 1 & 1 & 1 & 1 \\ 0 & 0 & 0 & 0 \\ 0 & 0 & 0 & 0 \end{bmatrix}$，故$R(\boldsymbol{A})=R(\overline{\boldsymbol{A}})=1<n$，该方程组有无穷个解.

当$k=-2$时，$\overline{\boldsymbol{A}}=\begin{bmatrix} -2 & 1 & 1 & 1 \\ 1 & -2 & 1 & -2 \\ 1 & 1 & -2 & 4 \end{bmatrix}\xrightarrow{\text{初等行变换}}\begin{bmatrix} 1 & 1 & -2 & 4 \\ 0 & -3 & 3 & -6 \\ 0 & 0 & 0 & 3 \end{bmatrix}$，故$R(\boldsymbol{A})<R(\overline{\boldsymbol{A}})$，该方程组无解.

4.2 线性方程组解的结构

本节利用向量组的线性相关性的理论来讨论线性方程组解的有关性质，得到线性方程组通解的表示，这就是线性方程组解的结构.

4.2.1 齐次线性方程组解的结构

设有齐次线性方程组

$$\begin{cases} a_{11}x_1+a_{12}x_2+\cdots+a_{1n}x_n=0; \\ a_{21}x_1+a_{22}x_2+\cdots+a_{2n}x_n=0; \\ \quad\vdots \\ a_{m1}x_1+a_{m2}x_2+\cdots+a_{mn}x_n=0. \end{cases} \tag{4.2.1}$$

记

$$\boldsymbol{A}=\begin{bmatrix} a_{11} & a_{12} & \cdots & a_{1n} \\ a_{21} & a_{22} & \cdots & a_{2n} \\ \vdots & \vdots & & \vdots \\ a_{m1} & a_{m2} & \cdots & a_{mn} \end{bmatrix},\quad \boldsymbol{x}=\begin{bmatrix} x_1 \\ x_2 \\ \vdots \\ x_n \end{bmatrix}$$

方程组(4.2.1)可写为矩阵方程

$$Ax = 0 \tag{4.2.2}$$

矩阵方程(4.2.2)的解 $x = \begin{bmatrix} x_1 \\ x_2 \\ \vdots \\ x_n \end{bmatrix}$ 称为方程组(4.2.1)的解向量.

性质 4.2.1　若 ξ_1, ξ_2 是矩阵方程(4.2.2)的解，则 $\xi_1 + \xi_2$ 也是该方程的解.

证：因为 ξ_1, ξ_2 是矩阵方程(4.2.2)的解，所以 $A\xi_1 = 0, A\xi_2 = 0$．两式相加得

$$A(\xi_1 + \xi_2) = 0$$

即 $\xi_1 + \xi_2$ 也是方程(4.2.2)的解.

性质 4.2.2　若 ξ 为矩阵方程(4.2.2)的解，k 为实数，则 $k\xi$ 也是矩阵方程(4.2.2)的解.

证：ξ 为矩阵方程(4.2.2)的解，所以 $A\xi = 0$，则 $A(k\xi) = k(A\xi) = k \cdot 0 = 0$，即 $k\xi$ 也是矩阵方程(4.2.2)的解.

把齐次线性方程组(4.2.1)的全部解组成的集合记为 S，即 $S = \{x \mid Ax = 0\}$．由性质 4.2.1 及性质 4.2.2 知该集合对向量的加法和数乘运算封闭，故 S 是一个向量空间，称 S 是**齐次线性方程组的解空间**.

当齐次线性方程组(4.2.1)有非零解时，S 不是零空间，于是有如下定义.

定义 4.2.1（基础解系）　若齐次线性方程组 $Ax = 0$ 的 l 个解向量 $\xi_1, \xi_2, \cdots, \xi_l$ 满足如下条件：

（1）$\xi_1, \xi_2, \cdots, \xi_l$ 线性无关；

（2）方程组的任一解都可由 $\xi_1, \xi_2, \cdots, \xi_l$ 线性表示.

则称 $\xi_1, \xi_2, \cdots, \xi_l$ 是方程组 $Ax = 0$ 的一个**基础解系**.

容易看出，齐次线性方程组(4.2.1)的任意两个基础解系相互等价. 从而，任意两个基础解系所含解向量的个数相等.

可以证明，对齐次线性方程组(4.2.1)的系数矩阵 A 进行初等行变换得矩阵 B，则有：齐次线性方程组 $Ax = 0$ 与 $Bx = 0$ 同解. 也就是说，对系数矩阵进行初等行变换，不改变相应齐次线性方程组的解.

以下我们通过具体的例子来分析和给出齐次线性方程组基础解系的求法及相关的一些结论.

例 4.2.1　求齐次线性方程组 $\begin{cases} x_1 + 2x_2 + x_3 + x_4 - x_5 = 0; \\ x_2 + x_3 + x_4 + x_5 = 0; \\ x_1 + x_2 + x_4 = 0; \\ 2x_2 + 2x_3 + x_4 = 0. \end{cases}$ 的基础解系.

解：系数矩阵

$$A=\begin{bmatrix}1&2&1&1&-1\\0&1&1&1&1\\1&1&0&1&0\\0&2&2&1&0\end{bmatrix}$$

首先通过初等行变换将 $\boldsymbol{A}$ 化为行阶梯形矩阵

$$A\rightarrow\begin{bmatrix}1&2&1&1&-1\\0&1&1&1&1\\0&0&0&1&2\\0&0&0&0&0\end{bmatrix}$$

由此知 $R(\boldsymbol{A})=3<n$，该方程组有非零解.

再继续进行初等行变换得到 $\boldsymbol{A}$ 的行最简形矩阵

$$A\rightarrow\begin{bmatrix}1&0&-1&0&-1\\0&1&1&0&-1\\0&0&0&1&2\\0&0&0&0&0\end{bmatrix}$$

该矩阵对应的齐次线性方程组为

$$\begin{cases}x_1-x_3-x_5=0;\\x_2+x_3-x_5=0;\\x_4+2x_5=0.\end{cases}$$

注意 $\boldsymbol{A}$ 的行最简形矩阵的主元与对应的齐次线性方程组未知数的特征，将方程组进一步改写为

$$\begin{cases}x_1=x_3+x_5;\\x_2=-x_3+x_5;\\x_4=-2x_5.\end{cases}$$

该方程组与原齐次线性方程组同解，其中未知数 x_3,x_5 可以任意取值（称为自由未知量），而其他未知量的值由这些自由未知量的值按照相应等式得到.

分别记 x_3,x_5 为任意常数 k_1,k_2，则上面的同解方程组可以写为

$$\begin{cases}x_1=k_1+k_2;\\x_2=-k_1+k_2;\\x_3=k_1\quad;\\x_4=-2k_2;\\x_5=k_2.\end{cases}$$

于是

$$x = (x_1, x_2, x_3, x_4, x_5)^{\mathrm{T}} = k_1(1,-1,1,0,0)^{\mathrm{T}} + k_2(1,1,0,-2,1)^{\mathrm{T}} \quad (k_1, k_2\text{ 为任意常数}).$$

该等式说明方程组的任一解可由向量 $(1,-1,1,0,0)^{\mathrm{T}},(1,1,0,-2,1)^{\mathrm{T}}$ 线性表示，而且向量 $(1,-1,1,0,0)^{\mathrm{T}},(1,1,0,-2,1)^{\mathrm{T}}$ 线性无关，故 $(1,-1,1,0,0)^{\mathrm{T}},(1,1,0,-2,1)^{\mathrm{T}}$ 为基础解系.

例 4.2.2　求齐次线性方程组 $\begin{cases} x_1 - 2x_2 + 3x_3 + x_4 + x_5 = 0; \\ x_1 + x_2 - x_3 - x_4 - 2x_5 = 0; \\ 2x_1 - x_2 + x_3 - 2x_5 = 0; \\ 2x_1 + 2x_2 + 5x_3 - x_4 + x_5 = 0. \end{cases}$ 的基础解系.

解： 系数矩阵

$$A = \begin{bmatrix} 1 & -2 & 3 & 1 & 1 \\ 1 & 1 & -1 & -1 & -2 \\ 2 & -1 & 1 & 0 & -2 \\ 2 & 2 & 5 & -1 & 1 \end{bmatrix}$$

通过初等行变换将 A 化为行最简形矩阵

$$A \to \begin{bmatrix} 1 & 0 & 0 & 0 & -2 \\ 0 & 1 & 0 & 0 & -1 \\ 0 & 0 & 1 & 0 & 1 \\ 0 & 0 & 0 & 1 & -2 \end{bmatrix}$$

该矩阵对应的齐次线性方程组为

$$\begin{cases} x_1 - 2x_5 = 0; \\ x_2 - x_5 = 0; \\ x_3 + x_5 = 0; \\ x_4 - 2x_5 = 0. \end{cases}$$

将方程组进一步改写为

$$\begin{cases} x_1 = 2x_5; \\ x_2 = x_5; \\ x_3 = -x_5; \\ x_4 = 2x_5. \end{cases}$$

将自由未知量 x_5 取为任意常数 k，则上面的同解方程组可以改写为

$$\begin{cases} x_1 = 2k; \\ x_2 = k; \\ x_3 = -k; \\ x_4 = 2k; \\ x_5 = k. \end{cases}$$

于是 $\boldsymbol{x}=(x_1,x_2,x_3,x_4,x_5)^{\mathrm{T}}=k(2,1,-1,2,1)^{\mathrm{T}}$（$k$ 为任意常数）.

该等式说明方程组的任一解可由向量 $(2,1,-1,2,1)^{\mathrm{T}}$ 线性表示，向量 $(2,1,-1,2,1)^{\mathrm{T}}$ 线性无关，故向量 $(2,1,-1,2,1)^{\mathrm{T}}$ 为基础解系.

从例 4.2.1 和例 4.2.2 可以看到，齐次线性方程组的基础解系所含向量个数也就是自由未知量个数，而自由未知量个数为未知量总个数减去系数矩阵 $\boldsymbol{A}$ 的行最简形中的主元个数，即自由未知量个数为 $n-R(\boldsymbol{A})$.

定理 4.2.1　对于 n 元齐次线性方程组 $\boldsymbol{Ax}=\boldsymbol{0}$ 有如下结论：

（1）当 $R(\boldsymbol{A})=r<n$ 时，$\boldsymbol{Ax}=\boldsymbol{0}$ 的基础解系含 $n-r$ 个向量；

（2）当 $R(\boldsymbol{A})=n$ 时，$\boldsymbol{Ax}=\boldsymbol{0}$ 仅有零解，即无基础解系.

定义 4.2.2　设 $\boldsymbol{\xi}_1,\boldsymbol{\xi}_2,\cdots,\boldsymbol{\xi}_{n-r}$ 是 $\boldsymbol{Ax}=\boldsymbol{0}$ 的基础解系，则其任一解均可表示为

$$\boldsymbol{x}=k_1\boldsymbol{\xi}_1+k_2\boldsymbol{\xi}_2+\cdots+k_{n-r}\boldsymbol{\xi}_{n-r}\quad（k_1,k_2,\cdots,k_{n-r}\text{ 为任意常数}），$$

称上式为齐次线性方程组 $\boldsymbol{Ax}=\boldsymbol{0}$ 的通解.

也可采用下例方法求基础解系及齐次方程组的通解.

例 4.2.3　求如下齐次线性方程组的解：

$$\begin{cases} x_1+x_2+\ \ x_3+4x_4-3x_5=0; \\ x_1-x_2+3x_3-2x_4-\ \ x_5=0; \\ 2x_1+x_2+3x_3+5x_4-5x_5=0; \\ 3x_1+x_2+5x_3+6x_4-7x_5=0. \end{cases}$$

解： $m=4$，$n=5$，$m<n$. 故方程组有无穷多个解，对系数矩阵 $\boldsymbol{A}_{m\times n}$ 施以初等行变换，化为行最简形矩阵，有

$$\boldsymbol{A}_{m\times n}=\begin{bmatrix} 1 & 1 & 1 & 4 & -3 \\ 1 & -1 & 3 & -2 & -1 \\ 2 & 1 & 3 & 5 & -5 \\ 3 & 1 & 5 & 6 & -7 \end{bmatrix}\to\begin{bmatrix} 1 & 0 & 2 & 1 & -2 \\ 0 & 1 & -1 & 3 & -1 \\ 0 & 0 & 0 & 0 & 0 \\ 0 & 0 & 0 & 0 & 0 \end{bmatrix}$$

原方程组与下列方程组同解：

$$\begin{cases} x_1=-2x_3-x_4+2x_5; \\ x_2=x_3-3x_4+x_5. \end{cases}$$

其中 x_3,x_4,x_5 为自由未知量，令自由未知量 $\begin{bmatrix} x_3 \\ x_4 \\ x_5 \end{bmatrix}$ 分别取 $\begin{bmatrix} 1 \\ 0 \\ 0 \end{bmatrix}$，$\begin{bmatrix} 0 \\ 1 \\ 0 \end{bmatrix}$，$\begin{bmatrix} 0 \\ 0 \\ 1 \end{bmatrix}$，将分别得到方程组的解为

$$\xi_1=\begin{bmatrix}-2\\1\\1\\0\\0\end{bmatrix}，\quad \xi_2=\begin{bmatrix}-1\\-3\\0\\1\\0\end{bmatrix}，\quad \xi_3=\begin{bmatrix}2\\1\\0\\0\\1\end{bmatrix}$$

ξ_1,ξ_2,ξ_3 就是原线性方程组的一个基础解系．于是方程组的通解为

$$\boldsymbol{x}=k_1\xi_1+k_2\xi_2+k_3\xi_3 \quad（k_1,k_2,k_3 \text{ 为任意常数}）.$$

例 4.2.4　如果 $\boldsymbol{A}_{m\times n}\boldsymbol{B}_{n\times l}=\boldsymbol{O}$，证明 $R(\boldsymbol{A})+R(\boldsymbol{B})\leqslant n$．

证： 记 $\boldsymbol{B}=(\boldsymbol{b}_1,\boldsymbol{b}_2,\cdots,\boldsymbol{b}_l)$，则 $\boldsymbol{AB}=\boldsymbol{A}(\boldsymbol{b}_1,\boldsymbol{b}_2,\cdots,\boldsymbol{b}_l)=(\boldsymbol{0},\boldsymbol{0},\cdots,\boldsymbol{0})$，即 $\boldsymbol{Ab}_i=\boldsymbol{0}$（$i=1,2,\cdots,l$）．即矩阵 $\boldsymbol{B}$ 的 l 个列向量都是齐次方程组 $\boldsymbol{Ax}=\boldsymbol{0}$ 的解．设方程 $\boldsymbol{Ax}=\boldsymbol{0}$ 的解空间为 S，由 $\boldsymbol{b}_i\in S$ 可知有 $R(\boldsymbol{b}_1,\boldsymbol{b}_2,\cdots,\boldsymbol{b}_l)\leqslant \dim S$，即 $R(\boldsymbol{B})\leqslant \dim S$，由定理 4.2.1 可知 $\dim S=n-R(\boldsymbol{A})$，故 $R(\boldsymbol{A})+R(\boldsymbol{B})\leqslant n$．

4.2.2　非齐次线性方程组解的结构

设有非齐次线性方程组

$$\begin{cases}a_{11}x_1+a_{12}x_2+\cdots+a_{1n}x_n=b_1;\\ a_{21}x_1+a_{22}x_2+\cdots+a_{2n}x_n=b_2;\\ \qquad\vdots\\ a_{m1}x_1+a_{m2}x_2+\cdots+a_{mn}x_n=b_m.\end{cases}\tag{4.2.3}$$

它可写成矩阵方程

$$\boldsymbol{Ax}=\boldsymbol{b}\tag{4.2.4}$$

称 $\boldsymbol{Ax}=\boldsymbol{0}$ 为 $\boldsymbol{Ax}=\boldsymbol{b}$ 对应的齐次线性方程组（也称为导出组）．

性质 4.2.3　设 $\boldsymbol{\eta}_1,\boldsymbol{\eta}_2$ 是非齐次线性方程组 $\boldsymbol{Ax}=\boldsymbol{b}$ 的解，则 $\boldsymbol{\eta}_1-\boldsymbol{\eta}_2$ 是对应的齐次线性方程组 $\boldsymbol{Ax}=\boldsymbol{0}$ 的解．

证： 因为 $\boldsymbol{A}(\boldsymbol{\eta}_1-\boldsymbol{\eta}_2)=\boldsymbol{A\eta}_1-\boldsymbol{A\eta}_2=\boldsymbol{b}-\boldsymbol{b}=\boldsymbol{0}$，即 $\boldsymbol{\eta}_1-\boldsymbol{\eta}_2$ 是对应的齐次线性方程组 $\boldsymbol{Ax}=\boldsymbol{0}$ 的解．

性质 4.2.4　设 $\boldsymbol{\eta}$ 是非齐次线性方程组 $\boldsymbol{Ax}=\boldsymbol{b}$ 的解，$\boldsymbol{\xi}$ 是为对应的齐次线性方程组 $\boldsymbol{Ax}=\boldsymbol{0}$ 的解，则 $\boldsymbol{\xi}+\boldsymbol{\eta}$ 为非齐次线性方程组 $\boldsymbol{Ax}=\boldsymbol{b}$ 的解．

证： $\boldsymbol{A}(\boldsymbol{\xi}+\boldsymbol{\eta})=\boldsymbol{A\xi}+\boldsymbol{A\eta}=\boldsymbol{0}+\boldsymbol{b}=\boldsymbol{b}$，即 $\boldsymbol{\xi}+\boldsymbol{\eta}$ 为非齐次线性方程组 $\boldsymbol{Ax}=\boldsymbol{b}$ 的解．

若齐次线性方程组 $\boldsymbol{Ax}=\boldsymbol{0}$ 的通解为 $k_1\xi_1+k_2\xi_2+\cdots+k_{n-r}\xi_{n-r}$，则非齐次线性方程组 $\boldsymbol{Ax}=\boldsymbol{b}$ 任一解总可表示为 $\boldsymbol{x}=k_1\xi_1+k_2\xi_2+\cdots+k_{n-r}\xi_{n-r}+\boldsymbol{\eta}$．而由性质 4.2.4 可知，对任意实数 $k_1,k_2,\cdots,k_{n-r}$，上式总是方程组 $\boldsymbol{Ax}=\boldsymbol{b}$ 的解，于是方程组 $\boldsymbol{Ax}=\boldsymbol{b}$ 的通解为

$$\boldsymbol{x}=k_1\xi_1+k_2\xi_2+\cdots+k_{n-r}\xi_{n-r}+\boldsymbol{\eta}\quad（k_1,k_2,\cdots,k_{n-r}\text{ 为任意实数}）.$$

其中，$\xi_1,\xi_2,\cdots,\xi_{n-r}$ 是方程组 $\boldsymbol{Ax}=\boldsymbol{0}$ 的基础解系，$\boldsymbol{\eta}$ 是 $\boldsymbol{Ax}=\boldsymbol{b}$ 的解．

例 4.2.5 设四元非齐次线性方程组 $\boldsymbol{Ax}=\boldsymbol{b}$ 的系数矩阵 $\boldsymbol{A}$ 的秩为 3，已知它的三个解向量为 $\boldsymbol{\eta}_1,\boldsymbol{\eta}_2,\boldsymbol{\eta}_3$，其中

$$\boldsymbol{\eta}_1=\begin{bmatrix}1\\2\\3\\4\end{bmatrix},\quad \boldsymbol{\eta}_2+\boldsymbol{\eta}_3=\begin{bmatrix}4\\2\\6\\-2\end{bmatrix}$$

求该方程组的通解.

解：依题意得，方程组的导出组 $\boldsymbol{Ax}=\boldsymbol{0}$ 的基础解系含有 $4-3=1$ 个向量，于是导出组的任意非零解都可作为其基础解系.

$$\boldsymbol{\eta}_1-\frac{1}{2}(\boldsymbol{\eta}_2+\boldsymbol{\eta}_3)=\begin{bmatrix}-1\\1\\0\\5\end{bmatrix}$$

是导出组的非零解，可作为基础解系．故方程组 $\boldsymbol{Ax}=\boldsymbol{b}$ 的通解为

$$\boldsymbol{x}=k\left[\boldsymbol{\eta}_1-\frac{1}{2}(\boldsymbol{\eta}_2+\boldsymbol{\eta}_3)\right]+\boldsymbol{\eta}_1=k\begin{bmatrix}-1\\1\\0\\5\end{bmatrix}+\begin{bmatrix}1\\2\\3\\4\end{bmatrix}\text{（其中，}k\text{ 为任意常数）.}$$

例 4.2.6 求非齐次线性方程组 $\begin{cases}x_1+x_2-3x_3-x_4=1;\\3x_1-x_2-3x_3+4x_4=4;\\x_1+5x_2-9x_3-8x_4=0.\end{cases}$ 的通解.

解：对非齐次线性方程组的增广矩阵 $\overline{\boldsymbol{A}}$ 施以初等行变换，化为行最简形

$$\overline{\boldsymbol{A}}\to\begin{bmatrix}1&0&-\frac{3}{2}&\frac{3}{4}&\frac{5}{4}\\0&1&-\frac{3}{2}&-\frac{7}{4}&-\frac{1}{4}\\0&0&0&0&0\end{bmatrix}$$

$R(\boldsymbol{A})=R(\overline{\boldsymbol{A}})=2<4$，可知方程组有无穷多解，原方程组的同解方程组为

$$\begin{cases}x_1=\frac{3}{2}x_3-\frac{3}{4}x_4+\frac{5}{4};\\x_2=\frac{3}{2}x_3+\frac{7}{4}x_4-\frac{1}{4}.\end{cases}$$

即

$$\begin{cases} x_1 = \dfrac{3}{2}x_3 - \dfrac{3}{4}x_4 + \dfrac{5}{4}; \\ x_2 = \dfrac{3}{2}x_3 + \dfrac{7}{4}x_4 - \dfrac{1}{4}; \\ x_3 = \quad x_3; \\ x_4 = \qquad\quad x_4. \end{cases}$$

所以方程组的通解为 $\boldsymbol{x} = k_1\begin{bmatrix} \dfrac{3}{2} \\ \dfrac{3}{2} \\ 1 \\ 0 \end{bmatrix} + k_2\begin{bmatrix} -\dfrac{3}{4} \\ \dfrac{7}{4} \\ 0 \\ 1 \end{bmatrix} + \begin{bmatrix} \dfrac{5}{4} \\ -\dfrac{1}{4} \\ 0 \\ 0 \end{bmatrix}$ （k_1, k_2 为任意实数）.

本 章 小 结

1. 基本要求

（1）理解齐次线性方程组解的结构、基础解系、通解等概念；

（2）理解非齐次线性方程组解的结构及通解的概念；

（3）掌握齐次线性方程组有非零解的充要条件；

（4）掌握非齐次线性方程组有解的充要条件；

（5）掌握用初等行变换求解线性方程组的方法.

重点：齐次线性方程组的基础解系及通解；非齐次线性方程组解的结构及通解.

难点：线性方程组解的结构及通解；用初等行变换求解线性方程组.

2. 学习要点

设线性方程组

$$\begin{cases} a_{11}x_1 + a_{12}x_2 + \cdots + a_{1n}x_n = b_1; \\ a_{21}x_1 + a_{22}x_2 + \cdots + a_{2n}x_n = b_2; \\ \qquad\vdots \\ a_{m1}x_1 + a_{m2}x_2 + \cdots + a_{mn}x_n = b_m. \end{cases}$$

记

$$\boldsymbol{A} = (a_{ij}), \quad \boldsymbol{x} = (x_1, x_2, \cdots, x_n)^{\mathrm{T}}, \quad \boldsymbol{b} = (b_1, b_2, \cdots b_m)^{\mathrm{T}}$$

则该方程组可写成 $\boldsymbol{Ax}=\boldsymbol{b}$，其对应的齐次线性方程组（导出组）记为 $\boldsymbol{Ax}=\boldsymbol{0}$.

（1）齐次线性方程组

性质 若 $\boldsymbol{\xi}_1,\boldsymbol{\xi}_2$ 是齐次线性方程组 $\boldsymbol{Ax}=\boldsymbol{0}$ 的解，则 $k_1\boldsymbol{\xi}_1+k_2\boldsymbol{\xi}_2$（$k_1,k_2$ 为任意实数）也是该方程的解.

若齐次线性方程组 $\boldsymbol{Ax}=\boldsymbol{0}$ 的 l 个解向量 $\boldsymbol{\xi}_1,\boldsymbol{\xi}_2,\cdots,\boldsymbol{\xi}_l$ 满足 $\boldsymbol{\xi}_1,\boldsymbol{\xi}_2,\cdots,\boldsymbol{\xi}_l$ 线性无关，且方程组的任一解都可由 $\boldsymbol{\xi}_1,\boldsymbol{\xi}_2,\cdots,\boldsymbol{\xi}_l$ 线性表示，则称 $\boldsymbol{\xi}_1,\boldsymbol{\xi}_2,\cdots,\boldsymbol{\xi}_l$ 是方程组 $\boldsymbol{Ax}=\boldsymbol{0}$ 的一个**基础解系**.

注意：方程组 $\boldsymbol{Ax}=\boldsymbol{0}$ 的基础解系不唯一.

若 $\boldsymbol{\xi}_1,\boldsymbol{\xi}_2,\cdots,\boldsymbol{\xi}_{n-r}$ 是 $\boldsymbol{Ax}=\boldsymbol{0}$ 的基础解系，则其通解为

$$\boldsymbol{x}=k_1\boldsymbol{\xi}_1+k_2\boldsymbol{\xi}_2+\cdots+k_{n-r}\boldsymbol{\xi}_{n-r}\ （k_1,k_2,\cdots,k_{n-r}\ 为任意常数）.$$

对于 n 元齐次线性方程组 $\boldsymbol{Ax}=\boldsymbol{0}$ 有如下结论：

①当 $R(\boldsymbol{A})=r<n$ 时，$\boldsymbol{Ax}=\boldsymbol{0}$ 的基础解系含 $n-r$ 个向量；

②当 $R(\boldsymbol{A})=n$ 时，$\boldsymbol{Ax}=\boldsymbol{0}$ 仅有零解（无基础解系）.

即：n 元齐次线性方程组 $\boldsymbol{Ax}=\boldsymbol{0}$ 有非零解 $\Leftrightarrow R(\boldsymbol{A})<n$；

n 元齐次线性方程组 $\boldsymbol{Ax}=\boldsymbol{0}$ 仅有零解 $\Leftrightarrow R(\boldsymbol{A})=n$.

（2）非齐次线性方程组

性质 1 设 $\boldsymbol{\eta}_1,\boldsymbol{\eta}_2$ 是非齐次线性方程组 $\boldsymbol{Ax}=\boldsymbol{b}$ 的解，则 $\boldsymbol{\eta}_1-\boldsymbol{\eta}_2$ 是对应的齐次线性方程组 $\boldsymbol{Ax}=\boldsymbol{0}$ 的解.

性质 2 设 $\boldsymbol{\eta}$ 是非齐次线性方程组 $\boldsymbol{Ax}=\boldsymbol{b}$ 的解，$\boldsymbol{\xi}$ 是为对应的齐次线性方程组 $\boldsymbol{Ax}=\boldsymbol{0}$ 的解，则 $\boldsymbol{\xi}+\boldsymbol{\eta}$ 为非齐次线性方程组 $\boldsymbol{Ax}=\boldsymbol{b}$ 的解.

若 $\boldsymbol{\xi}_1,\boldsymbol{\xi}_2,\cdots,\boldsymbol{\xi}_{n-r}$ 是方程组 $\boldsymbol{Ax}=\boldsymbol{0}$ 的基础解系，$\boldsymbol{\eta}$ 是 $\boldsymbol{Ax}=\boldsymbol{b}$ 的解，则方程组 $\boldsymbol{Ax}=\boldsymbol{b}$ 的通解为

$$\boldsymbol{x}=k_1\boldsymbol{\xi}_1+k_2\boldsymbol{\xi}_2+\cdots+k_{n-r}\boldsymbol{\xi}_{n-r}+\boldsymbol{\eta}\ （k_1,k_2,\cdots,k_{n-r}\ 为任意实数）.$$

对于 n 元非齐次线性方程组 $\boldsymbol{Ax}=\boldsymbol{b}$ 有如下结论：

①当 $R(\boldsymbol{A})\neq R(\overline{\boldsymbol{A}})$ 时，$\boldsymbol{Ax}=\boldsymbol{b}$ 无解；

②当 $R(\boldsymbol{A})=R(\overline{\boldsymbol{A}})=n$ 时，$\boldsymbol{Ax}=\boldsymbol{b}$ 有唯一解；

③当 $R(\boldsymbol{A})=R(\overline{\boldsymbol{A}})<n$ 时，$\boldsymbol{Ax}=\boldsymbol{b}$ 有无穷多解.

即：n 元非齐次线性方程组 $\boldsymbol{Ax}=\boldsymbol{b}$ 有唯一解 $\Leftrightarrow R(\boldsymbol{A})=R(\overline{\boldsymbol{A}})=n$；

n 元非齐次线性方程组 $\boldsymbol{Ax}=\boldsymbol{b}$ 有无穷多解 $\Leftrightarrow R(\boldsymbol{A})=R(\overline{\boldsymbol{A}})<n$.

（3）用初等行变换求解线性方程组的方法

解 n 元齐次线性方程组 $\boldsymbol{Ax}=\boldsymbol{0}$ 步骤：

①对系数矩阵 $\boldsymbol{A}$ 进行初等行变换，化为行阶梯形，求出 $\boldsymbol{A}$ 的秩 $R(\boldsymbol{A})$；

②若 $R(\boldsymbol{A})=n$，则 $\boldsymbol{Ax}=\boldsymbol{0}$ 仅有零解；

③若 $R(\boldsymbol{A})=r<n$，继续对行阶梯形进行初等行变换，化为行最简形 $\boldsymbol{J}$，并写出同解方程组 $\boldsymbol{Jx}=\boldsymbol{0}$，$\boldsymbol{J}$ 的主元对应的未知量称为自由未知量，将 $n-r$ 个自由未知量依次取 $(1,0,\cdots,0)$,

$(0,1,\cdots,0),\cdots,(0,0,\cdots,1)$，则由同解方程组 $\boldsymbol{Jx}=\boldsymbol{0}$ 可得 $\boldsymbol{Ax}=\boldsymbol{0}$ 的一个基础解系 $\boldsymbol{\xi}_1,\boldsymbol{\xi}_2,\cdots,\boldsymbol{\xi}_{n-r}$，从而通解为

$$\boldsymbol{x}=k_1\boldsymbol{\xi}_1+k_2\boldsymbol{\xi}_2+\cdots+k_{n-r}\boldsymbol{\xi}_{n-r}\quad（k_1,k_2,\cdots,k_{n-r}\text{ 为任意常数}）.$$

解 n 元非齐次线性方程组 $\boldsymbol{Ax}=\boldsymbol{b}$ 的步骤：

①对增广矩阵 $\overline{\boldsymbol{A}}$ 进行初等行变换，化为行阶梯形，求出 $\boldsymbol{A}$ 和 $\overline{\boldsymbol{A}}$ 的秩 $R(\boldsymbol{A}),R(\overline{\boldsymbol{A}})$；

②若 $R(\boldsymbol{A})<R(\overline{\boldsymbol{A}})$，则 $\boldsymbol{Ax}=\boldsymbol{b}$ 无解；若 $R(\boldsymbol{A})=R(\overline{\boldsymbol{A}})=n$，则 $\boldsymbol{Ax}=\boldsymbol{b}$ 有唯一解，并可由等价方程组求出解；

③若 $R(\boldsymbol{A})=R(\overline{\boldsymbol{A}})<n$，继续对行阶梯形进行初等行变换，化为行最简形，依照解齐次线性方程组的步骤③的方法选定自由未知量并得到 $\boldsymbol{Ax}=\boldsymbol{0}$ 的一个基础解系 $\boldsymbol{\xi}_1,\boldsymbol{\xi}_2,\cdots,\boldsymbol{\xi}_{n-r}$，然后令自由未知量全为零即得 $\boldsymbol{Ax}=\boldsymbol{b}$ 的一个特解 $\boldsymbol{\eta}$，从而 $\boldsymbol{Ax}=\boldsymbol{b}$ 的通解为

$$\boldsymbol{x}=k_1\boldsymbol{\xi}_1+k_2\boldsymbol{\xi}_2+\cdots+k_{n-r}\boldsymbol{\xi}_{n-r}+\boldsymbol{\eta}\quad（k_1,k_2,\cdots,k_{n-r}\text{ 为任意常数}）.$$

习　题　4

4.1　研究下列线性方程组的可解性：

（1）$\begin{cases}4x_1+2x_2-x_3=2;\\3x_1-x_2+2x_3=10;\\11x_1+3x_2=8.\end{cases}$

（2）$\begin{cases}2x_1+x_2-x_3+x_4=1;\\4x_1+2x_2-2x_3+x_4=2;\\2x_1+x_2-x_3-x_4=1.\end{cases}$

（3）$\begin{cases}2x_1+2x_2-x_3=6;\\x_1-2x_2+4x_3=3;\\5x_1+7x_2+x_3=28.\end{cases}$

4.2　求下列齐次线性方程组的一个基础解系：

（1）$\begin{cases}x_1-x_2+2x_3+x_4=0;\\2x_1-x_2+x_3+3x_4=0;\\3x_1-x_2+5x_4=0.\end{cases}$

（2）$\begin{cases}3x_1-6x_2-4x_3+x_4=0;\\x_1-2x_2+2x_3-x_4=0;\\2x_1-4x_2-6x_3+2x_4=0;\\x_1-2x_2+7x_3-3x_4=0.\end{cases}$

4.3 求下列齐次线性方程组的通解：

（1）$\begin{cases} x_1-8x_2+10x_3+2x_4=0; \\ 2x_1+4x_2+5x_3-x_4=0; \\ 3x_1+8x_2+6x_3-2x_4=0. \end{cases}$

（2）$\begin{cases} x_1+2x_2+4x_3-3x_4=0; \\ 3x_1+5x_2+6x_3-4x_4=0; \\ 4x_1+5x_2-2x_3+3x_4=0; \\ 3x_1+8x_2+24x_3-19x_4=0. \end{cases}$

4.4 求下列非齐次线性方程组的通解：

（1）$\begin{cases} x_1+x_2+2x_3+3x_4=1; \\ x_1+2x_2+3x_3-x_4=-4; \\ 3x_1-x_2-x_3-2x_4=-4. \end{cases}$

（2）$\begin{cases} x_1-2x_2+x_3+3x_4=5; \\ 2x_1+x_2-x_3+x_4=2; \\ 3x_1+4x_2-3x_3-x_4=-1; \\ x_1+3x_2-2x_4=-1. \end{cases}$

（3）$\begin{cases} 2x_1-3x_2+x_3+5x_4=6; \\ -3x_1+x_2+2x_3-4x_4=5; \\ -x_1-2x_2+3x_3+x_4=11. \end{cases}$

4.5 设矩阵 $\boldsymbol{A}=\begin{bmatrix} 1 & 2 & -2 \\ 4 & \lambda & 3 \\ 3 & -1 & 1 \end{bmatrix}$，$\boldsymbol{B}$ 为 3 阶非零方阵且 $\boldsymbol{AB}=\boldsymbol{O}$，求 λ 的值.

4.6 设矩阵 $\boldsymbol{A}=\begin{bmatrix} 1 & -2 & 1 & 3 \\ 4 & -5 & 2 & 8 \end{bmatrix}$，试求一个 4×2 矩阵 $\boldsymbol{B}$，使 $\boldsymbol{AB}=\boldsymbol{O}$ 且 $R(\boldsymbol{B})=2$.

4.7 已知下列非齐次线性方程组有无穷多解，求 λ 的值.

$$\begin{cases} x_1+x_2+2x_3=\lambda; \\ 3x_1-x_2-6x_3=\lambda+2; \\ x_1+4x_2+11x_3=\lambda+3. \end{cases}$$

4.8 已知 $\boldsymbol{\eta}_1=(6,-1,1)^{\mathrm{T}}$，$\boldsymbol{\eta}_2=(-7,4,2)^{\mathrm{T}}$ 是线性方程组

$$\begin{cases} \lambda_1 x_1 + \lambda_2 x_2 + \lambda_3 x_3 = \lambda_4; \\ x_1 + 3x_2 - 2x_3 = 1; \\ 2x_1 + 5x_2 + x_3 = 8. \end{cases}$$

的两个解，求该方程组的通解.

4.9　设 $\boldsymbol{\eta}_1, \boldsymbol{\eta}_2, \boldsymbol{\eta}_3$ 是四元非齐次线性方程组 $\boldsymbol{A}\boldsymbol{x} = \boldsymbol{b}$ 的解向量，且 $R(\boldsymbol{A}) = 3$，其中

$$\boldsymbol{\eta}_1 = (1,2,3,4)^{\mathrm{T}}, \quad \boldsymbol{\eta}_2 + \boldsymbol{\eta}_3 = (0,1,2,3)^{\mathrm{T}}.$$

求 $\boldsymbol{A}\boldsymbol{x} = \boldsymbol{b}$ 的通解.

4.10　设 $\boldsymbol{\eta}_1, \boldsymbol{\eta}_2, \boldsymbol{\eta}_3$ 是三元非齐次线性方程组 $\boldsymbol{A}\boldsymbol{x} = \boldsymbol{b}$ 的解向量，且 $R(\boldsymbol{A}) = 1$，其中

$$\boldsymbol{\eta}_1 + \boldsymbol{\eta}_2 = (1,0,0)^{\mathrm{T}}, \quad \boldsymbol{\eta}_2 + \boldsymbol{\eta}_3 = (1,1,0)^{\mathrm{T}}, \quad \boldsymbol{\eta}_1 + \boldsymbol{\eta}_3 = (1,1,1)^{\mathrm{T}}.$$

求 $\boldsymbol{A}\boldsymbol{x} = \boldsymbol{b}$ 的通解.

4.11　讨论 λ 为何值时，下列线性方程组有解. 有解时，求出其解.

$$\begin{cases} \lambda x_1 + x_2 + x_3 = 1; \\ x_1 + \lambda x_2 + x_3 = 1; \\ x_1 + x_2 + \lambda x_3 = 1. \end{cases}$$

4.12　讨论 a,b 为何值时，线性方程组

$$\begin{cases} ax_1 + x_2 + x_3 = 2; \\ x_1 + bx_2 + x_3 = 1; \\ x_1 + 2bx_2 + x_3 = 2. \end{cases}$$

（1）有唯一解. （2）无解. （3）有无穷多解.

4.13　已知向量 $\boldsymbol{\alpha}_1 = (2,-1,1)^{\mathrm{T}}$，$\boldsymbol{\alpha}_2 = (-1,1,1)^{\mathrm{T}}$，$\boldsymbol{\alpha}_3 = (-3,2,0)^{\mathrm{T}}$，$\boldsymbol{\alpha}_4 = (-4,3,1)^{\mathrm{T}}$，$\boldsymbol{\beta}_1 = (-2,1,1)^{\mathrm{T}}$，$\boldsymbol{\beta}_2 = (3,-1,3)^{\mathrm{T}}$. 试研究向量组 $\{\boldsymbol{\beta}_1, \boldsymbol{\beta}_2\}$ 可否由向量组 $\{\boldsymbol{\alpha}_1, \boldsymbol{\alpha}_2, \boldsymbol{\alpha}_3, \boldsymbol{\alpha}_4\}$ 线性表示.

4.14　设有向量组 $\boldsymbol{\alpha}_1 = (a,2,10)^{\mathrm{T}}$，$\boldsymbol{\alpha}_2 = (-2,1,5)^{\mathrm{T}}$，$\boldsymbol{\alpha}_3 = (-1,1,4)^{\mathrm{T}}$ 及向量 $\boldsymbol{\beta} = (1,b,-1)^{\mathrm{T}}$. 试确定 a,b 为何值时：

（1）向量 $\boldsymbol{\beta}$ 不能由向量组 $\boldsymbol{\alpha}_1, \boldsymbol{\alpha}_2, \boldsymbol{\alpha}_3$ 线性表示.

（2）向量 $\boldsymbol{\beta}$ 可由向量组 $\boldsymbol{\alpha}_1, \boldsymbol{\alpha}_2, \boldsymbol{\alpha}_3$ 线性表示且表达式唯一.

（3）向量 $\boldsymbol{\beta}$ 可由向量组 $\boldsymbol{\alpha}_1, \boldsymbol{\alpha}_2, \boldsymbol{\alpha}_3$ 线性表示且表达式不唯一.

4.15　设 n 元非齐次线性方程组 $\boldsymbol{A}\boldsymbol{x} = \boldsymbol{b}$ 有两个不同的解向量 $\boldsymbol{\eta}_1$ 和 $\boldsymbol{\eta}_2$，$\boldsymbol{\xi}$ 是其导出组 $\boldsymbol{A}\boldsymbol{x} = \boldsymbol{0}$ 的一个非零解向量，且 $R(\boldsymbol{A}) = n-1$. 证明：$\boldsymbol{\eta}_1, \boldsymbol{\eta}_2, \boldsymbol{\xi}$ 必线性相关.

4.16　设 $\boldsymbol{A}$ 为 $m \times n$ 矩阵，如果存在非零矩阵 $\boldsymbol{B}$ 使得 $\boldsymbol{A}\boldsymbol{B} = \boldsymbol{O}$，证明 $R(\boldsymbol{A}) < n$.

4.17　n 阶方阵 $\boldsymbol{A}$ 满足 $\boldsymbol{A} = \boldsymbol{A}^2$，$\boldsymbol{E}$ 为单位矩阵，证明 $R(\boldsymbol{A}) + R(\boldsymbol{A} - \boldsymbol{E}) = n$.

4.18　设 $\boldsymbol{A}$ 是 $m \times n$ 矩阵，$\boldsymbol{B}$ 是 $n \times m$ 矩阵（$m > n$），$\boldsymbol{E}$ 为 n 阶单位矩阵. 若 $\boldsymbol{B}\boldsymbol{A} = \boldsymbol{E}$，证明 $\boldsymbol{A}$ 的列向量组线性无关.

4.19 设$\boldsymbol{\alpha}_0,\boldsymbol{\alpha}_1,\boldsymbol{\alpha}_2,\cdots,\boldsymbol{\alpha}_{n-r}$是非齐次线性方程组$\boldsymbol{Ax}=\boldsymbol{b}$（$\boldsymbol{b}\neq\boldsymbol{0}$）的$n-r+1$个线性无关的解向量，且$R(\boldsymbol{A})=r$．证明$\boldsymbol{\alpha}_1-\boldsymbol{\alpha}_0,\boldsymbol{\alpha}_2-\boldsymbol{\alpha}_0,\cdots,\boldsymbol{\alpha}_{n-r}-\boldsymbol{\alpha}_0$是对应齐次线性方程组$\boldsymbol{Ax}=\boldsymbol{0}$的基础解系．

4.20 设$\boldsymbol{\eta}$是非齐次线性方程组$\boldsymbol{Ax}=\boldsymbol{b}$的一个解，$\boldsymbol{\xi}_1,\boldsymbol{\xi}_2,\cdots,\boldsymbol{\xi}_{n-r}$是对应齐次线性方程组$\boldsymbol{Ax}=\boldsymbol{0}$的基础解系．证明：

（1）$\boldsymbol{\eta},\boldsymbol{\xi}_1,\boldsymbol{\xi}_2,\cdots,\boldsymbol{\xi}_{n-r}$线性无关；

（2）$\boldsymbol{\eta},\boldsymbol{\eta}+\boldsymbol{\xi}_1,\boldsymbol{\eta}+\boldsymbol{\xi}_2,\cdots,\boldsymbol{\eta}+\boldsymbol{\xi}_{n-r}$线性无关.

第5章　方阵的相似对角化

本章主要讨论方阵的相似、方阵的特征值与特征向量、方阵的相似对角化以及实对称矩阵的相似对角化等问题.

5.1　方阵的相似

5.1.1　方阵相似的概念

例 5.1.1　$\boldsymbol{A}=\begin{bmatrix}2 & -3\\ -1 & 4\end{bmatrix}$，求 $\boldsymbol{A}^n$.

解： 虽然 $\boldsymbol{A}$ 为 2 阶方阵，但是直接计算 $\boldsymbol{A}^n$ 仍然很困难.

取 $\boldsymbol{P}=\begin{bmatrix}3 & -1\\ 1 & 1\end{bmatrix}$，有 $\boldsymbol{P}^{-1}\boldsymbol{AP}=\begin{bmatrix}1 & 0\\ 0 & 5\end{bmatrix}=\boldsymbol{\Lambda}$.

故 $\boldsymbol{A}=\boldsymbol{P\Lambda P}^{-1}$，则 $\boldsymbol{A}^n=(\boldsymbol{P\Lambda P}^{-1})^n=(\boldsymbol{P\Lambda P}^{-1})(\boldsymbol{P\Lambda P}^{-1})\cdots(\boldsymbol{P\Lambda P}^{-1})$.

利用矩阵运算性质可整理为 $\boldsymbol{A}^n=\boldsymbol{P\Lambda}^n\boldsymbol{P}^{-1}$.

而 $\boldsymbol{\Lambda}^n=\begin{bmatrix}1 & 0\\ 0 & 5\end{bmatrix}^n=\begin{bmatrix}1 & 0\\ 0 & 5^n\end{bmatrix}$.

所以 $\boldsymbol{A}^n=\begin{bmatrix}3 & -1\\ 1 & 1\end{bmatrix}\begin{bmatrix}1 & 0\\ 0 & 5^n\end{bmatrix}\begin{bmatrix}3 & -1\\ 1 & 1\end{bmatrix}^{-1}=\dfrac{1}{4}\begin{bmatrix}3+5^n & 3-3\cdot 5^n\\ 1-5^n & 1+3\cdot 5^n\end{bmatrix}$.

在这一例子中，我们利用方阵 $\boldsymbol{A}$ 和对角阵 $\boldsymbol{\Lambda}$ 的特殊关系简化了方阵 $\boldsymbol{A}$ 的高次幂计算问题，由此给出方阵相似的定义及方阵的对角化问题.

定义 5.1.1　设 $\boldsymbol{A},\boldsymbol{B}$ 是 n 阶方阵，若存在可逆矩阵 $\boldsymbol{P}$，使得 $\boldsymbol{P}^{-1}\boldsymbol{AP}=\boldsymbol{B}$，则称 $\boldsymbol{A}$ 相似于 $\boldsymbol{B}$，记为 $\boldsymbol{A}\approx\boldsymbol{B}$. 对 $\boldsymbol{A}$ 进行运算 $\boldsymbol{P}^{-1}\boldsymbol{AP}$，称为对 $\boldsymbol{A}$ 进行**相似变换**，$\boldsymbol{P}$ 称为把 $\boldsymbol{A}$ 变成 $\boldsymbol{B}$ 的相似变换矩阵.

矩阵的相似满足下列基本性质：

（1）自反性：$\boldsymbol{A}\approx\boldsymbol{A}$；

（2）对称性：$\boldsymbol{A}\approx\boldsymbol{B}\Rightarrow\boldsymbol{B}\approx\boldsymbol{A}$；

（3）传递性：$\boldsymbol{A}\approx\boldsymbol{B},\ \boldsymbol{B}\approx\boldsymbol{C}\Rightarrow\boldsymbol{A}\approx\boldsymbol{C}$.

5.1.2 相似矩阵的性质

（1） $A \approx B$，则 $A \sim B$，$R(A)=R(B)$；

（2） $A \approx B$，则 $\det(A)=\det(B)$；

（3） $A \approx B$，则 $A^{\mathrm{T}} \approx B^{\mathrm{T}}$；

（4） A,B 可逆时，若 $A \approx B$，则 $A^{-1} \approx B^{-1}$；

（5） $A \approx B$，则 $A^m \approx B^m$；若 $f(x)=a_n x^n + a_{n-1}x^{n-1}+\cdots+a_1 x + a_0$，则 $f(A)\approx f(B)$.

5.2 方阵的相似对角化

5.2.1 方阵的相似对角化及其等价表示

定义5.2.1 设 A 为 n 阶方阵，如果存在可逆矩阵 P，使得 $P^{-1}AP$ 是一个对角阵，则称 A 可以相似对角化，简称为 A 可对角化.

下面我们通过矩阵和向量运算，给出方阵可对角化的等价表示形式.

方阵 A 可以相似对角化

$\Leftrightarrow$ 存在可逆矩阵 P，有 $P^{-1}AP=\Lambda$

$\Leftrightarrow$ $AP=P\Lambda$，其中 P 为可逆矩阵

$$\Leftrightarrow A(p_1,p_2,\cdots,p_n)=(p_1,p_2,\cdots,p_n)\begin{bmatrix}\lambda_1 & & & \\ & \lambda_2 & & \\ & & \ddots & \\ & & & \lambda_n\end{bmatrix},$$

其中 $P=(p_1,p_2,\cdots,p_n)$，$\Lambda=\begin{bmatrix}\lambda_1 & & & \\ & \lambda_2 & & \\ & & \ddots & \\ & & & \lambda_n\end{bmatrix}$，且向量组 $p_1,p_2,\cdots,p_n$ 线性无关

$\Leftrightarrow$ $(Ap_1,Ap_2,\cdots,Ap_n)=(\lambda_1 p_1,\lambda_2 p_2,\cdots,\lambda_n p_n)$，且向量组 $p_1,p_2,\cdots,p_n$ 线性无关

$\Leftrightarrow$ $Ap_1=\lambda_1 p_1, Ap_2=\lambda_2 p_2,\cdots,Ap_n=\lambda_n p_n$，且向量组 $p_1,p_2,\cdots,p_n$ 线性无关.

由此给出矩阵的特征值与特征向量定义.

5.2.2 特征值与特征向量

定义 5.2.2 设 A 为 n 阶方阵，α 为 n 维非零列向量，λ 为常数，若 $A\alpha=\lambda\alpha$，则称 λ 为方阵 A 的一个**特征值**，向量 α 称为方阵 A 的对应于（或属于）特征值 λ 的**特征向量**.

例如，$A=\begin{bmatrix}2&&\\&2&\\&&2\end{bmatrix}$，$\alpha=\begin{bmatrix}1\\2\\3\end{bmatrix}$，有 $A\alpha=\begin{bmatrix}2&&\\&2&\\&&2\end{bmatrix}\begin{bmatrix}1\\2\\3\end{bmatrix}=\begin{bmatrix}2\\4\\6\end{bmatrix}=2\alpha$，此时 2 称为 A 的特征值，而 $\begin{bmatrix}1\\2\\3\end{bmatrix}$ 称为方阵 A 的属于特征值 2 的特征向量.

特征值和特征向量之间不是一一对应关系，一个特征值可能对应多个特征向量，但是一个特征向量却只能属于一个特征值．例如，α 是方阵 A 的对应于特征值 λ 的特征向量，对于任意非零常数 k，则 $k\alpha$ 也是方阵 A 的对应于特征值 λ 的特征向量．那么特征值和特征向量究竟如何求呢？我们来分析一下.

设 $A\alpha=\lambda\alpha$　（$\alpha\neq 0$）

$\Leftrightarrow A\alpha-\lambda\alpha=0$（$\alpha\neq 0$）

$\Leftrightarrow (A-\lambda E)\alpha=0$（$\alpha\neq 0$）

$\Leftrightarrow$ 齐次线性方程组 $(A-\lambda E)x=0$ 有非零解，非零解即为特征向量 α

$\Leftrightarrow R(A-\lambda E)<n$，相应齐次线性方程组 $(A-\lambda E)x=0$ 的非零解即为特征向量 α

$\Leftrightarrow |A-\lambda E|=0$，相应齐次线性方程组 $(A-\lambda E)x=0$ 的非零解即为特征向量 α.

定义 5.2.3　称 $f(\lambda)=|A-\lambda E|$ 为方阵 A 的**特征多项式**，$|A-\lambda E|=0$ 为方阵 A 的**特征方程**.

由此可见，求方阵的特征值和特征向量的步骤如下：

（1）求特征方程 $f(\lambda)=|A-\lambda E|=0$ 的所有相异根 $\lambda_1,\lambda_2,\cdots,\lambda_m$，这些相异根就是矩阵 A 的特征值；

（2）求齐次线组方程组 $(A-\lambda_i E)\alpha=0$（$i=1,2,\cdots,m$）的所有非零解向量，这些解向量就是对应于特征值 λ_i 的特征向量.

例 5.2.1　求下列矩阵的特征值和特征向量.

（1）$\begin{bmatrix}1&2\\6&2\end{bmatrix}$；　（2）$A=\begin{bmatrix}5&6&-3\\-1&0&1\\1&2&1\end{bmatrix}$；　（3）$A=\begin{bmatrix}-1&2&2\\2&-1&-2\\2&-2&-1\end{bmatrix}$.

解：（1）特征多项式为 $|A-\lambda E|=\begin{vmatrix}1-\lambda&2\\6&2-\lambda\end{vmatrix}=\lambda^2-3\lambda-10$，

所以特征值为 $\lambda_1=-2,\lambda_2=5$.

$\lambda_1=-2$ 时，解齐次线性方程组 $(A+2E)x=0$.

$$\text{由 } A+2E=\begin{bmatrix}3&2\\6&4\end{bmatrix}\to\begin{bmatrix}1&\frac{2}{3}\\0&0\end{bmatrix},$$

得基础解系 $\boldsymbol{\alpha}=\begin{bmatrix}-\frac{2}{3}\\1\end{bmatrix}$.

从而对应于特征值 $\lambda_1=-2$ 的特征向量为 $k_1\begin{bmatrix}-\frac{2}{3}\\1\end{bmatrix}$（$k_1\neq 0$）.

$\lambda_2=5$ 时，解齐次线性方程组 $(\boldsymbol{A}-5\boldsymbol{E})\boldsymbol{x}=\mathbf{0}$.

$$由\ \boldsymbol{A}-5\boldsymbol{E}=\begin{bmatrix}-4&2\\6&-3\end{bmatrix}\to\begin{bmatrix}1&-\frac{1}{2}\\0&0\end{bmatrix},$$

得基础解系 $\boldsymbol{\beta}=\begin{bmatrix}\frac{1}{2}\\1\end{bmatrix}$.

从而对应于特征值 $\lambda_2=5$ 的特征向量为 $k_2\begin{bmatrix}\frac{1}{2}\\1\end{bmatrix}$（$k_2\neq 0$）.

（2）特征多项式为 $|\boldsymbol{A}-\lambda\boldsymbol{E}|=\begin{vmatrix}5-\lambda&6&-3\\-1&-\lambda&1\\1&2&1-\lambda\end{vmatrix}=(2-\lambda)^3$.

所以特征值为 $\lambda_1=\lambda_2=\lambda_3=2$.

$\lambda_1=\lambda_2=\lambda_3=2$ 时，解齐次线性方程组 $(\boldsymbol{A}-2\boldsymbol{E})\boldsymbol{x}=\mathbf{0}$.

$$由\ \boldsymbol{A}-2\boldsymbol{E}=\begin{bmatrix}3&6&-3\\-1&-2&1\\1&2&-1\end{bmatrix}\to\begin{bmatrix}1&2&-1\\0&0&0\\0&0&0\end{bmatrix},$$

得基础解系 $\boldsymbol{\alpha}_1=\begin{bmatrix}-2\\1\\0\end{bmatrix}$，$\boldsymbol{\alpha}_2=\begin{bmatrix}1\\0\\1\end{bmatrix}$.

从而对应于特征值 $\lambda_1=\lambda_2=\lambda_3=2$ 的特征向量为 $k_1\begin{bmatrix}-2\\1\\0\end{bmatrix}+k_2\begin{bmatrix}1\\0\\1\end{bmatrix}$（$k_1,k_2$ 不全为 0）.

（3）特征多项式为 $|\boldsymbol{A}-\lambda\boldsymbol{E}|=\begin{vmatrix}-1-\lambda&2&2\\2&-1-\lambda&-2\\2&-2&-1-\lambda\end{vmatrix}=(\lambda-1)^2(\lambda+5)$，

所以特征值为 $\lambda_1=-5$，$\lambda_2=\lambda_3=1$.

$\lambda_1=-5$ 时，解齐次线性方程组为 $(\boldsymbol{A}+5\boldsymbol{E})\boldsymbol{x}=\mathbf{0}$.

$$由\ \boldsymbol{A}+5\boldsymbol{E}=\begin{bmatrix}4&2&2\\2&4&-2\\2&-2&4\end{bmatrix}\to\begin{bmatrix}1&0&1\\0&1&-1\\0&0&0\end{bmatrix},$$

得基础解系 $\boldsymbol{\alpha}_1=\begin{bmatrix}-1\\1\\1\end{bmatrix}$.

从而对应于特征值 $\lambda_1=-5$ 的特征向量为 $k\begin{bmatrix}-1\\1\\1\end{bmatrix}$（$k\neq0$）.

$\lambda_2=\lambda_3=1$ 时，解齐次线性方程组 $(\boldsymbol{A}-\boldsymbol{E})\boldsymbol{x}=\boldsymbol{0}$.

$$由\ \boldsymbol{A}-\boldsymbol{E}=\begin{bmatrix}-2&2&2\\2&-2&-2\\2&-2&-2\end{bmatrix}\to\begin{bmatrix}1&-1&-1\\0&0&0\\0&0&0\end{bmatrix},$$

得基础解系 $\boldsymbol{\beta}_1=\begin{bmatrix}1\\1\\0\end{bmatrix}$，$\boldsymbol{\beta}_2=\begin{bmatrix}1\\0\\1\end{bmatrix}$.

从而对应于特征值 $\lambda_1=-5$ 的特征向量为 $k_1\begin{bmatrix}1\\1\\0\end{bmatrix}+k_2\begin{bmatrix}1\\0\\1\end{bmatrix}$（$k_1,k_2$ 不全为 0）.

5.2.3　特征值与特征向量的性质

定义 5.2.4　方阵 $\boldsymbol{A}$ 的主对角线上元素之和称为方阵 $\boldsymbol{A}$ 的迹，记为 $\mathrm{tr}(\boldsymbol{A})$.

定理 5.2.1　设矩阵 $\boldsymbol{A}$ 为 n 阶方阵，则：

（1）$\boldsymbol{A}$ 的 n 个特征值之和等于 $\boldsymbol{A}$ 的迹，即 $\lambda_1+\lambda_2+\cdots+\lambda_n=\mathrm{tr}(\boldsymbol{A})$；

（2）$\boldsymbol{A}$ 的 n 个特征值的乘积等于 $|\boldsymbol{A}|$，即 $\lambda_1\lambda_2\cdots\lambda_n=|\boldsymbol{A}|$.

定理 5.2.2　若 $\boldsymbol{A}\approx\boldsymbol{B}$，则 $\boldsymbol{A}$ 与 $\boldsymbol{B}$ 具有相同的特征多项式，从而特征值相同.

证：若 $\boldsymbol{A}\approx\boldsymbol{B}$，即存在可逆矩阵 $\boldsymbol{P}$，有 $\boldsymbol{P}^{-1}\boldsymbol{A}\boldsymbol{P}=\boldsymbol{B}$.

$$从而\ |\boldsymbol{B}-\lambda\boldsymbol{E}|=|\boldsymbol{P}^{-1}\boldsymbol{A}\boldsymbol{P}-\boldsymbol{P}^{-1}(\lambda\boldsymbol{E})\boldsymbol{P}|=|\boldsymbol{P}^{-1}(\boldsymbol{A}-\lambda\boldsymbol{E})\boldsymbol{P}|$$

$$=|\boldsymbol{P}^{-1}||\boldsymbol{A}-\lambda\boldsymbol{E}||\boldsymbol{P}|=|\boldsymbol{A}-\lambda\boldsymbol{E}|.$$

即 $\boldsymbol{A}$ 与 $\boldsymbol{B}$ 具有相同的特征多项式.

定理 5.2.3　若向量 $\boldsymbol{\alpha}_1,\boldsymbol{\alpha}_2,\cdots,\boldsymbol{\alpha}_s$ 是 $\boldsymbol{A}$ 的属于特征值 λ 的特征向量，则 $k_1\boldsymbol{\alpha}_1+k_2\boldsymbol{\alpha}_2+\cdots+k_s\boldsymbol{\alpha}_s\neq\boldsymbol{0}$ 也是 $\boldsymbol{A}$ 的属于该特征值 λ 的特征向量.

定理 5.2.4　属于不同特征值的特征向量必线性无关.

证：若 $\lambda_1,\lambda_2,\cdots,\lambda_m$ 是 $\boldsymbol{A}$ 的 m 个不同的特征值，$\boldsymbol{\alpha}_1,\boldsymbol{\alpha}_2,\cdots,\boldsymbol{\alpha}_m$ 依次是对应的特征向量，设 $k_1\boldsymbol{\alpha}_1+k_2\boldsymbol{\alpha}_2+\cdots+k_m\boldsymbol{\alpha}_m=\boldsymbol{0}$.

在上式两端的左侧分别乘以 $\boldsymbol{A},\boldsymbol{A}^2,\cdots,\boldsymbol{A}^{m-1}$ 可依次得到：

$$\begin{gathered}\lambda_1k_1\boldsymbol{\alpha}_1+\lambda_2k_2\boldsymbol{\alpha}_2+\cdots+\lambda_mk_m\boldsymbol{\alpha}_m=\boldsymbol{0},\\ \lambda_1^2k_1\boldsymbol{\alpha}_1+\lambda_2^2k_2\boldsymbol{\alpha}_2+\cdots+\lambda_m^2k_m\boldsymbol{\alpha}_m=\boldsymbol{0},\\ \vdots\\ \lambda_1^{m-1}k_1\boldsymbol{\alpha}_1+\lambda_2^{m-1}k_2\boldsymbol{\alpha}_2+\cdots+\lambda_m^{m-1}k_m\boldsymbol{\alpha}_m=\boldsymbol{0}.\end{gathered}$$

并可写为

$$(k_1\boldsymbol{\alpha}_1,k_2\boldsymbol{\alpha}_2,\cdots,k_m\boldsymbol{\alpha}_m)\begin{bmatrix}1&\lambda_1&\cdots&\lambda_1^{m-1}\\1&\lambda_2&\cdots&\lambda_2^{m-1}\\\vdots&\vdots&\ddots&\vdots\\1&\lambda_m&\cdots&\lambda_m^{m-1}\end{bmatrix}=(\boldsymbol{0},\boldsymbol{0},\cdots,\boldsymbol{0}).$$

其中，矩阵 $\boldsymbol{K}=\begin{bmatrix}1&\lambda_1&\cdots&\lambda_1^{m-1}\\1&\lambda_2&\cdots&\lambda_2^{m-1}\\\vdots&\vdots&\ddots&\vdots\\1&\lambda_m&\cdots&\lambda_m^{m-1}\end{bmatrix}$ 的行列式为 m 阶范德蒙德行列式，而 $\lambda_1,\lambda_2,\cdots,\lambda_m$ 互不相同，故该行列式不为零，因此矩阵 $\boldsymbol{K}$ 可逆，于是有

$$(k_1\boldsymbol{\alpha}_1,k_2\boldsymbol{\alpha}_2,\cdots,k_m\boldsymbol{\alpha}_m)=(\boldsymbol{0},\boldsymbol{0},\cdots,\boldsymbol{0})，即 k_1\boldsymbol{\alpha}_1=k_2\boldsymbol{\alpha}_2=\cdots=k_m\boldsymbol{\alpha}_m=\boldsymbol{0}.$$

而 $\boldsymbol{\alpha}_1,\boldsymbol{\alpha}_2,\cdots,\boldsymbol{\alpha}_m$ 为特征向量，故均为非零向量.

所以 $k_1=k_2=\cdots=k_m=0$，即向量组 $\boldsymbol{\alpha}_1,\boldsymbol{\alpha}_2,\cdots,\boldsymbol{\alpha}_m$ 线性无关.

定理 5.2.5 设 λ 是 $\boldsymbol{A}$ 的特征值，$\boldsymbol{\alpha}$ 是属于特征值 λ 的特征向量. 则方阵 $k\boldsymbol{A}$，$\boldsymbol{A}^m$（m 为正整数），$\boldsymbol{A}^{-1}$（假定 $\boldsymbol{A}$ 可逆），分别有特征值 $k\lambda$，λ^m，$\dfrac{1}{\lambda}$；$\boldsymbol{\alpha}$ 也分别是 $k\boldsymbol{A}$，$\boldsymbol{A}^m$，$\boldsymbol{A}^{-1}$ 的属于特征值 $k\lambda$，λ^m，$\dfrac{1}{\lambda}$ 的特征向量.

证：若 $\boldsymbol{A}\boldsymbol{\alpha}=\lambda\boldsymbol{\alpha}$，则有 $(k\boldsymbol{A})\boldsymbol{\alpha}=k(\boldsymbol{A}\boldsymbol{\alpha})=(k\lambda)\boldsymbol{\alpha}$，即 $k\boldsymbol{A}$ 有特征值 $k\lambda$，$\boldsymbol{\alpha}$ 是属于特征值 $k\lambda$ 的特征向量.

而 $\boldsymbol{A}^2\boldsymbol{\alpha}=\boldsymbol{A}(\boldsymbol{A}\boldsymbol{\alpha})=\boldsymbol{A}(\lambda\boldsymbol{\alpha})=\lambda(\boldsymbol{A}\boldsymbol{\alpha})=\lambda(\lambda\boldsymbol{\alpha})=\lambda^2\boldsymbol{\alpha}$，进一步可得 $\boldsymbol{A}^m\boldsymbol{\alpha}=\lambda^m\boldsymbol{\alpha}$，即 $\boldsymbol{A}^m$ 有特征值 λ^m，$\boldsymbol{\alpha}$ 是属于特征值 λ^m 的特征向量.

若 $\boldsymbol{A}$ 可逆，则 $\lambda\neq0$，有 $\boldsymbol{A}^{-1}(\boldsymbol{A}\boldsymbol{\alpha})=\boldsymbol{A}^{-1}(\lambda\boldsymbol{\alpha})$，可得 $\boldsymbol{A}^{-1}\boldsymbol{\alpha}=\dfrac{1}{\lambda}\boldsymbol{\alpha}$，即 $\boldsymbol{A}^{-1}$ 有特征值 $\dfrac{1}{\lambda}$，$\boldsymbol{\alpha}$ 是属于特征值 $\dfrac{1}{\lambda}$ 的特征向量.

由以上定理可得更一般的结论：

设 $f(x)=a_m x^m+a_{m-1}x^{m-1}+\cdots+a_1x+a_0$，若 λ 是 $\boldsymbol{A}$ 的特征值，则 $f(\lambda)$ 是 $f(\boldsymbol{A})=a_m\boldsymbol{A}^m+a_{m-1}\boldsymbol{A}^{m-1}+\cdots+a_1\boldsymbol{A}+a_0\boldsymbol{E}$ 的特征值.

例 5.2.2　已知 3 阶矩阵 $\boldsymbol{A}$ 的特征值为 $1,2,3$，求 $\boldsymbol{A}^3-5\boldsymbol{A}^2+7\boldsymbol{A}$ 的全部特征值.

解：设 $f(x)=7x-5x^2+x^3$ 是关于 x 的多项式，$\boldsymbol{A}$ 是 n 阶方阵，$f(\boldsymbol{A})=7\boldsymbol{A}-5\boldsymbol{A}^2+\boldsymbol{A}^3$.

则 $f(\lambda)$ 是 $f(\boldsymbol{A})$ 的特征值，得 $\boldsymbol{A}^3-5\boldsymbol{A}^2+7\boldsymbol{A}$ 的三个特征值为 $3,2,3$.

5.2.4　方阵的对角化

定理 5.2.6　n 阶方阵 $\boldsymbol{A}$ 与对角阵相似的充分必要条件是 $\boldsymbol{A}$ 有 n 个线性无关的特征向量.

证：（必要性）设可逆矩阵 $\boldsymbol{P}=(\boldsymbol{p}_1,\boldsymbol{p}_2,\cdots,\boldsymbol{p}_n)$，$\boldsymbol{p}_1,\boldsymbol{p}_2,\cdots,\boldsymbol{p}_n$ 是 $\boldsymbol{P}$ 的列向量，则由 $\boldsymbol{P}^{-1}\boldsymbol{A}\boldsymbol{P}=\boldsymbol{\Lambda}$ 得 $\boldsymbol{A}\boldsymbol{P}=\boldsymbol{P}\boldsymbol{\Lambda}$，即

$$\boldsymbol{A}(\boldsymbol{p}_1,\boldsymbol{p}_2,\cdots,\boldsymbol{p}_n)=(\boldsymbol{p}_1,\boldsymbol{p}_2,\cdots,\boldsymbol{p}_n)\begin{bmatrix}\lambda_1 & & & \\ & \lambda_2 & & \\ & & \ddots & \\ & & & \lambda_n\end{bmatrix}=(\lambda_1\boldsymbol{p}_1,\lambda_2\boldsymbol{p}_2,\cdots,\lambda_n\boldsymbol{p}_n)$$

所以 $\boldsymbol{A}\boldsymbol{p}_i=\lambda_i\boldsymbol{p}_i(i=1,2,\cdots,n)$，因为 $\boldsymbol{P}$ 为可逆矩阵，故 $\boldsymbol{p}_i\neq\boldsymbol{0}$（$i=1,2,\cdots,n$）且 $\boldsymbol{p}_1,\boldsymbol{p}_2,\cdots,\boldsymbol{p}_n$ 线性无关.

所以，$\boldsymbol{p}_1,\boldsymbol{p}_2,\cdots,\boldsymbol{p}_n$ 是 $\boldsymbol{A}$ 的 n 个线性无关的特征向量.

（充分性）若 $\boldsymbol{A}$ 有 n 个线性无关的特征向量 $\boldsymbol{p}_1,\boldsymbol{p}_2,\cdots,\boldsymbol{p}_n$，设 $\boldsymbol{P}=(\boldsymbol{p}_1,\boldsymbol{p}_2,\cdots,\boldsymbol{p}_n)$，则 $\boldsymbol{P}$ 可逆，且

$$\boldsymbol{A}\boldsymbol{P}=\boldsymbol{A}(\boldsymbol{p}_1,\boldsymbol{p}_2,\cdots,\boldsymbol{p}_n)=(\lambda_1\boldsymbol{p}_1,\lambda_2\boldsymbol{p}_2,\cdots,\lambda_n\boldsymbol{p}_n)$$

$$=(\boldsymbol{p}_1,\boldsymbol{p}_2,\cdots,\boldsymbol{p}_n)\begin{bmatrix}\lambda_1 & & & \\ & \lambda_2 & & \\ & & \ddots & \\ & & & \lambda_n\end{bmatrix}=\boldsymbol{P}\boldsymbol{\Lambda}$$

所以 $\boldsymbol{P}^{-1}\boldsymbol{A}\boldsymbol{P}=\boldsymbol{\Lambda}$，即 $\boldsymbol{A}$ 与对角阵相似.

结合定理 5.2.4，属于不同的特征值的特征向量是线性无关的，可得如下推论.

推论　若 n 阶方阵 $\boldsymbol{A}$ 的特征值互不相同，则 $\boldsymbol{A}$ 必可对角化.

要注意的是，$\boldsymbol{P}$ 的列向量 $\boldsymbol{p}_1,\boldsymbol{p}_2,\cdots,\boldsymbol{p}_n$ 的排列顺序要与 $\lambda_1,\lambda_2,\cdots,\lambda_n$ 的排列顺序一致，由于 $\boldsymbol{p}_i$ 是 $(\boldsymbol{A}-\lambda_i\boldsymbol{E})\boldsymbol{x}=\boldsymbol{0}$ 的基础解系中的向量，故 $\boldsymbol{p}_i$ 取法不唯一，$\boldsymbol{P}$ 也不唯一. 而 $|\boldsymbol{A}-\lambda\boldsymbol{E}|=0$ 的

根有 n 个（重根按重数计算），所以如果不计特征值的排列顺序，则 $\boldsymbol{\Lambda}$ 是唯一确定的. 如果方阵 $\boldsymbol{A}$ 的特征方程有重根，就不一定有 n 个线性无关的特征向量，从而矩阵 $\boldsymbol{A}$ 就不一定能对角化.

例 5.2.3 判断矩阵 $\boldsymbol{A}=\begin{bmatrix}2&1&0\\2&3&0\\-1&0&4\end{bmatrix}$ 可否对角化.

解： $\boldsymbol{A}$ 的特征多项式为

$$|\boldsymbol{A}-\lambda\boldsymbol{E}|=\begin{vmatrix}2-\lambda&1&0\\2&3-\lambda&0\\-1&0&4-\lambda\end{vmatrix}=(1-\lambda)(4-\lambda)^2,$$

得其特征值 $\lambda_1=1,\lambda_2=\lambda_3=4$.

当 $\lambda_1=1$ 时，解齐次线性方程组 $(\boldsymbol{A}-\boldsymbol{E})\boldsymbol{x}=\boldsymbol{0}$.

$$由\ \boldsymbol{A}-\boldsymbol{E}=\begin{bmatrix}1&1&0\\2&2&0\\-1&0&3\end{bmatrix}\to\begin{bmatrix}1&0&-3\\0&1&3\\0&0&0\end{bmatrix},$$

得基础解系 $\boldsymbol{\alpha}=\begin{bmatrix}3\\-3\\1\end{bmatrix}$.

当 $\lambda_2=\lambda_3=4$ 时，解齐次线性方程组 $(\boldsymbol{A}-4\boldsymbol{E})\boldsymbol{x}=\boldsymbol{0}$.

$$由\ \boldsymbol{A}-4\boldsymbol{E}=\begin{bmatrix}-2&1&0\\2&-1&0\\-1&0&0\end{bmatrix}\to\begin{bmatrix}1&0&0\\0&1&0\\0&0&0\end{bmatrix},$$

得基础解系 $\boldsymbol{\beta}=\begin{bmatrix}0\\0\\1\end{bmatrix}$.

因此，3 阶方阵只有 2 个线性无关的特征向量，故不能对角化.

例 5.2.4 已知 $\boldsymbol{A}=\begin{bmatrix}4&6&0\\-3&-5&0\\-3&-6&1\end{bmatrix}$.

（1）证明 $\boldsymbol{A}$ 可对角化；

（2）求一个相似变换矩阵 $\boldsymbol{P}$，使 $\boldsymbol{P}^{-1}\boldsymbol{A}\boldsymbol{P}$ 为对角阵.

解：（1）由 $\boldsymbol{A}$ 的特征多项式 $|\boldsymbol{A}-\lambda\boldsymbol{E}|=\begin{vmatrix}4-\lambda&6&0\\-3&-5-\lambda&0\\-3&-6&1-\lambda\end{vmatrix}=(-2-\lambda)(1-\lambda)^2$，得其特征值为 $\lambda_1=-2,\lambda_2=\lambda_3=1$.

当 $\lambda_1=-2$ 时，解齐次线性方程组 $(\boldsymbol{A}+2\boldsymbol{E})\boldsymbol{x}=\boldsymbol{0}$.

$$由\ \boldsymbol{A}+2\boldsymbol{E}=\begin{bmatrix}6&6&0\\-3&-3&0\\-3&-6&3\end{bmatrix}\to\begin{bmatrix}1&0&1\\0&1&-1\\0&0&0\end{bmatrix},$$

得基础解系 $\boldsymbol{\alpha}=\begin{bmatrix}-1\\1\\1\end{bmatrix}$.

当 $\lambda_2=\lambda_3=1$ 时，解齐次线性方程组 $(\boldsymbol{A}-\boldsymbol{E})\boldsymbol{x}=\boldsymbol{0}$.

$$由\ \boldsymbol{A}-\boldsymbol{E}=\begin{bmatrix}3&6&0\\-3&-6&0\\-3&-6&0\end{bmatrix}\to\begin{bmatrix}1&2&0\\0&0&0\\0&0&0\end{bmatrix},$$

得基础解系 $\boldsymbol{\beta}_1=\begin{bmatrix}-2\\1\\0\end{bmatrix}$，$\boldsymbol{\beta}_2=\begin{bmatrix}0\\0\\1\end{bmatrix}$.

显然，$\boldsymbol{\alpha}=\begin{bmatrix}-1\\1\\1\end{bmatrix}$，$\boldsymbol{\beta}_1=\begin{bmatrix}-2\\1\\0\end{bmatrix}$，$\boldsymbol{\beta}_2=\begin{bmatrix}0\\0\\1\end{bmatrix}$是线性无关的，所以 $\boldsymbol{A}$ 可对角化.

（2）取 $\boldsymbol{P}=(\boldsymbol{\alpha},\boldsymbol{\beta}_1,\boldsymbol{\beta}_2)=\begin{bmatrix}-1&-2&0\\1&1&0\\1&0&1\end{bmatrix}$，可得 $\boldsymbol{P}^{-1}\boldsymbol{A}\boldsymbol{P}=\begin{bmatrix}-2&&\\&1&\\&&1\end{bmatrix}$.

通过以上的例子，可以得到将矩阵相似对角化的步骤：

（1）求矩阵 $\boldsymbol{A}$ 的全部特征根 $\lambda_1,\lambda_1,\cdots,\lambda_n$（重根以重数记）；

（2）对不同的 λ_i，求 $(\boldsymbol{A}-\lambda_i\boldsymbol{E})\boldsymbol{x}=\boldsymbol{0}$ 的基础解系（基础解系的每个向量都可作为相应的 λ_i 所对应的特征向量）；

（3）若能求出 n 个线性无关的特征向量，则以这些特征向量构成可逆矩阵

$$\boldsymbol{P}=(\boldsymbol{\alpha}_1,\boldsymbol{\alpha}_2,\cdots,\boldsymbol{\alpha}_n)$$

有 $\boldsymbol{P}^{-1}\boldsymbol{A}\boldsymbol{P}=\begin{bmatrix}\lambda_1&&&\\&\lambda_2&&\\&&\ddots&\\&&&\lambda_n\end{bmatrix}$，其中 $\lambda_1,\lambda_1,\cdots,\lambda_n$ 的排列顺序与 $\boldsymbol{\alpha}_1,\boldsymbol{\alpha}_1,\cdots,\boldsymbol{\alpha}_n$ 的排列顺序一致.

5.3 正交矩阵

为了探讨实对称矩阵的对角化问题，本节介绍向量的内积、正交向量组、正交化方法以及正交矩阵等预备知识。

5.3.1 向量的内积

定义 5.3.1 设 $\boldsymbol{\alpha}=(a_1,a_2,\cdots,a_n)^{\mathrm{T}}$，$\boldsymbol{\beta}=(b_1,b_2,\cdots,b_n)^{\mathrm{T}}$. 记

$$(\boldsymbol{\alpha},\boldsymbol{\beta})=a_1b_1+a_2b_2+\cdots+a_nb_n=\sum_{k=1}^{n}a_kb_k .$$

称 $(\boldsymbol{\alpha},\boldsymbol{\beta})$ 为向量 $\boldsymbol{\alpha}$ 与 $\boldsymbol{\beta}$ 的内积.

内积是两个向量之间的一种运算，其结果是一个实数，它也可以视为矩阵的乘积，即有

$$(\boldsymbol{\alpha},\boldsymbol{\beta})=\boldsymbol{\alpha}^{\mathrm{T}}\boldsymbol{\beta}=\boldsymbol{\beta}^{\mathrm{T}}\boldsymbol{\alpha} .$$

要注意 $\boldsymbol{\alpha}^{\mathrm{T}}\boldsymbol{\beta}$ 和 $\boldsymbol{\alpha}\boldsymbol{\beta}^{\mathrm{T}}$ 的区别，如

$$\boldsymbol{\alpha}=\begin{bmatrix}1\\2\\3\end{bmatrix},\boldsymbol{\beta}=\begin{bmatrix}4\\5\\6\end{bmatrix}，则\ \boldsymbol{\alpha}^{\mathrm{T}}\boldsymbol{\beta}=32，\quad \boldsymbol{\alpha}\boldsymbol{\beta}^{\mathrm{T}}=\begin{bmatrix}4&5&6\\8&10&12\\12&15&18\end{bmatrix}.$$

容易证明内积具有下列性质（其中 $\boldsymbol{\alpha},\boldsymbol{\beta},\boldsymbol{\gamma}\in\boldsymbol{R}^n,k,l\in R$）：

（1）$(\boldsymbol{\alpha},\boldsymbol{\beta})=(\boldsymbol{\beta},\boldsymbol{\alpha})$；

（2）$(\boldsymbol{\alpha},k\boldsymbol{\beta}+l\boldsymbol{\gamma})=k(\boldsymbol{\alpha},\boldsymbol{\beta})+l(\boldsymbol{\alpha},\boldsymbol{\gamma})$；

（3）$(\boldsymbol{\alpha},\boldsymbol{\alpha})\geqslant 0$，且 $(\boldsymbol{\alpha},\boldsymbol{\alpha})=0$ 当且仅当 $\boldsymbol{\alpha}=\mathbf{0}$.

5.3.2 向量的长度

定义 5.3.2 设 $\boldsymbol{\alpha}=(a_1,a_2,\cdots,a_n)^{\mathrm{T}}\in\boldsymbol{R}^n$，记 $\|\boldsymbol{\alpha}\|=\sqrt{(\boldsymbol{\alpha},\boldsymbol{\alpha})}=\sqrt{a_1^2+a_2^2+\cdots+a_n^2}$，称 $\|\boldsymbol{\alpha}\|$ 为向量 $\boldsymbol{\alpha}$ 的长度（或范数）.

例如，$\boldsymbol{\alpha}=\begin{bmatrix}1\\2\\3\end{bmatrix}$，$\|\boldsymbol{\alpha}\|=\sqrt{1^2+2^2+3^2}=\sqrt{14}$.

向量长度的性质（设 $\boldsymbol{\alpha},\boldsymbol{\beta}\in\boldsymbol{R}^n$，$k\in R$）：

（1）非负性：$\|\boldsymbol{\alpha}\|\geqslant 0$，且 $\|\boldsymbol{\alpha}\|=0$ 当且仅当 $\boldsymbol{\alpha}=\mathbf{0}$；

（2）正齐次性：$\|k\boldsymbol{\alpha}\|=|k|\|\boldsymbol{\alpha}\|$；

（3）三角不等式：$\|\boldsymbol{\alpha}+\boldsymbol{\beta}\| \leqslant \|\boldsymbol{\alpha}\|+\|\boldsymbol{\beta}\|$.

长度为 1 的向量称为单位向量．例如，$\boldsymbol{e}_1,\boldsymbol{e}_2,\cdots,\boldsymbol{e}_n$ 均为单位向量.

将向量单位化的方法：由 $\|k\boldsymbol{\alpha}\|=|k|\cdot\|\boldsymbol{\alpha}\|$，有 $\left\|\frac{1}{\|\boldsymbol{\alpha}\|}\boldsymbol{\alpha}\right\|=\frac{1}{\|\boldsymbol{\alpha}\|}\cdot\|\boldsymbol{\alpha}\|=1$，故 $\frac{1}{\|\boldsymbol{\alpha}\|}\boldsymbol{\alpha}$ 为单位向量．如 $\boldsymbol{\alpha}=\begin{bmatrix}1\\2\\3\end{bmatrix}$，单位化得 $\boldsymbol{\alpha}^0=\frac{1}{\sqrt{14}}\begin{bmatrix}1\\2\\3\end{bmatrix}$.

5.3.3 正交向量组

由柯西-施瓦茨不等式 $|(\boldsymbol{\alpha},\boldsymbol{\beta})| \leqslant \|\boldsymbol{\alpha}\|\cdot\|\boldsymbol{\beta}\|$（证明略）可知，对于非零向量 $\boldsymbol{\alpha},\boldsymbol{\beta}$，有

$$-1 \leqslant \frac{(\boldsymbol{\alpha},\boldsymbol{\beta})}{\|\boldsymbol{\alpha}\|\cdot\|\boldsymbol{\beta}\|} \leqslant 1 .$$

于是给出如下定义：

定义5.3.3　设 $\boldsymbol{\alpha},\boldsymbol{\beta}\in\boldsymbol{R}^n,\boldsymbol{\alpha}\neq\boldsymbol{0},\boldsymbol{\beta}\neq\boldsymbol{0}$，称 $\varphi=\arccos\frac{(\boldsymbol{\alpha},\boldsymbol{\beta})}{\|\boldsymbol{\alpha}\|\|\boldsymbol{\beta}\|}$（$0\leqslant\varphi\leqslant\pi$）为 $\boldsymbol{\alpha}$ 与 $\boldsymbol{\beta}$ 的**夹角**．当 $(\boldsymbol{\alpha},\boldsymbol{\beta})=0$ 时，$\varphi=\frac{\pi}{2}$，称 $\boldsymbol{\alpha}$ 与 $\boldsymbol{\beta}$ 正交.

例如 $\boldsymbol{\alpha}=\begin{bmatrix}1\\2\\3\end{bmatrix}$，$\boldsymbol{\beta}=\begin{bmatrix}1\\1\\-1\end{bmatrix}$，则 $\boldsymbol{\alpha}^{\mathrm{T}}\boldsymbol{\beta}=(1,2,3)\begin{bmatrix}1\\1\\-1\end{bmatrix}=0$，$\boldsymbol{\alpha}$ 与 $\boldsymbol{\beta}$ 正交.

易见，n 维零向量与 $\boldsymbol{R}^n$ 中任何向量正交.

定义 5.3.4　两两正交的非零向量构成的向量组称为**正交向量组**.

定理 5.3.1　若向量组 $\boldsymbol{\alpha}_1,\boldsymbol{\alpha}_2,\cdots,\boldsymbol{\alpha}_r$ 是正交向量组，则 $\boldsymbol{\alpha}_1,\boldsymbol{\alpha}_2,\cdots,\boldsymbol{\alpha}_r$ 线性无关.

证： 设有 $\lambda_1,\lambda_2,\cdots,\lambda_r$ 使

$$\lambda_1\boldsymbol{\alpha}_1+\lambda_2\boldsymbol{\alpha}_2+\cdots+\lambda_r\boldsymbol{\alpha}_r=\boldsymbol{0}$$

以 $\boldsymbol{\alpha}_1^{\mathrm{T}}$ 左乘上式两端，得

$$\lambda_1\boldsymbol{\alpha}_1^{\mathrm{T}}\boldsymbol{\alpha}_1=0 .$$

因为 $\boldsymbol{\alpha}_1^{\mathrm{T}}\neq\boldsymbol{0}$，所以 $\boldsymbol{\alpha}_1^{\mathrm{T}}\boldsymbol{\alpha}_1=\|\boldsymbol{\alpha}_1\|^2\neq0$，从而必有 $\lambda_1=0$．同理可证 $\lambda_2=0,\lambda_3=0,\cdots,\lambda_r=0$，于是 $\boldsymbol{\alpha}_1,\boldsymbol{\alpha}_2,\cdots,\boldsymbol{\alpha}_r$ 线性无关.

下面介绍线性无关向量组的**施密特（Schmidt）正交化方法.**

设 $\boldsymbol{\alpha}_1,\boldsymbol{\alpha}_2,\cdots,\boldsymbol{\alpha}_s$ 为线性无关的向量组．若令

$$\boldsymbol{\beta}_1=\boldsymbol{\alpha}_1 ,$$

$$\beta_2=\alpha_2-\frac{(\alpha_2,\beta_1)}{(\beta_1,\beta_1)}\beta_1,$$

$$\beta_3=\alpha_3-\frac{(\alpha_3,\beta_1)}{(\beta_1,\beta_1)}\beta_1-\frac{(\alpha_3,\beta_2)}{(\beta_2,\beta_2)}\beta_2,$$

$$\vdots$$

$$\beta_s=\alpha_s-\frac{(\alpha_s,\beta_1)}{(\beta_1,\beta_1)}\beta_1-\frac{(\alpha_s,\beta_2)}{(\beta_2,\beta_2)}\beta_2-\cdots-\frac{(\alpha_s,\beta_{s-1})}{(\beta_{s-1},\beta_{s-1})}\beta_{s-1}.$$

可以验证 $\beta_1,\beta_2,\cdots,\beta_s$ 是正交向量组，且与 $\alpha_1,\alpha_2,\cdots,\alpha_s$ 可以相互线性表示，即向量组 $\alpha_1,\alpha_2,\cdots,\alpha_s$ 与向量组 $\beta_1,\beta_2,\cdots,\beta_s$ 等价.

上述从线性无关向量组 $\alpha_1,\alpha_2,\cdots,\alpha_s$ 导出正交向量组 $\beta_1,\beta_2,\cdots,\beta_s$ 的方法称为**施密特正交化方法**.

例 5.3.1　用施密特正交化方法把向量组 $\alpha_1=\begin{bmatrix}1\\2\\2\\-1\end{bmatrix},\alpha_2=\begin{bmatrix}1\\1\\-5\\3\end{bmatrix},\alpha_3=\begin{bmatrix}3\\2\\8\\-7\end{bmatrix}$ 正交化，再单位化.

解： 取

$$\beta_1=\alpha_1=\begin{bmatrix}1\\2\\2\\-1\end{bmatrix},\quad \beta_2=\alpha_2-\frac{\alpha_2^{\mathrm{T}}\beta_1}{\beta_1^{\mathrm{T}}\beta_1}\beta_1=\begin{bmatrix}1\\1\\-5\\3\end{bmatrix}-\frac{-10}{10}\begin{bmatrix}1\\2\\2\\-1\end{bmatrix}=\begin{bmatrix}2\\3\\-3\\2\end{bmatrix},$$

$$\beta_3=\alpha_3-\frac{\alpha_3^{\mathrm{T}}\beta_1}{\beta_1^{\mathrm{T}}\beta_1}\beta_1-\frac{\alpha_3^{\mathrm{T}}\beta_2}{\beta_2^{\mathrm{T}}\beta_2}\beta_2=\begin{bmatrix}3\\2\\8\\-7\end{bmatrix}-\frac{30}{10}\begin{bmatrix}1\\2\\2\\-1\end{bmatrix}-\frac{-26}{26}\begin{bmatrix}2\\3\\-3\\2\end{bmatrix}=\begin{bmatrix}2\\-1\\-1\\-2\end{bmatrix},$$

再将其单位化，得

$$e_1=\frac{\beta_1}{\|\beta_1\|}=\frac{1}{\sqrt{10}}\begin{bmatrix}1\\2\\2\\-1\end{bmatrix},\quad e_2=\frac{\beta_2}{\|\beta_2\|}=\frac{1}{\sqrt{26}}\begin{bmatrix}2\\3\\-3\\2\end{bmatrix},\quad e_3=\frac{\beta_3}{\|\beta_3\|}=\frac{1}{\sqrt{10}}\begin{bmatrix}2\\-1\\-1\\-2\end{bmatrix}.$$

5.3.4　正交矩阵

定义 5.3.5　如果 n 阶方阵 A 满足 $A^{\mathrm{T}}A=E$，则称 A 为正交矩阵.

例如，$A=\begin{bmatrix}\frac{\sqrt{2}}{2} & -\frac{\sqrt{2}}{2}\\ \frac{\sqrt{2}}{2} & \frac{\sqrt{2}}{2}\end{bmatrix}$，$A^{\mathrm{T}}=\begin{bmatrix}\frac{\sqrt{2}}{2} & \frac{\sqrt{2}}{2}\\ -\frac{\sqrt{2}}{2} & \frac{\sqrt{2}}{2}\end{bmatrix}$，$A^{\mathrm{T}}A=E$，所以 A 为正交矩阵.

正交矩阵 A 具有下列性质：

（1）若 A 为正交矩阵，则 $|A|=\pm 1$；

证：因为 $A^{\mathrm{T}}A=E \Rightarrow |A^{\mathrm{T}}A|=|E|=1 \Rightarrow |A^{\mathrm{T}}|\cdot|A|=1 \Rightarrow |A|^2=1 \Rightarrow |A|=\pm 1$.

（2）若 A 为正交矩阵，则 A 可逆，且 $A^{-1}=A^{\mathrm{T}}$；

证：因为 A 为正交矩阵，则 $|A|=\pm 1\neq 0$，所以 A 可逆. 因为 $A^{\mathrm{T}}A=E$，所以 $A^{\mathrm{T}}=A^{-1}$.

（3）若 A,B 均为正交矩阵，则 AB 也为正交矩阵；

证：已知 $A^{\mathrm{T}}A=E, B^{\mathrm{T}}B=E$.

所以 $(AB)^{\mathrm{T}}AB=B^{\mathrm{T}}A^{\mathrm{T}}AB=B^{\mathrm{T}}(A^{\mathrm{T}}A)B=B^{\mathrm{T}}B=E$.

所以 AB 也为正交矩阵.

定理 5.3.2　A 为正交矩阵 $\Leftrightarrow$ A 的行（列）向量组是正交单位向量组.

证：设有 n 阶方阵 $A=(\alpha_1,\alpha_2,\cdots,\alpha_n)$，$\alpha_i$ 为 A 的第 i 列（$i=1,2,\cdots,n$）.

$$A^{\mathrm{T}}A=E \Leftrightarrow \begin{bmatrix}\alpha_1^{\mathrm{T}}\\ \alpha_2^{\mathrm{T}}\\ \vdots\\ \alpha_n^{\mathrm{T}}\end{bmatrix}(\alpha_1,\alpha_2,\cdots,\alpha_n)=E \Leftrightarrow \alpha_i^{\mathrm{T}}\alpha_j=\begin{cases}1, & i=j;\\ 0, & i\neq j.\end{cases}\quad (i,\ j=1,2,\cdots,n).$$

同理可证，上述结论对行向量组也成立.

定义 5.3.6　若 P 为正交矩阵，则称线性变换 $\beta=P\alpha$ 为正交变换.

可以证明正交变换保持向量的内积不变，并进一步可证正交变换保持向量的长度及夹角不变.

5.4　实对称矩阵的正交相似对角化

5.4.1　实对称矩阵的性质

实对称矩阵是一类很特殊的矩阵，其特征值与特征向量具有下列性质.

定理 5.4.1　实对称矩阵 A 的特征值都是实数.

证：设 λ 是 A 的特征值，即存在非零向量 p 使 $Ap=\lambda p$，要证 λ 为实数，只须证明 $\overline{\lambda}=\lambda$. 由 $Ap=\lambda p$，$A^{\mathrm{T}}=A$，得

$$\lambda(\overline{p})^{\mathrm{T}}p=(\overline{p})^{\mathrm{T}}(\lambda p)=(\overline{p})^{\mathrm{T}}Ap=(\overline{p})^{\mathrm{T}}(\overline{A})^{\mathrm{T}}p=(\overline{Ap})^{\mathrm{T}}p=(\overline{\lambda p})^{\mathrm{T}}p=\overline{\lambda}(\overline{p})^{\mathrm{T}}p,$$

因向量 $\boldsymbol{p}\neq\boldsymbol{0}$，所以 $\overline{\boldsymbol{p}}^{\mathrm{T}}\boldsymbol{p}=\sum_{i=1}^{n}\overline{p}_i p_i=\sum_{i=1}^{n}|p_i|^2>0$，故 $\overline{\lambda}=\lambda$，即 λ 是实数.

当特征值为实数时，齐次线性方程组 $(\boldsymbol{A}-\lambda_i\boldsymbol{E})\boldsymbol{x}=\boldsymbol{0}$ 是实系数齐次线性方程组，由 $|\boldsymbol{A}-\lambda_i\boldsymbol{E}|=0$ 知该方程组必有实的基础解系，所以对应的特征向量可以取实向量.

定理 5.4.2 实对称矩阵 $\boldsymbol{A}$ 的属于不同特征值的特征向量必正交.

证： 设 λ_1,λ_2 是 $\boldsymbol{A}$ 的两个不同的特征值，$\boldsymbol{p}_1,\boldsymbol{p}_2$ 分别是属于 λ_1,λ_2 的特征向量（均为实向量），即有 $\boldsymbol{A}\boldsymbol{p}_1=\lambda_1\boldsymbol{p}_1,\boldsymbol{A}\boldsymbol{p}_2=\lambda_2\boldsymbol{p}_2$，则

$$\lambda_1(\boldsymbol{p}_1,\boldsymbol{p}_2)=(\lambda_1\boldsymbol{p}_1,\boldsymbol{p}_2)=(\boldsymbol{A}\boldsymbol{p}_1,\boldsymbol{p}_2)=(\boldsymbol{A}\boldsymbol{p}_1)^{\mathrm{T}}\boldsymbol{p}_2=\boldsymbol{p}_1^{\mathrm{T}}\boldsymbol{A}^{\mathrm{T}}\boldsymbol{p}_2$$

$$=\boldsymbol{p}_1^{\mathrm{T}}(\boldsymbol{A}\boldsymbol{p}_2)=(\boldsymbol{p}_1,\lambda_2\boldsymbol{p}_2)=\lambda_2(\boldsymbol{p}_1,\boldsymbol{p}_2),$$

因此，$(\lambda_1-\lambda_2)(\boldsymbol{p}_1,\boldsymbol{p}_2)=0$，而 $\lambda_1\neq\lambda_2$，故有 $(\boldsymbol{p}_1,\boldsymbol{p}_2)=0$，即 $\boldsymbol{p}_1$ 与 $\boldsymbol{p}_2$ 正交.

定理 5.4.3 设 $\boldsymbol{A}$ 为 n 阶实对称矩阵，若 λ 是 $\boldsymbol{A}$ 的特征方程的 r 重根，则 $R(\boldsymbol{A}-\lambda\boldsymbol{E})=n-r$，从而对应特征值 λ 恰有 r 个线性无关的特征向量.

该定理不予证明.

5.4.2 实对称矩阵的对角化

定理 5.4.4 设 $\boldsymbol{A}$ 为 n 阶实对称阵，则必存在正交矩阵 $\boldsymbol{P}$，使得

$$\boldsymbol{P}^{-1}\boldsymbol{A}\boldsymbol{P}=\boldsymbol{P}^{\mathrm{T}}\boldsymbol{A}\boldsymbol{P}=\begin{bmatrix}\lambda_1 & & & \\ & \lambda_2 & & \\ & & \ddots & \\ & & & \lambda_n\end{bmatrix},$$

其中，$\lambda_1,\lambda_2,\cdots,\lambda_n$ 为 $\boldsymbol{A}$ 的 n 个特征值.

证： 若 n 阶实对称阵有 m 个不同的特征值 $\lambda_1,\lambda_2,\cdots,\lambda_m$，其重数分别为 $k_1,k_2,\cdots,k_m$，则有 $k_1+k_2+\cdots+k_m=n$，由定理 5.4.3 得，每一个 k_i 重特征值对应着 k_i 个线性无关的特征向量.

对于这 k_i 个对应于 λ_i 的线性无关的特征向量，可利用施密特正交化方法将其正交化，所得的 k_i 个正交向量也一定是对应于 λ_i 的特征向量. 由此，对于实对称阵，利用定理 5.4.2，可得 $k_1+k_2+\cdots+k_m=n$ 个正交特征向量，再将其单位化得到正交单位特征向量组，从而构成正交矩阵 $\boldsymbol{P}$，使得 $\boldsymbol{P}^{-1}\boldsymbol{A}\boldsymbol{P}=\boldsymbol{\Lambda}=\mathrm{diag}(\lambda_1,\lambda_2,\cdots,\lambda_n)$.

例 5.4.1 设实对称矩阵 $\boldsymbol{A}=\begin{bmatrix}2&0&0\\0&3&2\\0&2&3\end{bmatrix}$，试求一个正交矩阵 $\boldsymbol{P}$，使 $\boldsymbol{P}^{-1}\boldsymbol{A}\boldsymbol{P}$ 为对角阵.

解： 令 $|\boldsymbol{A}-\lambda\boldsymbol{E}|=\begin{vmatrix}2-\lambda & & \\ & 3-\lambda & 2\\ & 2 & 3-\lambda\end{vmatrix}=(1-\lambda)(2-\lambda)(5-\lambda)=0$，得

$$\lambda_1=1,\lambda_2=2,\lambda_3=5 .$$

$\lambda_1=1$ 时，$\boldsymbol{\alpha}_1=\begin{bmatrix}0\\-1\\1\end{bmatrix}$；$\lambda_2=2$ 时，$\boldsymbol{\alpha}_2=\begin{bmatrix}1\\0\\0\end{bmatrix}$；$\lambda_3=5$ 时，$\boldsymbol{\alpha}_3=\begin{bmatrix}0\\1\\1\end{bmatrix}$.

由于 $\boldsymbol{\alpha}_1,\boldsymbol{\alpha}_2,\boldsymbol{\alpha}_3$（属于不同的特征值）两两正交，仅单位化即可得

$$\boldsymbol{p}_1=\begin{bmatrix}0\\-\frac{1}{\sqrt{2}}\\\frac{1}{\sqrt{2}}\end{bmatrix},\quad \boldsymbol{p}_2=\begin{bmatrix}1\\0\\0\end{bmatrix},\quad \boldsymbol{p}_3=\begin{bmatrix}0\\\frac{1}{\sqrt{2}}\\\frac{1}{\sqrt{2}}\end{bmatrix}.$$

令 $\boldsymbol{P}=(\boldsymbol{p}_1,\boldsymbol{p}_2,\boldsymbol{p}_2)=\begin{bmatrix}0&1&0\\-\frac{1}{\sqrt{2}}&0&\frac{1}{\sqrt{2}}\\\frac{1}{\sqrt{2}}&0&\frac{1}{\sqrt{2}}\end{bmatrix}$，则有 $\boldsymbol{P}^{-1}\boldsymbol{A}\boldsymbol{P}=\boldsymbol{P}^{\mathrm{T}}\boldsymbol{A}\boldsymbol{P}=\begin{bmatrix}1&&\\&2&\\&&5\end{bmatrix}$.

例 5.4.2　设 $\boldsymbol{A}=\begin{bmatrix}1&-2&2\\-2&4&-4\\2&-4&4\end{bmatrix}$，试求一个正交矩阵 $\boldsymbol{P}$，使 $\boldsymbol{P}^{-1}\boldsymbol{A}\boldsymbol{P}$ 为对角阵.

解：$|\boldsymbol{A}-\lambda\boldsymbol{E}|=\begin{vmatrix}1-\lambda&-2&2\\-2&4-\lambda&-4\\2&-4&4-\lambda\end{vmatrix}=\lambda^2(\lambda-9)=0\Rightarrow\lambda_1=\lambda_2=0,\lambda_3=9$.

$\lambda_1=\lambda_2=0$ 时，对应齐次线性方程组的基础解系为

$$\boldsymbol{\alpha}_1=\begin{bmatrix}2\\1\\0\end{bmatrix},\boldsymbol{\alpha}_2=\begin{bmatrix}-2\\0\\1\end{bmatrix}.$$

正交化得

$$\boldsymbol{\beta}_1=\begin{bmatrix}2\\1\\0\end{bmatrix},\boldsymbol{\beta}_2=\begin{bmatrix}-\frac{2}{5}\\\frac{4}{5}\\1\end{bmatrix}.$$

单位化得

$$p_1=\begin{bmatrix}\dfrac{2}{\sqrt{5}}\\ \dfrac{1}{\sqrt{5}}\\ 0\end{bmatrix},p_2=\begin{bmatrix}-\dfrac{2}{3\sqrt{5}}\\ \dfrac{4}{3\sqrt{5}}\\ \dfrac{5}{3\sqrt{5}}\end{bmatrix}.$$

$\lambda_3=9$时，对应齐次线性方程组的基础解系为$\boldsymbol{\alpha}_3=\begin{bmatrix}\dfrac{1}{2}\\ -1\\ 1\end{bmatrix}$，单位化得$\boldsymbol{p}_3=\begin{bmatrix}\dfrac{1}{3}\\ -\dfrac{2}{3}\\ \dfrac{2}{3}\end{bmatrix}$.

令$\boldsymbol{P}=(\boldsymbol{p}_1,\boldsymbol{p}_2,\boldsymbol{p}_2)=\begin{bmatrix}\dfrac{2}{\sqrt{5}} & -\dfrac{2}{3\sqrt{5}} & \dfrac{1}{3}\\ \dfrac{1}{\sqrt{5}} & \dfrac{4}{3\sqrt{5}} & -\dfrac{2}{3}\\ 0 & \dfrac{5}{3\sqrt{5}} & \dfrac{2}{3}\end{bmatrix}$，则有$\boldsymbol{P}^{-1}\boldsymbol{AP}=\boldsymbol{P}^{\mathrm{T}}\boldsymbol{AP}=\begin{bmatrix}0 & & \\ & 0 & \\ & & 9\end{bmatrix}$.

本章小结

1. 基本要求

（1）了解相似矩阵的概念及性质；

（2）理解矩阵的特征值和特征向量的概念及性质，掌握特征值和特征向量的求法；

（3）了解矩阵可对角化的充要条件和对角化的方法；

（4）了解向量内积的概念及性质，掌握线性无关向量组正交化的施密特方法；掌握向量单位化的方法；

（5）了解正交矩阵的概念及性质；

（6）掌握实对称矩阵正交相似对角化的方法.

重点：相似矩阵的概念；特征值及特征向量的概念与计算；实对称矩阵正交相似对角化的方法.

难点：特征值和特征向量的概念及性质；实对称矩阵正交相似对角化的方法.

2. 学习要点

（1）相似矩阵的概念及性质

对于 n 阶方阵 $\boldsymbol{A}, \boldsymbol{B}$，若存在可逆矩阵 $\boldsymbol{P}$，使得 $\boldsymbol{P}^{-1}\boldsymbol{A}\boldsymbol{P}=\boldsymbol{B}$，则称 $\boldsymbol{A}$ 相似于 $\boldsymbol{B}$，记为 $\boldsymbol{A}\approx\boldsymbol{B}$.

性质：①若 $\boldsymbol{A}\approx\boldsymbol{B}$，则 $\boldsymbol{A}\sim\boldsymbol{B}$，$R(\boldsymbol{A})=R(\boldsymbol{B})$；

②若 $\boldsymbol{A}\approx\boldsymbol{B}$，则 $\det(\boldsymbol{A})=\det(\boldsymbol{B})$；

③若 $\boldsymbol{A}\approx\boldsymbol{B}$，则 $\boldsymbol{A}^{\mathrm{T}}\approx\boldsymbol{B}^{\mathrm{T}}$；

④若 $\boldsymbol{A}\approx\boldsymbol{B}$ 且 $\boldsymbol{A},\boldsymbol{B}$ 可逆，则 $\boldsymbol{A}^{-1}\approx\boldsymbol{B}^{-1}$；

⑤若 $\boldsymbol{A}\approx\boldsymbol{B}$，则 $\boldsymbol{A}^m\approx\boldsymbol{B}^m$；若 $f(x)=a_nx^n+a_{n-1}x^{n-1}+\cdots+a_1x+a_0$，则 $f(\boldsymbol{A})\approx f(\boldsymbol{B})$.

（2）方阵的特征值与特征向量

$\boldsymbol{A}$ 是 n 阶方阵，如果存在数 λ 和 n 维非零列向量 $\boldsymbol{x}=(x_1,x_2,\cdots,x_n)^{\mathrm{T}}$，使 $\boldsymbol{A}\boldsymbol{x}=\lambda\boldsymbol{x}$ 成立，则称 λ 为方阵 $\boldsymbol{A}$ 的一个特征值，$\boldsymbol{x}$ 称为 $\boldsymbol{A}$ 的属于特征值 λ 的特征向量.

称 $|\boldsymbol{A}-\lambda\boldsymbol{E}|$ 为方阵 $\boldsymbol{A}$ 的**特征多项式**，$|\boldsymbol{A}-\lambda\boldsymbol{E}|=0$ 为方阵 $\boldsymbol{A}$ 的**特征方程**.

设矩阵 $\boldsymbol{A}$ 为 n 阶方阵，则有：

① $\boldsymbol{A}$ 的 n 个特征值之和等于 $\boldsymbol{A}$ 的迹，即 $\lambda_1+\lambda_2+\cdots+\lambda_n=\mathrm{tr}(\boldsymbol{A})$；

② $\boldsymbol{A}$ 的 n 个特征值之积等于 $|\boldsymbol{A}|$，即 $\lambda_1\lambda_2\cdots\lambda_n=|\boldsymbol{A}|$；

③若 n 阶矩阵 $\boldsymbol{A}$ 与 $\boldsymbol{B}$ 相似，则 $\boldsymbol{A}$ 与 $\boldsymbol{B}$ 的特征多项式相同，从而特征值也相同；

④若向量 $\boldsymbol{\alpha}_1,\boldsymbol{\alpha}_2,\cdots,\boldsymbol{\alpha}_s$ 都是 $\boldsymbol{A}$ 的属于特征值 λ 的特征向量，则 $k_1\boldsymbol{\alpha}_1+k_2\boldsymbol{\alpha}_2+\cdots+k_s\boldsymbol{\alpha}_s\neq\boldsymbol{0}$ 也是 $\boldsymbol{A}$ 的属于该特征值 λ 的特征向量；

⑤方阵 $\boldsymbol{A}$ 的属于不同特征值的特征向量必线性无关；

⑥设 λ 是 $\boldsymbol{A}$ 的特征值，$\boldsymbol{\alpha}$ 是属于特征值 λ 的特征向量，则方阵 $k\boldsymbol{A}$，$\boldsymbol{A}^m$（m 为正整数），$\boldsymbol{A}^{-1}$（假定 $\boldsymbol{A}$ 可逆）分别有特征值 $k\lambda$，λ^m，$\dfrac{1}{\lambda}$；$\boldsymbol{\alpha}$ 也分别是 $k\boldsymbol{A}$，$\boldsymbol{A}^m$，$\boldsymbol{A}^{-1}$ 的属于特征值 $k\lambda$，λ^m，$\dfrac{1}{\lambda}$ 的特征向量.

（3）特征值与特征向量的求法

①求特征方程 $f(\lambda)=|\boldsymbol{A}-\lambda\boldsymbol{E}|=0$ 的所有相异根 $\lambda_1,\lambda_2,\cdots,\lambda_m$；

②对每个特征值 λ_i（$i=1,2,\cdots,m$），求齐次线组方程组 $(\boldsymbol{A}-\lambda_i\boldsymbol{E})\boldsymbol{\alpha}=\boldsymbol{0}$ 的所有非零解向量，这些解向量就是对应于特征值 λ_i 的特征向量.

（4）方阵的相似对角化

① n 阶方阵 $\boldsymbol{A}$ 能相似对角化的充要条件是 $\boldsymbol{A}$ 有 n 个线性无关的特征向量.

②若 n 阶方阵 $\boldsymbol{A}$ 的特征值互不相同，则 $\boldsymbol{A}$ 必可对角化.

将矩阵 $\boldsymbol{A}$ 相似对角化的步骤：

第一步：求矩阵 $\boldsymbol{A}$ 的全部特征根 $\lambda_1,\lambda_1,\cdots,\lambda_n$（重根以重数记）；

第二步：对不同的 λ_i，求 $(\boldsymbol{A}-\lambda_i\boldsymbol{E})\boldsymbol{x}=\boldsymbol{0}$ 的基础解系（基础解系的每个向量都可作为相应的 λ_i 的特征向量）；

第三步：若能求出 n 个线性无关的特征向量，则以这些特征向量构成可逆矩阵

$$\boldsymbol{P}=(\boldsymbol{\alpha}_1,\boldsymbol{\alpha}_2,\cdots,\boldsymbol{\alpha}_n)\text{，就有 }\boldsymbol{P}^{-1}\boldsymbol{AP}=\boldsymbol{\Lambda}=\mathrm{diag}(\lambda_1,\lambda_2,\cdots,\lambda_n)\text{，}$$

其中 $\lambda_1,\lambda_1,\cdots,\lambda_n$ 的排列顺序与 $\boldsymbol{\alpha}_1,\boldsymbol{\alpha}_1,\cdots,\boldsymbol{\alpha}_n$ 的排列顺序一致.

（5）施密特正交化方法与正交矩阵

施密特正交化：设 $\boldsymbol{\alpha}_1,\boldsymbol{\alpha}_2,\cdots,\boldsymbol{\alpha}_s$ 为线性无关的向量组，令

$$\boldsymbol{\beta}_1=\boldsymbol{\alpha}_1\text{，}\ \boldsymbol{\beta}_2=\boldsymbol{\alpha}_2-\frac{(\boldsymbol{\alpha}_2,\boldsymbol{\beta}_1)}{(\boldsymbol{\beta}_1,\boldsymbol{\beta}_1)}\boldsymbol{\beta}_1\text{，}\ \boldsymbol{\beta}_3=\boldsymbol{\alpha}_3-\frac{(\boldsymbol{\alpha}_3,\boldsymbol{\beta}_1)}{(\boldsymbol{\beta}_1,\boldsymbol{\beta}_1)}\boldsymbol{\beta}_1-\frac{(\boldsymbol{\alpha}_3,\boldsymbol{\beta}_2)}{(\boldsymbol{\beta}_2,\boldsymbol{\beta}_2)}\boldsymbol{\beta}_2\text{，}\ \cdots$$

$$\boldsymbol{\beta}_s=\boldsymbol{\alpha}_s-\frac{(\boldsymbol{\alpha}_s,\boldsymbol{\beta}_1)}{(\boldsymbol{\beta}_1,\boldsymbol{\beta}_1)}\boldsymbol{\beta}_1-\frac{(\boldsymbol{\alpha}_s,\boldsymbol{\beta}_2)}{(\boldsymbol{\beta}_2,\boldsymbol{\beta}_2)}\boldsymbol{\beta}_2-\cdots-\frac{(\boldsymbol{\alpha}_s,\boldsymbol{\beta}_{s-1})}{(\boldsymbol{\beta}_{s-1},\boldsymbol{\beta}_{s-1})}\boldsymbol{\beta}_{s-1}\text{，}$$

则 $\boldsymbol{\beta}_1,\boldsymbol{\beta}_2,\cdots,\boldsymbol{\beta}_s$ 是与 $\boldsymbol{\alpha}_1,\boldsymbol{\alpha}_2,\cdots,\boldsymbol{\alpha}_s$ 等价的正交向量组.

正交矩阵：如果 n 阶矩阵 $\boldsymbol{A}$ 满足 $\boldsymbol{A}^{\mathrm{T}}\boldsymbol{A}=\boldsymbol{E}$，则称 $\boldsymbol{A}$ 为正交矩阵.

判定 $\boldsymbol{A}$ 为正交矩阵的方法：

① $\boldsymbol{A}$ 为正交矩阵 $\Leftrightarrow$ $\boldsymbol{A}^{\mathrm{T}}\boldsymbol{A}=\boldsymbol{E}$（即 $\boldsymbol{A}^{-1}=\boldsymbol{A}^{\mathrm{T}}$）；

② $\boldsymbol{A}$ 为正交矩阵 $\Leftrightarrow$ $\boldsymbol{A}$ 的行（列）向量组是正交单位向量组.

（6）实对称矩阵的对角化

实对称矩阵的重要性质：

①实对称矩阵的特征值都是实数；

②实对称矩阵的对应于不同特征值的特征向量必正交；

③对应于实对称矩阵 $\boldsymbol{A}$ 的 r_i 重特征值 λ_i，一定有 r_i 个线性无关的特征向量，即方程组 $(\boldsymbol{A}-\lambda_i\boldsymbol{E})\boldsymbol{x}=\boldsymbol{0}$ 的基础解系恰好含有 r_i 个向量.

设 $\boldsymbol{A}$ 为 n 阶实对称矩阵，则存在 n 阶正交矩阵 $\boldsymbol{P}$，使

$$\boldsymbol{P}^{-1}\boldsymbol{AP}=\boldsymbol{P}^{\mathrm{T}}\boldsymbol{AP}=\begin{bmatrix}\lambda_1 & & & \\ & \lambda_2 & & \\ & & \ddots & \\ & & & \lambda_n\end{bmatrix}\text{，}$$

其中，$\lambda_1,\lambda_2,\cdots,\lambda_n$ 为 $\boldsymbol{A}$ 的 n 个特征值.

将实对称矩阵 $\boldsymbol{A}$ 正交相似对角化的步骤：

第一、二步：同矩阵 $\boldsymbol{A}$ 相似对角化的步骤；

第三步：对不同的 λ_i，用施密特正交化方法将 $(\boldsymbol{A}-\lambda_i\boldsymbol{E})\boldsymbol{x}=\boldsymbol{0}$ 的基础解系先正交化，再单位化，可以得到正交单位特征向量组 $\boldsymbol{p}_1,\boldsymbol{p}_2,\cdots,\boldsymbol{p}_n$，由此构成正交阵 $\boldsymbol{P}=(\boldsymbol{p}_1,\boldsymbol{p}_2,\cdots,\boldsymbol{p}_n)$，有

$$P^{-1}AP = \Lambda = \mathrm{diag}(\lambda_1, \lambda_2, \cdots, \lambda_n),$$

其中 $\lambda_1, \lambda_2, \cdots, \lambda_n$ 的排列顺序与 $p_1, p_2, \cdots, p_n$ 的排列顺序一致.

习　题　5

5.1　已知 n 阶方阵 A, B，若 $|A| \neq 0$，证明 $AB \approx BA$.

5.2　设 A, B 为 n 阶方阵且 $A \approx B$，$A^2 = A$，证明 $B^2 = B$.

5.3　求下列矩阵的特征值和特征向量.

（1）$\begin{bmatrix} 2 & 1 \\ 1 & 2 \end{bmatrix}$；（2）$\begin{bmatrix} 0 & 0 & 1 \\ 0 & 1 & 0 \\ 1 & 0 & 0 \end{bmatrix}$；（3）$\begin{bmatrix} 4 & 6 & 0 \\ -3 & -5 & 0 \\ -3 & -6 & 1 \end{bmatrix}$.

5.4　已知 $A = \begin{bmatrix} 1 & -2 & -4 \\ -2 & x & -2 \\ -4 & -2 & 1 \end{bmatrix}$ 与 $B = \begin{bmatrix} 5 & 0 & 0 \\ 0 & y & 0 \\ 0 & 0 & -4 \end{bmatrix}$ 相似，求 x 与 y.

5.5　已知 $A = \begin{bmatrix} 1 & 0 & 1 \\ 0 & 2 & 0 \\ 1 & 0 & a \end{bmatrix}$ 且 $\lambda_1 = 0$ 是 A 的一个特征值，试求 a 的值以及方阵 A 的全部特征值和特征向量.

5.6　设 $A = \begin{bmatrix} 1 & -3 & 3 \\ 3 & a & 3 \\ 6 & -6 & b \end{bmatrix}$ 且 $\lambda_1 = -2, \lambda_2 = 4$ 是 A 的两个特征值，试求 a, b 的值.

5.7　设 A 为 3 阶方阵，且有特征值1,2,3. 证明：矩阵 $A^3 - 5A^2 + 7A$ 可逆.

5.8　设 A 为 3 阶方阵，且 $|A - E| = |A + 2E| = |2A + 3E| = 0$. 求 $|2A^* - 3E|$.

5.9　已知向量 $p = \begin{bmatrix} 1 \\ k \\ 1 \end{bmatrix}$ 是方阵 $A = \begin{bmatrix} 2 & 1 & 1 \\ 1 & 2 & 1 \\ 1 & 1 & 2 \end{bmatrix}$ 的逆矩阵 A^{-1} 的特征向量，求 k 的值.

5.10　已知向量 $p = \begin{bmatrix} 1 \\ 1 \\ -1 \end{bmatrix}$ 是方阵 $A = \begin{bmatrix} 2 & -1 & 2 \\ 5 & a & 3 \\ -1 & b & -2 \end{bmatrix}$ 的一个特征向量，试确定 a, b 的值以及特征向量 p 所对应的特征值.

5.11　已知 A 为 2 阶方阵，且 $|A| < 0$. 试问：A 能否对角化？

5.12　试判断下列矩阵能否对角化：

（1）$\begin{bmatrix} -2 & 1 & 1 \\ 0 & 2 & 0 \\ -4 & 1 & 3 \end{bmatrix}$；（2）$\begin{bmatrix} 2 & -1 & 2 \\ 5 & -3 & 3 \\ -1 & 0 & -2 \end{bmatrix}$；（3）$\begin{bmatrix} -1 & 1 & 0 \\ -4 & 3 & 0 \\ 1 & 0 & 2 \end{bmatrix}$.

5.13　试判断下列矩阵是否相似并说明原因：

$$\boldsymbol{A}=\begin{bmatrix} 2 & 0 & 0 \\ 0 & 0 & 1 \\ 0 & 1 & 0 \end{bmatrix},\quad \boldsymbol{B}=\begin{bmatrix} 1 & 0 & 0 \\ 0 & -1 & 0 \\ 0 & -3 & 2 \end{bmatrix}.$$

5.14　设 $\boldsymbol{A}=\begin{bmatrix} 3 & 2 & -1 \\ -2 & -2 & 2 \\ 3 & 6 & -1 \end{bmatrix}$，判断 $\boldsymbol{A}$ 能否对角化. 若能对角化，试求一可逆矩阵 $\boldsymbol{P}$ 将 $\boldsymbol{A}$ 对角化.

5.15　已知 $\boldsymbol{\alpha}_1=(1,-1,1)^{\mathrm{T}},\boldsymbol{\alpha}_2=(1,0,2)^{\mathrm{T}}$，试求一非零向量 $\boldsymbol{\alpha}_3$，使其与 $\boldsymbol{\alpha}_1,\boldsymbol{\alpha}_2$ 正交.

5.16　已知 $\boldsymbol{\alpha}_1=(1,1,1)^{\mathrm{T}}$，试求非零向量 $\boldsymbol{\alpha}_2,\boldsymbol{\alpha}_3$，使得 $\boldsymbol{\alpha}_1,\boldsymbol{\alpha}_2,\boldsymbol{\alpha}_3$ 两两正交.

5.17　设 $\boldsymbol{A}$ 与 $\boldsymbol{B}$ 都是 n 阶正交矩阵，证明 $\boldsymbol{AB}$ 也是正交矩阵.

5.18　若矩阵 $\boldsymbol{A}$ 满足 $\boldsymbol{A}^2+6\boldsymbol{A}+8\boldsymbol{E}=\boldsymbol{O}$，且 $\boldsymbol{A}^{\mathrm{T}}=\boldsymbol{A}$，证明 $\boldsymbol{A}+3\boldsymbol{E}$ 是正交矩阵.

5.19　试用施密特正交化方法把下列向量组正交化，然后单位化：

（1）$\boldsymbol{\alpha}_1=\begin{bmatrix} 1 \\ 1 \\ 1 \end{bmatrix}$，$\boldsymbol{\alpha}_2=\begin{bmatrix} 1 \\ 2 \\ 3 \end{bmatrix}$，$\boldsymbol{\alpha}_3=\begin{bmatrix} 1 \\ 4 \\ 9 \end{bmatrix}$；

（2）$\boldsymbol{\alpha}_1=\begin{bmatrix} 1 \\ 0 \\ -1 \\ 1 \end{bmatrix}$，$\boldsymbol{\alpha}_2=\begin{bmatrix} 1 \\ -1 \\ 0 \\ 1 \end{bmatrix}$，$\boldsymbol{\alpha}_3=\begin{bmatrix} -1 \\ 1 \\ 1 \\ 0 \end{bmatrix}$.

5.20　判断下列矩阵是不是正交矩阵：

（1）$\begin{bmatrix} 1 & -\frac{1}{2} & \frac{1}{3} \\ -\frac{1}{2} & 1 & \frac{1}{2} \\ \frac{1}{3} & \frac{1}{2} & -1 \end{bmatrix}$；　（2）$\begin{bmatrix} \frac{1}{9} & -\frac{8}{9} & -\frac{4}{9} \\ -\frac{8}{9} & \frac{1}{9} & -\frac{4}{9} \\ -\frac{4}{9} & -\frac{4}{9} & \frac{7}{9} \end{bmatrix}$.

5.21　试求一个正交的相似变换矩阵，将下列实对称矩阵化为对角阵：

（1）$\begin{bmatrix} 2 & -2 & 0 \\ -2 & 1 & -2 \\ 0 & -2 & 0 \end{bmatrix}$；（2）$\begin{bmatrix} 2 & 2 & -2 \\ 2 & 5 & -4 \\ -2 & -4 & 5 \end{bmatrix}$.

5.22　已知 3 阶实对称矩阵 $\boldsymbol{A}$ 的特征值为 $1,2,3$，$\boldsymbol{p}_1=(-1,-1,1)^{\mathrm{T}}$，$\boldsymbol{p}_2=(1,-2,-1)^{\mathrm{T}}$ 分别是属于特征值 $\lambda_1=1$ 和 $\lambda_2=2$ 的特征向量. 试求属于特征值 $\lambda_3=3$ 的特征向量 $\boldsymbol{p}_3$ 和矩阵 $\boldsymbol{A}$.

5.23　设 3 阶实对称矩阵 $\boldsymbol{A}$ 的秩为 2，已知 $\boldsymbol{p}_1=(1,1,0)^{\mathrm{T}}$，$\boldsymbol{p}_2=(2,1,1)^{\mathrm{T}}$ 是 $\boldsymbol{A}$ 的属于二重特征值 $\lambda=6$ 的两个特征向量. 求矩阵 $\boldsymbol{A}$.

第6章 二 次 型

本章主要介绍二次型及其矩阵表示，二次型的标准形、规范形的概念，并介绍如何用配方法、正交变换法化二次型为标准形，最后探讨二次型的正定性及其判别法.

6.1 二次型及其矩阵表示

6.1.1 二次型的概念

定义 6.1.1 含有 n 个变量 $x_1,x_2,\cdots,x_n$ 的二次齐次函数

$$
\begin{aligned}
f(x_1,x_2,\cdots,x_n)=&a_{11}x_1^2+2a_{12}x_1x_2+2a_{13}x_1x_3+\cdots+2a_{1n}x_1x_n\\
&+a_{22}x_2^2+2a_{23}x_2x_3+\cdots+2a_{2n}x_2x_n+\\
&\cdots\\
&+a_{nn}x_n^2
\end{aligned}
\tag{6.1.1}
$$

称为 n 元二次型，简称二次型.

当 a_{ij} 为实数时，f 称为实二次型；当 a_{ij} 为复数时，f 称为复二次型. 这里，我们仅讨论实二次型.

6.1.2 二次型的矩阵表示

取 $a_{ij}=a_{ji}$ ，于是式(6.1.1)可写成

$$
\begin{aligned}
f(x_1,x_2,\cdots,x_n)=&a_{11}x_1^2+a_{12}x_1x_2+\cdots+a_{1n}x_1x_n\\
&+a_{21}x_2x_1+a_{22}x_2^2+\cdots+a_{2n}x_2x_n+\\
&\cdots\\
&+a_{n1}x_nx_1+a_{n2}x_nx_2+\cdots+a_{nn}x_n^2\\
=&\sum_{i=1}^{n}\sum_{j=1}^{n}a_{ij}x_ix_j.
\end{aligned}
\tag{6.1.2}
$$

利用矩阵，二次型可表示为

$$
\begin{aligned}
f(x_1,x_2,\cdots,x_n) &= x_1(a_{11}x_1+a_{12}x_2+\cdots+a_{1n}x_n) \\
&\quad +x_2(a_{21}x_1+a_{22}x_2+\cdots+a_{2n}x_n)+ \\
&\quad \cdots \\
&\quad +x_n(a_{n1}x_1+a_{n2}x_2+\cdots+a_{nn}x_n) \\
&= (x_1,x_2,\cdots,x_n)\begin{bmatrix} a_{11}x_1+a_{12}x_2+\cdots+a_{1n}x_n \\ a_{21}x_1+a_{22}x_2+\cdots+a_{2n}x_n \\ \vdots \\ a_{n1}x_1+a_{n2}x_2+\cdots+a_{nn}x_n \end{bmatrix} \\
&= (x_1,x_2,\cdots,x_n)\begin{bmatrix} a_{11} & a_{12} & \cdots & a_{1n} \\ a_{21} & a_{22} & \cdots & a_{2n} \\ \vdots & \vdots & \ddots & \vdots \\ a_{n1} & a_{n2} & \cdots & a_{nn} \end{bmatrix}\begin{bmatrix} x_1 \\ x_2 \\ \vdots \\ x_n \end{bmatrix}.
\end{aligned}
$$

记

$$
\boldsymbol{A}=\begin{bmatrix} a_{11} & a_{12} & \cdots & a_{1n} \\ a_{21} & a_{22} & \cdots & a_{2n} \\ \vdots & \vdots & \ddots & \vdots \\ a_{n1} & a_{n2} & \cdots & a_{nn} \end{bmatrix},\quad \boldsymbol{x}=\begin{bmatrix} x_1 \\ x_2 \\ \vdots \\ x_n \end{bmatrix},
$$

则二次型可记为

$$
f(x_1,x_2,\cdots,x_n)=\boldsymbol{x}^{\mathrm{T}}\boldsymbol{A}\boldsymbol{x}, \tag{6.1.3}
$$

其中，$\boldsymbol{A}$ 为对称矩阵.

例 6.1.1　把二次型 $f(x_1,x_2,x_3,x_4)=x_1x_2-x_1x_3+2x_2x_3+x_4^2$ 用矩阵乘积表示.

解：
$$
f=(x_1,x_2,x_3,x_4)\begin{bmatrix} 0 & \frac{1}{2} & -\frac{1}{2} & 0 \\ \frac{1}{2} & 0 & 1 & 0 \\ -\frac{1}{2} & 1 & 0 & 0 \\ 0 & 0 & 0 & 1 \end{bmatrix}\begin{bmatrix} x_1 \\ x_2 \\ x_3 \\ x_4 \end{bmatrix}.
$$

例 6.1.2　写出矩阵 $\boldsymbol{A}=\begin{bmatrix} 0 & 1 & \frac{1}{2} & -\frac{3}{2} \\ 1 & 0 & -1 & -1 \\ \frac{1}{2} & -1 & 0 & 3 \\ -\frac{3}{2} & -1 & 3 & 0 \end{bmatrix}$ 对应的二次型.

解： $f(x_1,x_2,x_3,x_4)=2x_1x_2+x_1x_3-3x_1x_4-2x_2x_3-2x_2x_4+6x_3x_4$.

任意给一个二次型，就唯一确定一个对称矩阵；反之，任意给一个对称矩阵，也可唯一确定一个二次型. 可见，二次型与对称矩阵之间存在一一对应关系. 因此，我们把对称矩阵 $\boldsymbol{A}$ 称为二次型 f 的矩阵，也把 f 称为对称矩阵 $\boldsymbol{A}$ 的二次型. 对称矩阵 $\boldsymbol{A}$ 的秩就称为二次型 f 的秩，记为 $R(f)$.

例 6.1.3 已知二次型 $f(x,y,z)=5x^2-2xy+6xz+5y^2-6yz+cz^2$ 的秩为 2，求常数 c .

解： 二次型的矩阵为

$$\boldsymbol{A}=\begin{bmatrix}5 & -1 & 3\\ -1 & 5 & -3\\ 3 & -3 & c\end{bmatrix},$$

对 $\boldsymbol{A}$ 做初等行变换有

$$\boldsymbol{A}\to\begin{bmatrix}-1 & 5 & -3\\ 5 & -1 & 3\\ 3 & -3 & c\end{bmatrix}\to\begin{bmatrix}-1 & 5 & -3\\ 0 & 24 & -12\\ 0 & 12 & c-9\end{bmatrix}\to\begin{bmatrix}-1 & 5 & -3\\ 0 & 24 & -12\\ 0 & 0 & c-3\end{bmatrix}$$

因为 $R(\boldsymbol{A})=2$ ，得到 $c-3=0$ ，即 $c=3$.

6.2 二次型的标准形与规范形

6.2.1 二次型的标准形

定义 6.2.1 如果二次型中只含有变量的平方项，即

$$f(y_1,y_2,\cdots,y_n)=k_1y_1^2+k_2y_2^2+\cdots+k_ny_n^2\ , \tag{6.2.1}$$

其中， $k_i(i=1,2,\cdots,n)$ 为常数，则称其为标准二次型.

标准二次型的矩阵为对角矩阵，即

$$\begin{bmatrix}k_1 & & & \\ & k_2 & & \\ & & \ddots & \\ & & & k_n\end{bmatrix}.$$

对二次型 $f(x_1,x_2,\cdots,x_n)$ ，我们关心的主要问题是：寻找可逆线性变换

$$\begin{cases}x_1=c_{11}y_1+c_{12}y_2+\cdots+c_{1n}y_n;\\ x_2=c_{21}y_1+c_{22}y_2+\cdots+c_{2n}y_n;\\ \qquad\vdots\\ x_n=c_{n1}y_1+c_{n2}y_2+\cdots+c_{nn}y_n.\end{cases} \tag{6.2.2}$$

代入 $f(x_1,x_2,\cdots,x_n)$，得到 $y_1,y_2,\cdots,y_n$ 的二次型 $g(y_1,y_2,\cdots,y_n)$，使其只含平方项，即

$$f(x_1,x_2,\cdots,x_n)=g(y_1,y_2,\cdots,y_n)=k_1y_1^2+k_2y_2^2+\cdots+k_ny_n^2 . \tag{6.2.3}$$

上述过程称为对二次型 $f(x_1,x_2,\cdots,x_n)$ 做**线性变换**，将其化为标准形. 设

$$\boldsymbol{C}=\begin{bmatrix} c_{11} & c_{12} & \cdots & c_{1n} \\ c_{21} & c_{22} & \cdots & c_{2n} \\ \vdots & \vdots & \ddots & \vdots \\ c_{n1} & c_{n2} & \cdots & c_{nn} \end{bmatrix},$$

则上述可逆线性变换式(6.2.2)可记为

$$\boldsymbol{x}=\boldsymbol{C}\boldsymbol{y},$$

其中，$\boldsymbol{y}=(y_1,y_2,\cdots,y_n)^{\mathrm{T}}$，有

$$f(x_1,x_2,\cdots,x_n)=\boldsymbol{x}^{\mathrm{T}}\boldsymbol{A}\boldsymbol{x}=\boldsymbol{y}^{\mathrm{T}}\boldsymbol{C}^{\mathrm{T}}\boldsymbol{A}\boldsymbol{C}\boldsymbol{y}=\boldsymbol{y}^{\mathrm{T}}(\boldsymbol{C}^{\mathrm{T}}\boldsymbol{A}\boldsymbol{C})\boldsymbol{y}=g(y_1,y_2,\cdots,y_n).$$

于是 $\boldsymbol{C}^{\mathrm{T}}\boldsymbol{A}\boldsymbol{C}$ 就是 $g(y_1,y_2,\cdots,y_n)$ 对应的矩阵.

定义 6.2.2　设 $\boldsymbol{A},\boldsymbol{B}$ 为 n 阶矩阵，如果存在可逆矩阵 $\boldsymbol{C}$，使得 $\boldsymbol{B}=\boldsymbol{C}^{\mathrm{T}}\boldsymbol{A}\boldsymbol{C}$，则称 $\boldsymbol{A}$ 与 $\boldsymbol{B}$ 合同，记为 $\boldsymbol{A}\simeq\boldsymbol{B}$.

显然，若 $\boldsymbol{A}$ 为对称矩阵，则 $\boldsymbol{B}=\boldsymbol{C}^{\mathrm{T}}\boldsymbol{A}\boldsymbol{C}$，于是 $\boldsymbol{B}^{\mathrm{T}}=(\boldsymbol{C}^{\mathrm{T}}\boldsymbol{A}\boldsymbol{C})^{\mathrm{T}}=\boldsymbol{C}^{\mathrm{T}}\boldsymbol{A}^{\mathrm{T}}\boldsymbol{C}=\boldsymbol{C}^{\mathrm{T}}\boldsymbol{A}\boldsymbol{C}=\boldsymbol{B}$，即 $\boldsymbol{B}$ 也是对称矩阵. 又 $\boldsymbol{B}=\boldsymbol{C}^{\mathrm{T}}\boldsymbol{A}\boldsymbol{C}$，而 $\boldsymbol{C}$ 可逆，从而 $\boldsymbol{C}^{\mathrm{T}}$ 也可逆，由矩阵秩的性质可知 $R(\boldsymbol{A})=R(\boldsymbol{B})$.

由此可知，经可逆变换 $\boldsymbol{x}=\boldsymbol{C}\boldsymbol{y}$ 后，二次型 f 的矩阵由 $\boldsymbol{A}$ 变为与 $\boldsymbol{A}$ 合同的矩阵 $\boldsymbol{C}^{\mathrm{T}}\boldsymbol{A}\boldsymbol{C}$，且二次型的秩不变.

矩阵的合同关系具有下列基本性质：

（1）反身性：$\boldsymbol{A}\simeq\boldsymbol{A}$；

（2）对称性：若 $\boldsymbol{A}\simeq\boldsymbol{B}$，则 $\boldsymbol{B}\simeq\boldsymbol{A}$；

（3）传递性：若 $\boldsymbol{A}\simeq\boldsymbol{B}$，$\boldsymbol{B}\simeq\boldsymbol{C}$，则 $\boldsymbol{A}\simeq\boldsymbol{C}$.

下面仅证明传递性.

如果 $\boldsymbol{A}\simeq\boldsymbol{B}$，$\boldsymbol{B}\simeq\boldsymbol{C}$，即存在可逆矩阵 $\boldsymbol{P},\boldsymbol{Q}$，使 $\boldsymbol{P}^{\mathrm{T}}\boldsymbol{A}\boldsymbol{P}=\boldsymbol{B},\ \boldsymbol{Q}^{\mathrm{T}}\boldsymbol{B}\boldsymbol{Q}=\boldsymbol{C}$，那么 $\boldsymbol{Q}^{\mathrm{T}}\boldsymbol{P}^{\mathrm{T}}\boldsymbol{A}\boldsymbol{P}\boldsymbol{Q}=\boldsymbol{C}$，即 $(\boldsymbol{P}\boldsymbol{Q})^{\mathrm{T}}\boldsymbol{A}(\boldsymbol{P}\boldsymbol{Q})=\boldsymbol{C}$，所以 $\boldsymbol{A}\simeq\boldsymbol{C}$.

要使二次型 f 经可逆变换 $\boldsymbol{x}=\boldsymbol{C}\boldsymbol{y}$ 化成标准形，就是要使

$$\begin{aligned}\boldsymbol{y}^{\mathrm{T}}(\boldsymbol{C}^{\mathrm{T}}\boldsymbol{A}\boldsymbol{C})\boldsymbol{y}&=k_1y_1^2+k_2y_2^2+\cdots+k_ny_n^2\\&=(y_1,y_2,\cdots,y_n)\begin{bmatrix} k_1 & & & \\ & k_2 & & \\ & & \ddots & \\ & & & k_n \end{bmatrix}\begin{bmatrix} y_1 \\ y_1 \\ \vdots \\ y_1 \end{bmatrix},\end{aligned}$$

也就是要使$\boldsymbol{C}^{\mathrm{T}}\boldsymbol{AC}$成为对角矩阵．因此，我们的主要问题就是对于对称矩阵$\boldsymbol{A}$，寻求可逆矩阵$\boldsymbol{C}$，使得$\boldsymbol{C}^{\mathrm{T}}\boldsymbol{AC}$为对角矩阵．

由第5章实对称矩阵相似对角化的方法可知，对于任意实对称矩阵$\boldsymbol{A}$，总存在正交矩阵$\boldsymbol{P}$，使得$\boldsymbol{P}^{-1}\boldsymbol{AP}=\boldsymbol{\Lambda}$，即$\boldsymbol{P}^{\mathrm{T}}\boldsymbol{AP}=\boldsymbol{\Lambda}$．把此结论应用于二次型，即有如下定理．

定理 6.2.1 对任意n元实二次型$f(x_1,x_2,\cdots,x_n)=\sum\limits_{i=1}^{n}\sum\limits_{j=1}^{n}a_{ij}x_ix_j=\boldsymbol{x}^{\mathrm{T}}\boldsymbol{Ax}\ (a_{ij}=a_{ji})$，必存在正交线性变换$\boldsymbol{x}=\boldsymbol{Py}$，使二次型$f$化为标准形

$$f(y_1,y_2,\cdots,y_n)=\lambda_1y_1^2+\lambda_2y_2^2+\cdots+\lambda_ny_n^2,$$

其中，$\lambda_1,\lambda_2,\cdots,\lambda_n$是$\boldsymbol{A}$的$n$个特征值．

例 6.2.1 用正交变换把$f(x_1,x_2,x_3)=3x_1^2+3x_3^2+4x_1x_2+8x_1x_3+4x_2x_3$化为标准形．

解： 二次型f的矩阵为

$$\boldsymbol{A}=\begin{bmatrix}3&2&4\\2&0&2\\4&2&3\end{bmatrix},$$

对应的特征多项式为

$$|\boldsymbol{A}-\lambda\boldsymbol{E}|=\begin{vmatrix}3-\lambda&2&4\\2&-\lambda&2\\4&2&3-\lambda\end{vmatrix}=(1+\lambda)^2(8-\lambda).$$

于是$\boldsymbol{A}$的特征值为$\lambda_1=8,\lambda_2=\lambda_3=-1$．

当$\lambda_1=8$时，由

$$\boldsymbol{A}-8\boldsymbol{E}=\begin{bmatrix}-5&2&4\\2&-8&2\\4&2&-5\end{bmatrix}\to\begin{bmatrix}1&0&-1\\0&1&-\frac{1}{2}\\0&0&0\end{bmatrix}$$

得基础解系$\boldsymbol{\alpha}_1=\begin{bmatrix}1\\\frac{1}{2}\\1\end{bmatrix}$，单位化得$\boldsymbol{p}_1=\begin{bmatrix}\frac{2}{3}\\\frac{1}{3}\\\frac{2}{3}\end{bmatrix}$．

当$\lambda_2=\lambda_3=-1$时，由

$$A+E=\begin{bmatrix}4&2&4\\2&1&2\\4&2&4\end{bmatrix}\to\begin{bmatrix}1&\frac{1}{2}&1\\0&0&0\\0&0&0\end{bmatrix}$$

得基础解系$\alpha_2=\begin{bmatrix}-\frac{1}{2}\\1\\0\end{bmatrix}$，$\alpha_3=\begin{bmatrix}-1\\0\\1\end{bmatrix}$. 正交化得$x_2=\begin{bmatrix}-\frac{1}{2}\\1\\0\end{bmatrix}$，$x_3=\begin{bmatrix}-\frac{4}{5}\\-\frac{2}{5}\\1\end{bmatrix}$，单位化得

$$p_2=\begin{bmatrix}-\frac{1}{\sqrt{5}}\\\frac{2}{\sqrt{5}}\\0\end{bmatrix},\quad p_3=\begin{bmatrix}-\frac{4}{3\sqrt{5}}\\-\frac{2}{3\sqrt{5}}\\\frac{5}{3\sqrt{5}}\end{bmatrix}.$$

于是正交变换矩阵为

$$P=\begin{bmatrix}\frac{2}{3}&-\frac{1}{\sqrt{5}}&-\frac{4}{3\sqrt{5}}\\\frac{1}{3}&\frac{2}{\sqrt{5}}&-\frac{2}{3\sqrt{5}}\\\frac{2}{3}&0&\frac{5}{3\sqrt{5}}\end{bmatrix}.$$

由正交变换$x=Py$，二次型化为标准形

$$f(y_1,y_2,y_3)=8y_1^2-y_2^2-y_3^2.$$

以上所介绍的将二次型$f=x^{\mathrm{T}}Ax$化为标准形的方法是：先求出对称矩阵A的所有特征值$\lambda_1,\lambda_2,\cdots,\lambda_n$；再求出$n$个两两正交的单位特征向量组$p_1,p_2,\cdots,p_n$；然后把它们按列排列得到正交矩阵$P$，就有$P^{-1}AP=P^{\mathrm{T}}AP=\Lambda$，其中$\Lambda$是对角线上元素为$\lambda_1,\lambda_2,\cdots,\lambda_n$的对角矩阵. 实际上，这就是寻找一个正交变换$x=Py$，把原二次型化为标准形. 我们把这种方法称为正交变换法.

对于给定的二次型$f=x^{\mathrm{T}}Ax$，如果将其化为标准形时所用方法不限于正交变换，那么也可用可逆线性变换$x=Qy$，Q为可逆矩阵，使得

$$Q^{T}AQ=\begin{bmatrix}k_1 & & & \\ & k_2 & & \\ & & \ddots & \\ & & & k_n\end{bmatrix}=\Lambda,$$

由此得标准形 $f=y^{T}\Lambda y=k_1y_1^2+k_2y_2^2+\cdots+k_ny_n^2$.

除正交变换法外，常用的方法之一是配方法，下面举例说明.

例 6.2.2 用配方法化 $f(x_1,x_2,x_3)=x_1^2+2x_2^2+5x_3^2+2x_1x_2-2x_1x_3+6x_2x_3$ 为标准形，并求出所用的可逆变换矩阵.

解：该二次型含有平方项 x_1^2，对二次型中所有含有 x_1 的项进行配方，并写出剩余部分，得

$$f(x_1,x_2,x_3)=(x_1+x_2-x_3)^2+x_2^2+4x_3^2+8x_2x_3.$$

除去第一个平方项外，剩下部分是 x_2,x_3 的一个新的二次型，再按照相同方式对所有含有 x_2 的项进行配方，可得

$$f(x_1,x_2,x_3)=(x_1+x_2-x_3)^2+(x_2+4x_3)^2-12x_3^2.$$

令 $\begin{cases}x_1+x_2-x_3=y_1;\\ x_2+4x_3=y_2;\\ x_3=y_3.\end{cases}$ 也就是 $\begin{cases}x_1=y_1-y_2+5y_3;\\ x_2=y_2-4y_3;\\ x_3=y_3.\end{cases}$

即
$$\begin{bmatrix}x_1\\x_2\\x_3\end{bmatrix}=\begin{bmatrix}1&-1&5\\0&1&-4\\0&0&1\end{bmatrix}\begin{bmatrix}y_1\\y_2\\y_3\end{bmatrix}.$$

可得标准形为 $f(y_1,y_2,y_3)=y_1^2+y_2^2-12y_3^2$，所用的变换矩阵为 $\begin{bmatrix}1&-1&5\\0&1&-4\\0&0&1\end{bmatrix}$.

例 6.2.3 用配方法化二次型 $f(x_1,x_2,x_3)=x_1x_2-x_2x_3$ 为标准形，并求出所用的可逆变换矩阵.

解：原二次型不含平方项，令

$$\begin{cases}x_1=y_1+y_2;\\ x_2=y_1-y_2;\\ x_3=2y_3.\end{cases}$$

记 $x=C_1y$，$C_1=\begin{bmatrix}1&1&0\\1&-1&0\\0&0&2\end{bmatrix}$，得到

$$\begin{aligned}f&=(y_1+y_2)(y_1-y_2)-2(y_1-y_2)y_3\\&=y_1^2-y_2^2-2y_1y_3+2y_2y_3\end{aligned}$$

$$=(y_1-y_3)^2-y_2^2+2y_2y_3-y_3^2$$
$$=(y_1-y_3)^2-(y_2-y_3)^2.$$

令
$$\begin{cases} z_1=y_1 & -y_3; \\ z_2= & y_2-y_3; \\ z_3= & y_3. \end{cases}$$

即得标准形为

$$f(z_1,z_2,z_3)=z_1^2-z_2^2.$$

记 $\boldsymbol{y}=\boldsymbol{C}_2\boldsymbol{z}$，则 $\boldsymbol{z}=\boldsymbol{C}_2^{-1}\boldsymbol{y}$，且

$$\boldsymbol{C}_2^{-1}=\begin{bmatrix}1&0&-1\\0&1&-1\\0&0&1\end{bmatrix},$$

即

$$\boldsymbol{C}_2=\begin{bmatrix}1&0&1\\0&1&1\\0&0&1\end{bmatrix}.$$

记 $\boldsymbol{x}=\boldsymbol{C}_1\boldsymbol{C}_2\boldsymbol{z}=\boldsymbol{C}\boldsymbol{z}$，则可逆变换矩阵

$$\boldsymbol{C}=\boldsymbol{C}_1\boldsymbol{C}_2=\begin{bmatrix}1&1&0\\1&-1&0\\0&0&2\end{bmatrix}\begin{bmatrix}1&0&1\\0&1&1\\0&0&1\end{bmatrix}=\begin{bmatrix}1&1&2\\1&-1&0\\0&0&2\end{bmatrix}.$$

6.2.2　二次型的规范形

事实上，无论是通过哪种方法得到的标准形，都可以进一步化简．先看一个实例．

对于三元标准二次型 $f(y_1,y_2,y_3)=2y_1^2-3y_2^2+0{y_3}^2$，经过可逆线性变换

$$\begin{cases} z_1=\sqrt{2}y_1 & ; \\ z_2= \quad \sqrt{3}y_2 & ; \\ z_3= & y_3. \end{cases}$$

得 $f(z_1,z_2,z_3)=z_1^2-z_2^2$．用矩阵表示，即

$$\begin{bmatrix}\frac{1}{\sqrt{2}}&0&0\\0&\frac{1}{\sqrt{3}}&0\\0&0&1\end{bmatrix}\begin{bmatrix}2&0&0\\0&-3&0\\0&0&0\end{bmatrix}\begin{bmatrix}\frac{1}{\sqrt{2}}&0&0\\0&\frac{1}{\sqrt{3}}&0\\0&0&1\end{bmatrix}=\begin{bmatrix}1&0&0\\0&-1&0\\0&0&0\end{bmatrix}.$$

这是一种最简单的标准形，它只含变量的平方项，而且其系数只可能是$1,-1,0$.

定义 6.2.3 如果标准形的系数$k_i(i=1,2,\cdots,n)$只在$1,-1,0$三个数中取值，即

$$f(x_1,x_2,\cdots,x_n)=x_1^2+\cdots+x_p^2-x_{p+1}^2-\cdots-x_r^2, \tag{6.2.4}$$

则称这样的二次型为**规范形**.

规范形的矩阵称为规范对角阵，即

$$\begin{bmatrix} E_p & 0 & 0 \\ 0 & -E_q & 0 \\ 0 & 0 & 0 \end{bmatrix},$$

其中$q=r-p$，r是f的秩.

对于给定的二次型$f=\boldsymbol{x}^{\mathrm{T}}\boldsymbol{A}\boldsymbol{x}$，无论用什么方法得到一个标准形

$$f(y_1,y_2,y_3)=k_1y_1^2+\cdots+k_py_p^2+k_{p+1}y_{p+1}^2+\cdots+k_ry_r^2+k_{r+1}y_{r+1}^2+\cdots+k_ny_n^2$$

如果其中的系数$k_1,\cdots,k_p$都是正数，$k_{p+1},\cdots,k_r$都是负数，$k_{r+1}=\cdots=k_n=0$，那么经过可逆变换

$$\begin{cases} z_i=\sqrt{k_i}\,y_i, & i=1,\cdots,p; \\ z_j=\sqrt{-k_j}\,y_j, & j=p+1,\cdots,r; \\ z_l=y_l, & l=r+1,\cdots,n. \end{cases}$$

就可把上述标准形化为规范形$f(z_1,z_2,z_3)=z_1^2+\cdots+z_p^2-z_{p+1}^2-\cdots-z_r^2$.

6.3 二次型的正定性

6.3.1 惯性定理

规范形根据标准形中系数的正、负和零的个数，不需要任何计算，就可直接写出来. 对于给定的n元二次型$f=\boldsymbol{x}^{\mathrm{T}}\boldsymbol{A}\boldsymbol{x}$，它的标准形不是由$\boldsymbol{A}$唯一确定的. 那么我们自然要问：它的规范形是否由$\boldsymbol{A}$唯一确定呢？

定理 6.3.1（惯性定理） 实二次型$f=\boldsymbol{x}^{\mathrm{T}}\boldsymbol{A}\boldsymbol{x}$的秩为$r$，$\boldsymbol{x}=\boldsymbol{C}\boldsymbol{y}$及$\boldsymbol{x}=\boldsymbol{P}\boldsymbol{z}$是两个可逆变换，分别使二次型$f=\boldsymbol{x}^{\mathrm{T}}\boldsymbol{A}\boldsymbol{x}$化为标准形

$$f(y_1,y_2,\cdots,y_n)=k_1y_1^2+k_2y_2^2+\cdots+k_ry_r^2 \quad (k_i\neq 0)$$

及

$$f(z_1,z_2,\cdots,z_n)=\lambda_1z_1^2+\lambda_2z_2^2+\cdots+\lambda_rz_r^2 \quad (\lambda_i\neq 0)$$

则 $k_1,k_2,\cdots,k_r$ 中正数的个数与 $\lambda_1,\lambda_2,\cdots,\lambda_r$ 中正数的个数相等.

定义 6.3.1　二次型 $f=\boldsymbol{x}^{\mathrm{T}}\boldsymbol{A}\boldsymbol{x}$ 的标准形中正系数个数称为 f 的正惯性指数，负系数个数称为 f 的负惯性指数.

若二次型 $f=\boldsymbol{x}^{\mathrm{T}}\boldsymbol{A}\boldsymbol{x}$ 的正惯性指数为 p，秩为 r，则 $f=\boldsymbol{x}^{\mathrm{T}}\boldsymbol{A}\boldsymbol{x}$ 的规范形为

$$f=z_1^2+\cdots+z_p^2-z_{p+1}^2-\cdots-z_r^2 .$$

对于给定的 n 元二次型 $f=\boldsymbol{x}^{\mathrm{T}}\boldsymbol{A}\boldsymbol{x}$，它的规范形由 $\boldsymbol{A}$ 唯一确定.

定理 6.3.2　对称矩阵 $\boldsymbol{A}$ 与 $\boldsymbol{B}$ 合同的充分必要条件是它们有相同的秩和相同的正惯性指数.

例 6.3.1　以下 4 个对称矩阵中，哪些矩阵合同？

$$\boldsymbol{A}=\begin{bmatrix}-1&0&0\\0&3&0\\0&0&-2\end{bmatrix},\quad \boldsymbol{B}=\begin{bmatrix}-1&0&0\\0&1&0\\0&0&1\end{bmatrix},\quad \boldsymbol{C}=\begin{bmatrix}1&0&0\\0&-2&0\\0&0&-3\end{bmatrix},\quad \boldsymbol{D}=\begin{bmatrix}3&0&0\\0&2&0\\0&0&-5\end{bmatrix}.$$

解：这 4 个对称矩阵的秩都为 3. 因为 $\boldsymbol{A}$ 与 $\boldsymbol{C}$ 的正惯性指数同为 1，所以 $\boldsymbol{A}$ 与 $\boldsymbol{C}$ 合同. 因为 $\boldsymbol{B}$ 与 $\boldsymbol{D}$ 的正惯性指数同为 2，所以 $\boldsymbol{B}$ 与 $\boldsymbol{D}$ 合同.

6.3.2　二次型与矩阵的正定性

定义 6.3.2　对于 n 元实二次型 $f=\boldsymbol{x}^{\mathrm{T}}\boldsymbol{A}\boldsymbol{x}$ 和对应的 n 阶实对称矩阵 $\boldsymbol{A}$，有如下定义：

（1）若对于任意 $\boldsymbol{x}\neq\boldsymbol{0}$，有 $\boldsymbol{x}^{\mathrm{T}}\boldsymbol{A}\boldsymbol{x}>0$，则称 f 为正定二次型，称 $\boldsymbol{A}$ 为正定矩阵；

（2）若对于任意 $\boldsymbol{x}\neq\boldsymbol{0}$，有 $\boldsymbol{x}^{\mathrm{T}}\boldsymbol{A}\boldsymbol{x}\geqslant 0$，则称 f 为半正定二次型，称 $\boldsymbol{A}$ 为半正定矩阵；

（3）若对于任意 $\boldsymbol{x}\neq\boldsymbol{0}$，有 $\boldsymbol{x}^{\mathrm{T}}\boldsymbol{A}\boldsymbol{x}<0$，则称 f 为负定二次型，称 $\boldsymbol{A}$ 为负定矩阵；

（4）若对于任意 $\boldsymbol{x}\neq\boldsymbol{0}$，有 $\boldsymbol{x}^{\mathrm{T}}\boldsymbol{A}\boldsymbol{x}\leqslant 0$，则称 f 为半负定二次型，称 $\boldsymbol{A}$ 为半负定矩阵；

（5）其他的实二次型称为不定二次型，其对应的实对称矩阵称为不定矩阵.

定理 6.3.3　二次型 $f=\boldsymbol{x}^{\mathrm{T}}\boldsymbol{A}\boldsymbol{x}$ 是正定的充分必要条件是它的标准形的 n 个系数全为正，即它的正惯性指数等于 n.

证：设有可逆变换 $\boldsymbol{x}=\boldsymbol{C}\boldsymbol{y}$，使

$$f(\boldsymbol{x})=f(\boldsymbol{C}\boldsymbol{y})=k_1y_1^2+k_2y_2^2+\cdots+k_ny_n^2 .$$

先证充分性. 设 $k_i>0(i=1,2,\cdots,n)$，任意给 $\boldsymbol{x}\neq\boldsymbol{0}$，则 $\boldsymbol{y}=\boldsymbol{C}^{-1}\boldsymbol{x}\neq\boldsymbol{0}$，故

$$f(\boldsymbol{x})=k_1y_1^2+k_2y_2^2+\cdots+k_ny_n^2>0 .$$

再证必要性. 用反证法，假设有 $k_s\leqslant 0$，则当 $\boldsymbol{y}=\boldsymbol{e}_s$（第 s 个分量为 1，其余分量为零）时，$f(\boldsymbol{C}\boldsymbol{e}_s)=k_s\leqslant 0$. 显然 $\boldsymbol{C}\boldsymbol{e}_s\neq 0$，这与 f 为正定矛盾. 这就证明了 $k_i>0$（$i=1,2,\cdots,n$）.

推论　实对称矩阵 $\boldsymbol{A}$ 正定的充分必要条件是 $\boldsymbol{A}$ 的特征值都是正数.

定义 6.3.3 设方阵 $A=(a_{ij})_{n\times n}$，记

$$\Delta_k=\begin{vmatrix} a_{11} & a_{12} & \cdots & a_{1k} \\ a_{21} & a_{22} & \cdots & a_{2k} \\ \vdots & \vdots & \ddots & \vdots \\ a_{k1} & a_{k2} & \cdots & a_{kk} \end{vmatrix}.$$

我们称 Δ_k 为方阵 A 的 **k 阶顺序主子式**（$k=1,2,\cdots,n$）.

定理 6.3.4 实对称矩阵 A 正定的充分必要条件是 A 的所有顺序主子式都为正，即

$$\Delta_1=a_{11}>0,\ \Delta_2=\begin{vmatrix} a_{11} & a_{12} \\ a_{21} & a_{22} \end{vmatrix}>0,\cdots,\ \Delta_k=\begin{vmatrix} a_{11} & a_{12} & \cdots & a_{1n} \\ a_{21} & a_{22} & \cdots & a_{2n} \\ \vdots & \vdots & \ddots & \vdots \\ a_{n1} & a_{n2} & \cdots & a_{nn} \end{vmatrix}>0,$$

实对称矩阵 A 负定的充分必要条件是 A 的奇数阶顺序主子式都为负，偶数阶顺序主子式都为正，即

$$(-1)^r\Delta_r=(-1)^r\begin{vmatrix} a_{11} & a_{12} & \cdots & a_{1r} \\ a_{21} & a_{22} & \cdots & a_{2r} \\ \vdots & \vdots & \ddots & \vdots \\ a_{n1} & a_{n2} & \cdots & a_{rr} \end{vmatrix}>0,\ (r=1,2,\cdots,n).$$

该定理称为赫尔维茨（Hurwitz）定理，这里不予证明.

例 6.3.2 判定方阵 $A=\begin{bmatrix} 5 & 2 & -2 \\ 2 & 5 & -1 \\ -2 & -1 & 5 \end{bmatrix}$ 的正定性.

解： 易见 A 为对称矩阵，又因为 A 的三个顺序主子式

$$\Delta_1=5>0,\ \Delta_2=\begin{vmatrix} 5 & 2 \\ 2 & 5 \end{vmatrix}=21>0,$$

$$\Delta_3=\begin{vmatrix} 5 & 2 & -2 \\ 2 & 5 & -1 \\ -2 & -1 & 5 \end{vmatrix}=\begin{vmatrix} 5 & 2 & -2 \\ 2 & 5 & -1 \\ 0 & 4 & 4 \end{vmatrix}=\begin{vmatrix} 5 & 4 & -2 \\ 2 & 6 & -1 \\ 0 & 0 & 4 \end{vmatrix}=88>0,$$

所以 A 是正定矩阵.

例 6.3.3 t 满足什么条件时，二次型 $f(x_1,x_2,x_3)=2x_1^2+x_2^2+x_3^2+2x_1x_2+2tx_2x_3$ 为正定二次型？

解： 此二次型的矩阵

$$A=\begin{bmatrix} 2 & 1 & 0 \\ 1 & 1 & t \\ 0 & t & 1 \end{bmatrix}.$$

显然，

$$\Delta_1=2>0,\quad \Delta_2=\begin{vmatrix}2&1\\1&1\end{vmatrix}=1>0,$$

$$\Delta_3=|\boldsymbol{A}|=\begin{vmatrix}2&1&0\\1&1&t\\0&t&1\end{vmatrix}=1-2t^2.$$

$\boldsymbol{A}$ 正定 $\Leftrightarrow \Delta_3>0 \Leftrightarrow -\dfrac{\sqrt{2}}{2}<t<\dfrac{\sqrt{2}}{2}$.

本 章 小 结

1. 基本要求

（1）了解二次型的概念；

（2）掌握二次型及其矩阵表示，了解二次型秩的概念；

（3）了解合同矩阵及其性质；

（4）掌握用正交变换法化实二次型为标准形的方法；

（5）了解用配方法化实二次型为标准形的方法；

（6）了解惯性定理及实二次型的规范形；

（7）了解实二次型与实对称矩阵正定性的概念，掌握正定性的判定方法.

重点：二次型的矩阵表示；正交变换法化二次型为标准形；二次型及对称矩阵正定性的概念与判定方法.

难点：化二次型为标准形的方法；二次型及对称矩阵的正定性判定.

2. 学习要点

（1）二次型的表示方法

$$f(x_1,x_2,\cdots,x_n)=\sum_{i=1}^{n}\sum_{j=1}^{n}a_{ij}x_ix_j=\boldsymbol{x}^{\mathrm{T}}\boldsymbol{A}\boldsymbol{x},$$

其中

$$\boldsymbol{A}=\begin{bmatrix}a_{11}&a_{12}&\cdots&a_{1n}\\a_{21}&a_{22}&\cdots&a_{2n}\\\vdots&\vdots&\ddots&\vdots\\a_{n1}&a_{n2}&\cdots&a_{nn}\end{bmatrix},\quad \boldsymbol{x}=\begin{bmatrix}x_1\\x_2\\\vdots\\x_n\end{bmatrix},$$

其中 $a_{ij}=a_{ji}$，即 $\boldsymbol{A}$ 为对称矩阵.

如果二次型中只含有变量的平方项，即

$$f(x_1,x_2,\cdots,x_n)=\sum_{i=1}^{n}k_i x_i^2 \quad (i=1,2,\cdots,n),$$

其中 $k_i(i=1,2,\cdots,n)$ 为实数，则称这样的二次型为标准二次型.

（2）矩阵的合同

对于 n 阶实对称矩阵 $\boldsymbol{A}$ 和 $\boldsymbol{B}$，若存在可逆矩阵 $\boldsymbol{C}$，使得 $\boldsymbol{B}=\boldsymbol{C}^{\mathrm{T}}\boldsymbol{A}\boldsymbol{C}$，则称 $\boldsymbol{A}$ 与 $\boldsymbol{B}$ 合同，记为 $\boldsymbol{A}\simeq\boldsymbol{B}$.

将二次型化为标准形，即寻找可逆变换 $\boldsymbol{x}=\boldsymbol{C}\boldsymbol{y}$ 使

$$f=\boldsymbol{x}^{\mathrm{T}}\boldsymbol{A}\boldsymbol{x}=\boldsymbol{y}^{\mathrm{T}}(\boldsymbol{C}^{\mathrm{T}}\boldsymbol{A}\boldsymbol{C})\boldsymbol{y}=k_1y_1^2+k_2y_2^2+\cdots+k_ny_n^2=\boldsymbol{y}^{\mathrm{T}}\boldsymbol{\Lambda}\boldsymbol{y},$$

也就是寻找可逆矩阵 $\boldsymbol{C}$，使得 $\boldsymbol{C}^{\mathrm{T}}\boldsymbol{A}\boldsymbol{C}$ 为对角矩阵，即 $\boldsymbol{A}\simeq\boldsymbol{\Lambda}$.

（3）化二次型为标准形的方法

正交变换法：

①写出二次型 f 的矩阵 $\boldsymbol{A}$，并由特征方程 $f(\lambda)=|\boldsymbol{A}-\lambda\boldsymbol{E}|=0$ 求出全部特征值 $\lambda_1,\lambda_2,\cdots,\lambda_n$（重根以重数记）；

②对不同的 λ_i，求 $(\boldsymbol{A}-\lambda_i\boldsymbol{E})\boldsymbol{x}=\boldsymbol{0}$ 的基础解系；

③对不同的 λ_i，用施密特正交化方法将 $(\boldsymbol{A}-\lambda_i\boldsymbol{E})\boldsymbol{x}=\boldsymbol{0}$ 的基础解系先正交化，再单位化，即得 n 个正交单位特征向量组 $\boldsymbol{p}_1,\boldsymbol{p}_2,\cdots,\boldsymbol{p}_n$，由此构成正交阵 $\boldsymbol{P}=(\boldsymbol{p}_1,\boldsymbol{p}_2,\cdots,\boldsymbol{p}_n)$，于是二次型 f 经正交变换 $\boldsymbol{x}=\boldsymbol{P}\boldsymbol{y}$ 化为标准形

$$f=\lambda_1y_1^2+\lambda_2y_2^2+\cdots+\lambda_ny_n^2,$$

其中 $\lambda_1,\lambda_2,\cdots,\lambda_n$ 的排列顺序与 $\boldsymbol{p}_1,\boldsymbol{p}_2,\cdots,\boldsymbol{p}_n$ 的排列顺序一致.

配方法：

①若二次型中含有变量 x_i 的平方项，则先把含 x_i 的各项归并起来并按 x_i 配成完全平方，然后按此法对其他变量配方，直至都配成平方项；

②若二次型不含平方项，则若 $a_{ij}\neq 0\,(i\neq j)$，先做可逆线性变换

$$\begin{cases} x_i=y_i+y_j; \\ x_j=y_i-y_j; \\ x_k=\qquad\quad y_k \quad (k\neq i,j). \end{cases}$$

使二次型出现平方项，再按①的方法配方.

（4）二次型的规范形

若二次型 $f=\boldsymbol{x}^{\mathrm{T}}\boldsymbol{A}\boldsymbol{x}$ 的正惯性指数为 p，秩为 r，则 $f=\boldsymbol{x}^{\mathrm{T}}\boldsymbol{A}\boldsymbol{x}$ 的规范形为

$$f = z_1^2 + \cdots + z_p^2 - z_{p+1}^2 - \cdots - z_r^2 .$$

对称矩阵 $\boldsymbol{A}$ 与 $\boldsymbol{B}$ 合同当且仅当它们有相同的秩和相同的正惯性指数.

（5）二次型和矩阵正定性的概念及其判定方法

对于任意给的 $\boldsymbol{x} \neq \boldsymbol{0}$，若 $\boldsymbol{x}^{\mathrm{T}}\boldsymbol{A}\boldsymbol{x} > 0$（或$<0$），则称 f 为正定（或负定）二次型，称 $\boldsymbol{A}$ 为正定（或负定）矩阵；若 $\boldsymbol{x}^{\mathrm{T}}\boldsymbol{A}\boldsymbol{x} \geqslant 0$（或$\leqslant 0$），则称 f 为半正定（或半负定）二次型，称 $\boldsymbol{A}$ 为半正定（或半负定）矩阵；其他的二次型均称为不定二次型，对应的对称阵称为不定矩阵.

二次型 $f = \boldsymbol{x}^{\mathrm{T}}\boldsymbol{A}\boldsymbol{x}$ 或实对称阵 $\boldsymbol{A}$ 正定（负定）的判别法：

① f 的标准形的 n 个系数全为正（负）；

② $\boldsymbol{A}$ 的特征值全为正（负）；

③ $\boldsymbol{A}$ 与单位阵 $\boldsymbol{E}$ 合同（$\boldsymbol{A}$ 与 $-\boldsymbol{E}$ 合同）；

④ $\boldsymbol{A}$ 的顺序主子式全为正（$\boldsymbol{A}$ 的奇数阶顺序主子式为负，偶数阶顺序主子式为正）.

习 题 6

6.1 用矩阵记号表示下列二次型：

（1） $f(x,y,z) = x^2 + 4xy + 4y^2 - 2xz + 4yz - z^2$；

（2） $f(x_1,x_2,x_3,x_4) = x_1^2 + 2x_2^2 - 3x_3^2 - 5x_4^2 + 4x_1x_2 + 2x_2x_3 - x_3x_4$.

6.2 写出下列各矩阵的二次型：

（1） $\boldsymbol{A} = \begin{bmatrix} 1 & -1 & 0 \\ -1 & 2 & 1 \\ 0 & 1 & 3 \end{bmatrix}$；（2） $\boldsymbol{A} = \begin{bmatrix} 1 & 2 & 4 \\ 2 & -2 & -1 \\ 4 & -1 & -6 \end{bmatrix}$.

6.3 已知二次型 $f(x_1,x_2,x_3) = 5x_1^2 + 5x_2^2 + ax_3^2 - 2x_1x_2 + 6x_1x_3 - 6x_2x_3$ 的秩为 2，求参数 a 的值.

6.4 求一个正交变换化下列实二次型为标准形：

（1） $f(x_1,x_2,x_3) = 2x_1^2 + 3x_2^2 + 3x_3^2 + 4x_2x_3$；

（2） $f(x_1,x_2,x_3,x_4) = x_1^2 + x_2^2 + x_3^2 + x_4^2 + 2x_1x_2 - 2x_1x_4 - 2x_2x_3 + 2x_3x_4$.

6.5 用配方法化下列二次型为标准形，并写出所用的可逆变换：

（1） $f(x_1,x_2,x_3) = 2x_1^2 + x_2^2 - 4x_3^2 - 4x_1x_2 - 2x_2x_3$；

（2） $f(x_1,x_2,x_3) = x_1x_2 + 4x_1x_3 - 6x_2x_3$.

6.6 试将下列二次曲面方程化为标准方程并说明曲面的类型：

（1） $5x^2 + 5y^2 + 3z^2 - 2xy + 6xz - 6yz = 1$；

（2） $2x^2 + 3y^2 + 3z^2 + 4yz = 1$.

6.7 已知二次型 $f(x_1,x_2,x_3) = 2x_1^2 + x_2^2 + ax_3^2 - 4x_1x_2 + 2bx_2x_3$（$a,b$ 为常数，且 $b>0$），

过正交变换 $\boldsymbol{x}=\boldsymbol{P}\boldsymbol{y}$ 化为标准形 $f(y_1,y_2,y_3)=y_1^2-2y_2^2+4y_3^2$，求 a,b 的值及所用的正交矩阵 $\boldsymbol{P}$.

6.8　已知实对称阵 $\boldsymbol{A}$ 与 $\boldsymbol{B}=\begin{bmatrix}1&0&0\\0&-1&2\\0&2&2\end{bmatrix}$ 合同，求二次型 $f=\boldsymbol{x}^{\mathrm{T}}\boldsymbol{A}\boldsymbol{x}$ 的规范形.

6.9　判别下列二次型的正定性：

（1）$f(x_1,x_2,x_3)=2x_1^2+5x_2^2+5x_3^2+4x_1x_2-4x_1x_3-8x_2x_3$；

（2）$f(x_1,x_2,x_3)=-2x_1^2-6x_2^2-4x_3^2+2x_1x_2+2x_2x_3$；

（3）$f(x_1,x_2,x_3)=5x_1^2+5x_2^2+3x_3^2-2x_1x_2+6x_1x_3-6x_2x_3$.

6.10　已知二次型 $f(x_1,x_2,x_3)=x_1^2+ax_2^2+x_3^2+2x_1x_2-2ax_1x_3-2x_2x_3$ 的正负惯性指数都是 1，求常数 a 的值.

6.11　已知二次型 $f(x_1,x_2,x_3)=x_1^2+2x_2^2+(1-a)x_3^2+2ax_1x_2+2x_1x_3$ 正定，求常数 a 满足的条件.

6.12　设二次型 $f(x_1,x_2,x_3)=a(x_1^2+x_2^2+x_3^2)+2x_1x_2+2x_1x_3-2x_2x_3$. 问：(1)常数 a 满足什么条件时 f 正定？（2）常数 a 满足什么条件时 f 负定？

6.13　设 $\boldsymbol{A}=\begin{bmatrix}1&1&1&1\\1&1&1&1\\1&1&1&1\\1&1&1&1\end{bmatrix}$，$\boldsymbol{B}=\begin{bmatrix}4&0&0&0\\0&0&0&0\\0&0&0&0\\0&0&0&0\end{bmatrix}$，证明 $\boldsymbol{A}$ 与 $\boldsymbol{B}$ 合同且相似.

6.14　已知二次型 $f(x_1,x_2,x_3)=\boldsymbol{x}^{\mathrm{T}}\boldsymbol{A}\boldsymbol{x}$ 通过正交变换 $\boldsymbol{x}=\boldsymbol{P}\boldsymbol{y}$ 化为标准形 $y_1^2-y_2^2+2y_3^2$.

（1）求 $|\boldsymbol{A}^*|$，$|2\boldsymbol{A}^{-1}-\boldsymbol{A}^*|$；（2）求矩阵 $\boldsymbol{A}^3-2\boldsymbol{A}^2-\boldsymbol{A}+2\boldsymbol{E}$.

6.15　证明：对称矩阵 $\boldsymbol{A}$ 正定的充要条件是存在可逆矩阵 $\boldsymbol{C}$，使得 $\boldsymbol{A}=\boldsymbol{C}^{\mathrm{T}}\boldsymbol{C}$，即 $\boldsymbol{A}$ 与单位阵 $\boldsymbol{E}$ 合同.

6.16　已知 $\boldsymbol{A}$ 为正定矩阵，证明 $|\boldsymbol{A}+\boldsymbol{E}|>1$.

6.17　已知 $\boldsymbol{A}$ 为正定矩阵，且 $|\boldsymbol{C}|\neq 0$，证明 $\boldsymbol{C}^{\mathrm{T}}\boldsymbol{A}\boldsymbol{C}$ 为正定矩阵.

6.18　设 $\boldsymbol{A}$ 为 $m\times n$ 矩阵，$\boldsymbol{B}=\boldsymbol{A}^{\mathrm{T}}\boldsymbol{A}+\boldsymbol{E}$. 证明 $\boldsymbol{B}$ 为正定矩阵.

第 7 章　MATLAB 在线性代数中的应用

MATLAB 是 Maths 公司开发的综合性数学软件包，在科学计算与工程领域获得了广泛的应用．该软件为线性代数的计算提供了强有力的支持．本章简单介绍 MATLAB 在线性代数中的应用，详细的内容请参阅有关书籍．

7.1　矩阵与行列式的运算

7.1.1　实验目的

（1）熟悉 MATLAB 软件在矩阵运算方面的命令函数：判断 $\boldsymbol{A}$ 的可逆性并求 $\boldsymbol{A}$ 的逆矩阵函数 inv(A)；求方阵 $\boldsymbol{A}$ 的行列式的函数 det(A)；求矩阵 $\boldsymbol{A}$ 的秩的函数 rank(A)；求矩阵 $\boldsymbol{A}$ 的行最简形矩阵的函数 rref(A)．

（2）借助计算机完成矩阵的各种运算．

7.1.2　实验内容

在 MATLAB 中，矩阵用中括号括起来，同一行的数据用空格或逗号隔开，不同行用分号隔开．矩阵是 MATLAB 的基本数据形式，数和向量可视为它的特殊形式，不必对矩阵的行、列数做专门的说明．

1．矩阵的直接输入

矩阵有多种输入方式，这里介绍一种逐一输入矩阵元素的方法．具体做法是：在方括号内逐行键入矩阵各元素，同一行各元素之间用逗号或空格分隔，两行元素之间用分号分隔．

例 7.1.1　在 MATLAB 的提示符下输入

A=[1,2,3;4,5,6;7,8,9]↙

得到一个 3 行 3 列的矩阵，结果为

```
A=1    2    3
  4    5    6
  7    8    9
```

2．矩阵元素

矩阵元素用矩阵名及其下标表示．

在做了例 7.1.1 的输入后，若输入命令

A(2,3)↙

则结果为

```
ans=6
```

即矩阵 $\boldsymbol{A}$ 第 2 行第 3 列的元素为 6.

也可通过改变矩阵的元素来改变矩阵. 在例 7.1.1 输入矩阵 $\boldsymbol{A}$ 后，输入命令

A(3,3)=10↙

即得一新的矩阵，结果为

```
A=1   2    3
  4   5    6
  7   8   10
```

甚至可以通过给定一个元素的值，得到一个扩大的新矩阵. 如输入命令

A(5,3)=2*0.15↙

则结果为

```
A=1.0000  2.0000   3.0000
  4.0000  5.0000   6.0000
  7.0000  8.0000  10.0000
       0       0        0
       0       0   0.3000
```

3. 矩阵的运算

矩阵运算的运算符为+、-、*、/、\、'和^. 其中+、-、*是通常矩阵加法、减法和乘法的运算符.

例 7.1.2 在 MATLAB 的提示符下分别输入矩阵 $\boldsymbol{M}$、$\boldsymbol{N}$ 和 $\boldsymbol{V}$：

M=[1,0.5,2;2,3,3;4.5,1,6]↙

```
M=1.0000   0.5000  2.0000
  2.0000   3.0000  3.0000
  4.5000   1.0000  6.0000
```

N=[2,2,3;3,1,4;1,1,2]↙

```
N=2   2   3
  3   1   4
  1   1   2
```

```
V=[1,2;2,1;3,1]↙
V=1   2
  2   1
  3   1
```

计算 $\boldsymbol{M}+\boldsymbol{N}$，输入命令

```
R1=M+N↙
```

结果为

```
R1=1.0000    2.5000    5.0000
   5.0000    4.0000    7.0000
   5.5000    2.0000    8.0000
```

计算 $\boldsymbol{M}-\boldsymbol{N}$，输入命令

```
R2=M–N↙
```

结果为

```
R2=-1.0000    -1.5000   -1.0000
   -1.0000     2.0000   -1.0000
    3.5000     0.0000    4.0000
```

计算 $\boldsymbol{MN}$，输入命令

```
R3=M*N↙
```

结果为

```
R3= 5.5000    4.5000    9.0000
   16.0000   10.0000   24.0000
   18.0000   16.0000   29.5000
```

计算 $\boldsymbol{MV}$，输入命令

```
R4=M*V↙
```

结果为

```
R4= 8.0000    4.5000
   17.0000   10.0000
   24.5000   16.0000
```

计算 $\boldsymbol{N}^4$，输入命令

```
R5=N^4↙
```

结果为

```
R5=426   316   669
```

```
459   343   722
233   173   366
```

“ ' ”是矩阵转置运算符，如输入命令

R6=V'↙

结果为

```
R6=1  2  3
   2  1  1
```

4．方阵行列式

如果 $\boldsymbol{A}$ 是一个已知方阵，以 $\boldsymbol{A}$ 的元素按原次序所构成的行列式，称为 $\boldsymbol{A}$ 的行列式. 在 MATLAB 中求方阵 $\boldsymbol{A}$ 的行列式的命令为 det(A).

例 7.1.3 在 MATLAB 的提示符下键入

```
A=[1,1,1;1,2,3;1,3,6];↙
D=det(A)↙
```

结果为

```
D=1
```

即 $\begin{vmatrix} 1 & 1 & 1 \\ 1 & 2 & 3 \\ 1 & 3 & 6 \end{vmatrix} = 1$.

5．逆矩阵的求法

对于 n 阶方阵 $\boldsymbol{A}$，如果存在 n 阶方阵 $\boldsymbol{B}$，使得 $\boldsymbol{AB}=\boldsymbol{BA}=\boldsymbol{E}$，则称 n 阶方阵 $\boldsymbol{A}$ 是可逆的，而 $\boldsymbol{B}$ 称为 $\boldsymbol{A}$ 的**逆矩阵**，记为 $\boldsymbol{A}^{-1}$. 在 MATLAB 中判断可逆性及求逆矩阵的函数为 inv( ).

例 7.1.4 在 MATLAB 的提示符下键入

```
A=[1,0,1;2,1,0;–3,2,–5]↙
A=   1      0      1
     2      1      0
    -3      2     -5
```

输入命令

```
format rat↙%以分数（包括整数）输出结果
X=inv(A)↙
```

则结果为

```
X= -5/2          1          -1/2
     5          -1            1
    7/2         -1           1/2
```

即
$$\begin{bmatrix}1&0&1\\2&1&0\\-3&2&-5\end{bmatrix}^{-1}=\begin{bmatrix}-\frac{5}{2}&1&-\frac{1}{2}\\5&-1&1\\\frac{7}{2}&-1&\frac{1}{2}\end{bmatrix}$$

若输入 B=[1,1,1;1,1,1;1,1,1] ↙

```
B= 1     1     1
   1     1     1
   1     1     1
```

输入命令

Y=inv(B)↙

则结果为

```
Warning: Matrix is singular to working precision.
                 Y = Inf   Inf   Inf
                     Inf   Inf   Inf
                     Inf   Inf   Inf
```

即 ***B*** 为奇异矩阵，***B*** 不可逆.

6．矩阵的初等行变换

对矩阵施行以下三种行变换：

（1）交换矩阵的两行对应元素的位置；

（2）用一个不等于零的数乘矩阵某一行的所有元素；

（3）把矩阵某一行所有元素的常数倍加到另一行的对应元素上去.

这三种变换称为矩阵的**初等行变换**. 利用矩阵的一系列初等行变换可以将一个矩阵化为与之等价的行最简形矩阵.

在 MATLAB 中，命令 rref(A)将返回 ***A*** 的行最简形矩阵.

例 7.1.5　化魔方矩阵 ***A*** = magic(6)为行最简形矩阵.

在 MATLAB 的提示符下键入

```
A=magic(6)↙
A= 35     1     6    26    19    24
    3    32     7    21    23    25
   31     9     2    22    27    20
    8    28    33    17    10    15
   30     5    34    12    14    16
    4    36    29    13    18    11
B=rref(A)↙
```

则结果为

```
B= 1    0    0    0    0   -2
   0    1    0    0    0   -2
   0    0    1    0    0    1
   0    0    0    1    0    2
   0    0    0    0    1    2
   0    0    0    0    0    0
```

7. 矩阵的秩

从矩阵 A 中任选 r 行 r 列，这 r 行 r 列交叉位置的 r^2 个数按原次序构成的 r 阶行列式，称为矩阵 A 的一个 **r 阶子行列式**（或称 **r 阶子式**）. 若矩阵 A 至少有一个不为零的 r 阶子式，而所有高于 r 阶的子式都为零，则称矩阵 A 的**秩**为 r，记为 $R(A)=r$.

在 MATLAB 中，求矩阵秩的命令为 rank(A).

例 7.1.6 在 MATLAB 的提示符下键入

```
A= [2,2,1;-3,12,3;8,-2,1;2,12,4]; ↙
r=rank(A)↙
```

则结果为

```
r=2
```

例 7.1.7 在 MATLAB 的提示符下键入

```
A=magic(6);↙
c=rank(A)↙
```

则结果为

```
c=5
```

矩阵的基本运算、功能及其 MATLAB 命令形式见表 7.1.1.

表 7.1.1 矩阵的基本运算

运 算	功 能	命令形式
矩阵的加减法	将两个同型矩阵相加（减）	A±B
数乘	将数与矩阵做乘法	k*A（其中 k 是一个数，A 是一个矩阵）
矩阵乘法	将两个矩阵做乘法	A*B（A 的列数必须等于 B 的行数）
矩阵的左除	计算 $A^{-1}B$	A\B（A 必须为方阵）
矩阵的右除	计算 AB^{-1}	A/B（B 必须为方阵）
求矩阵行列式	计算方阵的行列式	det(A)（A 必须为方阵）
求矩阵的逆	求方阵的逆	inv(A)或 A^(-1)（A 必须为方阵）
矩阵乘幂	计算 A^n	A^n（A 必须为方阵，n 是正整数）
矩阵的转置	求矩阵的转置	transpose(A)或 A′
矩阵的秩	求矩阵的秩	rank(A)
矩阵行变换化简	求矩阵的行最简形矩阵	rref(A)

注意：它们都符合矩阵运算的规律，如果矩阵的行列数不符合运算符的要求，就会产生错误信息．

7.2　线性方程组求解

7.2.1　实验目的

（1）理解线性方程组的概念和解的概念，理解一般线性方程组解的结构及基础解系概念．

（2）熟悉 MATLAB 数学软件求解线性方程组的命令．

7.2.2　实验内容

线性方程组是线性代数研究的主要问题，而且很多实际问题的解决也归结为线性方程组的求解．在 MATLAB 中求解线性方程组主要有三种方法：求逆法、左除与右除和初等变换法．下面对各个方法做详细介绍．

1．求逆法

对于线性方程组 $\boldsymbol{AX}=\boldsymbol{b}$，如果系数矩阵 $\boldsymbol{A}$ 是可逆方阵，则解由 X=inv(A)*b 获得．

例 7.2.1　求方程组 $\begin{cases}2x+3y=4;\\x-y=1.\end{cases}$ 的解．

解：输入命令

```
A=[2,3;1,-1];b=[4;1];↙
X=inv(A)*b↙
```

则结果为

```
X=1.4000
   0.4000
```

即方程组的解为 $x=1.4, y=0.4$．

例 7.2.2　求方程组 $\begin{cases}x_1+x_2+x_3+x_4=5;\\x_1+2x_2-x_3+4x_4=-2;\\2x_1-3x_2-x_3-5x_4=-2;\\3x_1+x_2+2x_3+11x_4=0.\end{cases}$ 的解．

解：输入命令

```
A=[1,1,1,1;1,2,-1,4;2,-3,-1,-5;3,1,2,11];↙
b=[5;-2;-2;0];↙
X=inv(A)*b↙
```

则结果为

```
X=  1.0000
    2.0000
    3.0000
   -1.0000
```

即方程组的解为 $x_1=1, x_2=2, x_3=3, x_4=-1$.

2．左除与右除法

运算符“/”和“\”分别称为左除和右除.

当 $\boldsymbol{X}$ 与 $\boldsymbol{B}$ 都是矩阵而不是向量时，矩阵方程 $\boldsymbol{AX}=\boldsymbol{B}$ 的解为 $\boldsymbol{X}=\boldsymbol{A}^{-1}\boldsymbol{B}$，同理，矩阵方程 $\boldsymbol{XA}=\boldsymbol{B}$ 的解为 $\boldsymbol{X}=\boldsymbol{BA}^{-1}$，因此由 MATLAB 的左除和右除运算可以方便地求出解.

矩阵方程 $\boldsymbol{AX}=\boldsymbol{B}$ 的求解命令为

X = A\B.

矩阵方程 $\boldsymbol{XA}=\boldsymbol{B}$ 的求解命令为

X = B/A.

例 7.2.3 在 MATLAB 的提示符下键入

```
A=[2,1;1,2];↙
B=[1,2;-1,4];↙
X=A/B↙
```

则结果为

```
X= 1.5000   -0.5000
   1.0000         0
```

即矩阵方程 $\boldsymbol{XB}=\boldsymbol{A}$ 的解为 $\boldsymbol{X}=\begin{bmatrix}1.5 & -0.5\\ 1 & 0\end{bmatrix}$.

若输入命令

```
Y=A\B↙
```

则结果为

```
Y= 1.0000   -0.0000
  -1.0000    2.0000
```

即矩阵方程 $\boldsymbol{AY}=\boldsymbol{B}$ 的解为 $\boldsymbol{Y}=\begin{bmatrix}1 & 0\\ -1 & 2\end{bmatrix}$.

例 7.2.4 设 $\boldsymbol{A}=\begin{bmatrix}4 & 3 & 2\\ 1 & 1 & 0\\ -1 & 2 & 3\end{bmatrix}$，$\boldsymbol{AB}=\boldsymbol{A}+2\boldsymbol{B}$，求 $\boldsymbol{B}$.

解： 把矩阵式变形为 $(\boldsymbol{A}-2\boldsymbol{E})\boldsymbol{B}=\boldsymbol{A}$，则求 $\boldsymbol{B}$ 即解该矩阵方程.

在 MATLAB 的提示符下输入

```
format rat↙ %使结果以分数输出
A=[4,3,2;1,1,0;-1,2,3]; ↙
E=[1,0,0;0,1,0;0,0,1]; ↙
X=A-2*E; ↙
B=X\A↙
```

则结果为

```
B= 5/3        -2/3        -4/3
   2/3        -5/3        -4/3
  -2/3        14/3        13/3
```

即
$$B=\begin{bmatrix} \frac{5}{3} & -\frac{2}{3} & -\frac{4}{3} \\ \frac{2}{3} & -\frac{5}{3} & -\frac{4}{3} \\ -\frac{2}{3} & \frac{14}{3} & \frac{13}{3} \end{bmatrix}.$$

3. 初等变换法

在线性代数中，用消元法求非齐次线性方程组的通解的具体过程为：首先用初等变换化线性方程组的增广矩阵 $\overline{\boldsymbol{A}}$ 为行最简形，并写出对应的同解方程组，把最后的恒等式“0=0”（如果出现的话）去掉．如果剩下的方程中最后的一个方程等于一个非零的数，那么方程组无解，否则有解．在有解的情况下，如果同解方程组中方程的个数 r 小于未知量的个数 n，那么方程组就有无穷多个解．

在 MATLAB 中，对于线性方程组 $\boldsymbol{AX}=\boldsymbol{b}$，利用指令 rref()可以方便地求得线性方程组的通解．

例 7.2.5　求齐次线性方程组 $\begin{cases} x_1-8x_2+10x_3+2x_4=0; \\ 2x_1+4x_2+5x_3-x_4=0; \\ 3x_1+8x_2+6x_3-2x_4=0. \end{cases}$ 的通解．

解： 输入命令

```
A=[1,-8,10,2;2,4,5,-1;3,8,6,-2];↙
format rat↙
rref(A)↙
```

则结果为

```
ans=  1          0          4          0
```

```
      0            1           -3/4         -1/4
      0            0            0            0
```

结果分析：

即$A=\begin{bmatrix}1 & -8 & 10 & 2\\ 2 & 4 & 5 & -1\\ 3 & 8 & 6 & -2\end{bmatrix}\xrightarrow{\text{初等行变换}}\begin{bmatrix}1 & 0 & 4 & 0\\ 0 & 1 & -\frac{3}{4} & -\frac{1}{4}\\ 0 & 0 & 0 & 0\end{bmatrix}$.

所以原方程组等价于$\begin{cases}x_1=-4x_3;\\ x_2=\frac{3}{4}x_3+\frac{1}{4}x_4.\end{cases}$

取$x_3=1$，$x_4=0$得$x_1=-4$，$x_2=\frac{3}{4}$；取$x_3=0$，$x_4=1$得$x_1=0$，$x_2=\frac{1}{4}$.

因此基础解系为$\xi_1=\begin{bmatrix}-4\\ \frac{3}{4}\\ 1\\ 0\end{bmatrix}$，$\xi_2=\begin{bmatrix}0\\ \frac{1}{4}\\ 0\\ 1\end{bmatrix}$.

所以方程组的通解为

$$\begin{bmatrix}x_1\\ x_2\\ x_3\\ x_4\end{bmatrix}=k_1\begin{bmatrix}-4\\ \frac{3}{4}\\ 1\\ 0\end{bmatrix}+k_2\begin{bmatrix}0\\ \frac{1}{4}\\ 0\\ 1\end{bmatrix}\text{，其中 }k_1,k_2\text{ 是任意实数.}$$

4．符号方程组求解

线性方程组$AX=B$的符号解.

命令形式：X=linsolve(A,B)

功能：此命令只给出特解.

例 7.2.6 求非齐次线性方程组$\begin{bmatrix}1 & 0 & 0\\ 0 & 2 & 0\end{bmatrix}X=\begin{bmatrix}1\\ 3\end{bmatrix}$的解.

解：输入命令

```
A=[1,0,0;0,2,0];B=[1;3]; ↙
X=linsolve(A,B) ↙
```

则结果为

```
X=1.0000
```

```
1.5000
0
```

即给出了方程组的一个特解 $\boldsymbol{X}=\begin{bmatrix}1\\1.5\\0\end{bmatrix}$.

7.3　求矩阵的特征值、特征向量及矩阵的对角化问题

7.3.1　实验目的

（1）理解矩阵特征值和特征向量的概念和求法，理解矩阵特征值的性质，理解方阵的对角化问题.

（2）熟悉 MATLAB 数学软件求矩阵特征值和特征向量的命令.

（3）会借助 MATLAB 数学软件解决方阵的对角化问题.

7.3.2　实验内容

特征值与特征向量是线性代数中非常重要的概念，在实际的工程应用和求解数学问题中占有非常重要的地位．在实验中要介绍如何利用 MATLAB 求特征值与特征向量、解决矩阵的对角化等问题，培养把实际问题转化为数学问题并求解的能力.

1．求矩阵特征值与特征向量命令

- poly(A)

功能：求矩阵 $\boldsymbol{A}$ 的特征多项式（以向量形式给出系数）.

- d=eig(A)

功能：返回方阵 $\boldsymbol{A}$ 的全部特征值组成的列向量 $\boldsymbol{d}$.

- [P,V]=eig(A)

功能：返回方阵 $\boldsymbol{A}$ 的特征值矩阵 $\boldsymbol{V}$ 与特征向量矩阵 $\boldsymbol{P}$ ，满足 $\boldsymbol{AP}=\boldsymbol{PV}$.

说明：特征向量矩阵 $\boldsymbol{P}$ 的列向量为单位特征向量.

例 7.3.1　求矩阵 $\begin{bmatrix}1&-1\\2&4\end{bmatrix}$ 的特征多项式、特征值、特征向量.

解： 输入命令

```
A=[1,-1;2,4];↙
q=poly(A)↙
poly2str(q,'x')↙%将结果转化为多项式输出
```

结果为

```
q =1    -5     6
ans ='x^2 - 5 x + 6'
```

继续输入

[P,V]=eig(A)↙

结果为

```
P =-0.7071    0.4472
    0.7071   -0.8944
V = 2      0
    0      3
```

结果分析：特征多项式是 x^2-5x+6，特征值是 $\lambda_1=2,\lambda_2=3$，对应的单位特征向量是 $\xi_1=\begin{bmatrix}-0.7071\\0.7071\end{bmatrix}$，$\xi_2=\begin{bmatrix}0.4472\\-0.8944\end{bmatrix}$.

例 7.3.2 求矩阵 $\begin{bmatrix}2&1&1\\1&2&1\\1&1&2\end{bmatrix}$ 的特征多项式、特征值、特征向量.

解： 输入命令

A=[2,1,1;1,2,1;1,1,2];↙
poly2str(poly(A), 'x')↙

结果为

```
ans ='x^3 - 6 x^2 + 9 x - 4'
```

继续输入

[P,V]=eig(A)↙

结果为

```
P =    0.4082   0.7071  0.5774
       0.4082  -0.7071  0.5774
      -0.8165        0  0.5774
V =    1.0000        0       0
            0   1.0000       0
            0        0  4.0000
```

结果分析：特征多项式是 x^3-6x^2+9x-4，特征值是 $\lambda_1=1,\lambda_2=1,\lambda_3=4$，对应的特征向量矩阵是

$$P=\begin{bmatrix} 0.4082 & 0.7071 & 0.5774 \\ 0.4082 & -0.7071 & 0.5774 \\ -0.8165 & 0 & 0.5774 \end{bmatrix}$$

2．实对称矩阵的正交相似对角化

线性代数中，如果矩阵 $\boldsymbol{A}$ 是实对称矩阵，则必有正交矩阵 $\boldsymbol{P}$，使 $\boldsymbol{P}^{-1}\boldsymbol{A}\boldsymbol{P}=\boldsymbol{\Lambda}$，其中 $\boldsymbol{\Lambda}$ 是以 $\boldsymbol{A}$ 的 n 个特征值为主对角线元素的对角矩阵.

我们可以用 MATLAB 来处理实对称矩阵的正交相似对角化问题.

当 $\boldsymbol{A}$ 为实对称矩阵时，命令[P,V]=eig(A)返回的矩阵 $\boldsymbol{P}$ 为正交矩阵，$\boldsymbol{V}$ 为对角阵.

例 7.3.3　求一个正交矩阵 $\boldsymbol{P}$，将实对称矩阵 $\begin{bmatrix} 2 & -2 & 0 \\ -2 & 1 & -2 \\ 0 & -2 & 0 \end{bmatrix}$ 正交相似对角化.

解： 输入命令

```
A=[2,-2,0;-2,1,-2;0,-2,0];↙
format rat↙
[P,V]=eig(A)↙
```

结果为

```
P =  -1/3          2/3        -2/3
     -2/3          1/3         2/3
     -2/3         -2/3        -1/3
V =   -2           0           0
       0           1           0
       0           0           4
```

结果分析：正交矩阵 $\boldsymbol{P}=\begin{bmatrix} -\frac{1}{3} & \frac{2}{3} & -\frac{2}{3} \\ -\frac{2}{3} & \frac{1}{3} & \frac{2}{3} \\ -\frac{2}{3} & -\frac{2}{3} & -\frac{1}{3} \end{bmatrix}$，$\boldsymbol{P}^{-1}\boldsymbol{A}\boldsymbol{P}=\boldsymbol{P}^{\mathrm{T}}\boldsymbol{A}\boldsymbol{P}=\begin{bmatrix} -2 & & \\ & 1 & \\ & & 4 \end{bmatrix}$.

例 7.3.4　求一个正交变换将二次型

$$f(x_1,x_2,x_3,x_4)=x_1^2+x_2^2+x_3^2+x_4^2+2x_1x_2-2x_1x_4-2x_2x_3+2x_3x_4$$

化成标准形.

解：该二次型对应的矩阵为 $\boldsymbol{A}=\begin{bmatrix}1&1&0&-1\\1&1&-1&0\\0&-1&1&1\\-1&0&1&1\end{bmatrix}$，把二次型通过正交变换化为标准形就相当于将对称矩阵 $\boldsymbol{A}$ 正交相似对角化.

利用 MATLAB 输入

```
A=[1,1,0,–1;1,1,–1,0;0,–1,1,1;–1,0,1,1]; ↙
[P,V]=eig(A)↙
```

结果为

```
P = -0.5000    0.7071    0.0000    0.5000
     0.5000   -0.0000    0.7071    0.5000
     0.5000    0.7071   -0.0000   -0.5000
    -0.5000         0    0.7071   -0.5000
V = -1.0000         0         0         0
          0    1.0000         0         0
          0         0    1.0000         0
          0         0         0    3.0000
```

结果分析：取 $\boldsymbol{P}=\begin{bmatrix}-0.5&0.7071&0&0.5\\0.5&0&0.7071&0.5\\0.5&0.7071&0&-0.5\\-0.5&0&0.7071&-0.5\end{bmatrix}$，所求正交变换为 $\boldsymbol{x}=\boldsymbol{Py}$，所得标准形为 $f(y_1,y_2,y_3,y_4)=-y_1^2+y_2^2+y_3^2+3y_4^2$.

习　题　7

7.1　输入 $\boldsymbol{A}=\begin{bmatrix}1&1&1\\1&2&3\\1&3&6\end{bmatrix}$，$\boldsymbol{B}=\begin{bmatrix}8&1&6\\3&5&7\\4&9&2\end{bmatrix}$，$\boldsymbol{U}=\begin{bmatrix}3\\1\\4\end{bmatrix}$，求：

（1）$\boldsymbol{A}+\boldsymbol{B}$；（2）$\boldsymbol{A}-\boldsymbol{B}$；（3）$\boldsymbol{AB}$；（4）$\boldsymbol{AU}$；（5）$2\boldsymbol{A}-3\boldsymbol{B}$；（6）$\boldsymbol{A}^6$；（7）$\boldsymbol{A}^{-1}$；（8）$\boldsymbol{AB}-\boldsymbol{BA}$.

7.2　求下列矩阵的行列式，可逆时求其逆矩阵.

（1）$\boldsymbol{A}=\begin{bmatrix}1&3&3\\1&4&3\\1&3&4\end{bmatrix}$；　　（2）$\boldsymbol{A}=\begin{bmatrix}1&2&3\\2&2&1\\3&4&3\end{bmatrix}$；

（3）$\boldsymbol{A}=\begin{bmatrix}1&1&1&1\\1&1&-1&-1\\1&-1&1&-1\\1&-1&-1&1\end{bmatrix}$；　（4）$\boldsymbol{A}=\begin{bmatrix}1&1&0&0\\1&2&0&0\\3&7&2&3\\2&5&1&2\end{bmatrix}$.

7.3　将下列矩阵化为行最简形矩阵，并求出它们的秩.

（1）$\boldsymbol{A}=\begin{bmatrix}1&-2&0\\-1&1&1\\1&3&2\end{bmatrix}$；　（2）$\boldsymbol{A}=\begin{bmatrix}0&1\\1&0\\0&-1\end{bmatrix}$；

（3）$\boldsymbol{A}=\begin{bmatrix}1&2&3&4\\0&1&2&3\\0&0&1&2\\0&0&0&1\end{bmatrix}$；　（4）$\boldsymbol{A}=\begin{bmatrix}1&4&-1&2&2\\2&-2&1&1&0\\-2&1&3&2&0\end{bmatrix}$.

7.4　求解下列矩阵方程.

（1）$\boldsymbol{AX}=\boldsymbol{B}$，其中 $\boldsymbol{A}=\begin{bmatrix}2&5\\1&3\end{bmatrix}$，$\boldsymbol{B}=\begin{bmatrix}4&-6\\2&1\end{bmatrix}$；

（2）$\boldsymbol{XA}=\boldsymbol{B}$，其中 $\boldsymbol{A}=\begin{bmatrix}2&1&-1\\2&1&0\\1&-1&1\end{bmatrix}$，$\boldsymbol{B}=\begin{bmatrix}1&-1&3\\4&3&2\\1&-2&5\end{bmatrix}$；

（3）$\boldsymbol{AXB}=\boldsymbol{C}$，其中 $\boldsymbol{A}=\begin{bmatrix}1&4\\-1&2\end{bmatrix}$，$\boldsymbol{B}=\begin{bmatrix}2&0\\-1&1\end{bmatrix}$，$\boldsymbol{C}=\begin{bmatrix}3&1\\0&-1\end{bmatrix}$；

（4）$\boldsymbol{AXB}=\boldsymbol{C}$，其中 $\boldsymbol{A}=\begin{bmatrix}0&1&0\\1&0&0\\0&0&1\end{bmatrix}$，$\boldsymbol{B}=\begin{bmatrix}1&0&0\\0&0&1\\0&1&0\end{bmatrix}$，$\boldsymbol{C}=\begin{bmatrix}1&-4&3\\2&0&-1\\1&-2&0\end{bmatrix}$.

7.5　求解下列齐次线性方程组.

（1）$\begin{cases}x_1+x_2+2x_3-x_4=0;\\2x_1+x_2+x_3-x_4=0;\\2x_1+2x_2+x_3+2x_4=0.\end{cases}$

（2）$\begin{cases}x_1+2x_2+x_3-x_4=0;\\3x_1+6x_2-x_3-3x_4=0;\\5x_1+10x+x_3-5x_4=0.\end{cases}$

（3）$\begin{cases}2x_1+3x_2-x_3+5x_4=0;\\3x_1+x_2+2x_3-7x_4=0;\\4x_1+x_2-3x_3+6x_4=0;\\x_1-2x_2+4x_3-7x_4=0.\end{cases}$

（4）$\begin{cases}3x_1+4x_2-5x_3+7x_4=0;\\2x_1-3x_2+3x_3-2x_4=0;\\4x_1+11x_2-13x_3+16x_4=0;\\7x_1-2x_2+x_3+3x_4=0.\end{cases}$

7.6　求下列矩阵的特征多项式、特征值、特征向量.

（1）$\begin{bmatrix}1&2&3\\2&1&3\\3&3&6\end{bmatrix}$；　　（2）$\begin{bmatrix}0&0&0&1\\0&0&1&0\\0&1&0&0\\1&0&0&0\end{bmatrix}$.

7.7　试求一个正交的相似变换矩阵 $\boldsymbol{P}$，将下列对称矩阵化为对角矩阵.

（1）$\begin{bmatrix}2&-2&0\\-2&1&-2\\0&-2&0\end{bmatrix}$；　　（2）$\begin{bmatrix}2&2&-2\\2&5&-4\\-2&-4&5\end{bmatrix}$.

7.8　求一个正交变换，将下列二次型化成标准形.

（1）$f(x_1,x_2,x_3)=2x_1^2+3x_2^2+3x_3^2+4x_2x_3$；

（2）$f(x_1,x_2,x_3,x_4)=x_1^2+x_2^2+x_3^2+x_4^2-2x_1x_2+2x_1x_4+2x_2x_3-2x_3x_4$.

参 考 答 案

习 题 1

1.1 （1）$\tau(53214)=7$，奇排列 （2）$\tau(54321)=10$，偶排列

1.2 $i=1, j=2$

1.3 （1）0 （2）$-2003!$ （3）$(a_1a_3-b_1b_3)(a_2a_4-b_2b_4)$

1.4 （1）-20（2）-9（3）-9（4）2000（5）x^2y^2

1.5 $n+1$

1.6 $a_1a_2\cdots a_n\left(a_0-\sum_{i=1}^{n}\frac{c_ib_i}{a_i}\right)$

1.7 略

1.8 -28

1.9 -5

1.10 $x=1,2,-2$

1.11 288

1.12 $x_1=1, x_2=1, x_3=-1, x_4=-1$

1.13 $\lambda=2,5,8$

习 题 2

2.1 （1）$\begin{bmatrix} 1 & -4 & 6 \\ -17 & -17 & 3 \\ 9 & -18 & 16 \end{bmatrix}$（2）$\begin{bmatrix} 9 & 4 & 6 \\ -15 & -15 & 9 \\ -3 & 26 & -13 \end{bmatrix}$（3）$\begin{bmatrix} 10 & 0 & 12 \\ -32 & -32 & 12 \\ 6 & 8 & 3 \end{bmatrix}$

2.2 $\begin{bmatrix} 8 & 6 \\ 18 & 10 \\ 3 & 10 \end{bmatrix}$

2.3 $10^{k-1}\begin{bmatrix} 1 & 1 & 1 & 1 \\ 2 & 2 & 2 & 2 \\ 3 & 3 & 3 & 3 \\ 4 & 4 & 4 & 4 \end{bmatrix}$

2.4 $|\boldsymbol{A}|=5$，$|\boldsymbol{B}|=-35$，$\boldsymbol{AB}=\begin{bmatrix}5&-5&5\\6&1&11\\17&-3&22\end{bmatrix}$，$\boldsymbol{BA}=\begin{bmatrix}4&-1&-1\\23&18&8\\8&15&6\end{bmatrix}$，$|\boldsymbol{AB}|=|\boldsymbol{BA}|=-175$

2.5 $-\dfrac{16}{27}$

2.6 $-\dfrac{1}{5}(\boldsymbol{A}-2\boldsymbol{E})$

2.7 0

2.8 （1）$\boldsymbol{A}^{-1}=\begin{bmatrix}2&-7\\-1&4\end{bmatrix}$（2）$\boldsymbol{A}^{-1}=\begin{bmatrix}-1&2&-1\\-2&1&0\\-3&-1&2\end{bmatrix}$

2.9 $\boldsymbol{X}=\begin{bmatrix}2&1&0\\-1&2&0\\0&0&2\end{bmatrix}$

2.10 $\boldsymbol{A}^{-1}=\begin{bmatrix}0&0&\frac{1}{3}&\frac{2}{3}\\0&0&-\frac{1}{3}&\frac{1}{3}\\1&-2&0&0\\-2&5&0&0\end{bmatrix}$

2.11 （1）$\begin{bmatrix}1&0&0\\0&1&0\\0&0&1\end{bmatrix}$（2）$\begin{bmatrix}0&1&0&5\\0&0&1&3\\0&0&0&0\end{bmatrix}$（3）$\begin{bmatrix}1&0&2&0&-2\\0&1&-1&0&3\\0&0&0&1&4\\0&0&0&0&0\end{bmatrix}$

2.12 （1）$R(\boldsymbol{A})=2$（2）$R(\boldsymbol{A})=2$（3）$R(\boldsymbol{A})=3$

2.13 （1）$k=1$（2）$k=-2$（3）$k\neq1$且$k\neq-2$

2.14 $(\boldsymbol{E}-\boldsymbol{A})^{-1}=\begin{bmatrix}0&-\frac{1}{2}&0\\-3&-\frac{3}{4}&-\frac{1}{2}\\-1&0&0\end{bmatrix}$

习 题 3

3.1 $\boldsymbol{\gamma}=\left(-\dfrac{14}{15},2,-\dfrac{38}{15}\right)^{\mathrm{T}}$

3.2 （1）$\boldsymbol{\beta}=2\boldsymbol{\alpha}_1-\boldsymbol{\alpha}_2$（2）不能

3.3 （1）$\lambda\neq 0$ 且 $\lambda\neq -3$（2）$\lambda=0$（3）$\lambda=-3$

3.4 （1）线性无关（2）线性相关

3.5 略

3.6 略

3.7 $a=15, b=5$

3.8 （1）秩为2，$\boldsymbol{\alpha}_1,\boldsymbol{\alpha}_3$ 为一个最大无关组，$\boldsymbol{\alpha}_2=-\boldsymbol{\alpha}_1$

（2）秩为3，$\boldsymbol{\alpha}_1,\boldsymbol{\alpha}_2,\boldsymbol{\alpha}_3$ 为一个最大无关组，$\boldsymbol{\alpha}_4=\frac{2}{3}\boldsymbol{\alpha}_1+\frac{1}{3}\boldsymbol{\alpha}_2+\boldsymbol{\alpha}_3$，$\boldsymbol{\alpha}_5=-\frac{1}{3}\boldsymbol{\alpha}_1+\frac{1}{3}\boldsymbol{\alpha}_2$

3.9 $t=3$

3.10 （1）2（2）3

3.11 略

3.12 略

3.13 （1）不是（2）是（3）不是（4）是

3.14 $(2,3,-1)^{\mathrm{T}}$，$(3,-3,-2)^{\mathrm{T}}$

习 题 4

4.1 （1）无解（2）无穷多解（3）唯一解

4.2 （1）$\boldsymbol{\xi}_1=(1,3,1,0)^{\mathrm{T}}, \boldsymbol{\xi}_2=(-2,-1,0,1)^{\mathrm{T}}$

（2）$\boldsymbol{\xi}_1=(2,1,0,0)^{\mathrm{T}}, \boldsymbol{\xi}_2=\left(\frac{1}{5},0,\frac{2}{5},1\right)^{\mathrm{T}}$

4.3 （1）$\boldsymbol{x}=k_1\left(-4,\frac{3}{4},1,0\right)^{\mathrm{T}}+k_2\left(0,\frac{1}{4},0,1\right)^{\mathrm{T}}\ (k_1,k_2\in R)$

（2）$\boldsymbol{x}=k_1(8,-6,1,0)^{\mathrm{T}}+k_2(-7,5,0,1)^{\mathrm{T}}\ (k_1,k_2\in R)$

4.4 （1）$\boldsymbol{x}=k(2,13,-9,1)^{\mathrm{T}}+(-3,-14,9,0)^{\mathrm{T}}\ (k\in R)$

（2）$\boldsymbol{x}=k(-1,1,0,1)^{\mathrm{T}}+(2,-1,1,0)^{\mathrm{T}}\ (k\in R)$

（3）$\boldsymbol{x}=k_1(1,1,1,0)^{\mathrm{T}}+k_2(-1,1,0,1)^{\mathrm{T}}+(-3,-4,0,0)^{\mathrm{T}}\ (k_1,k_2\in R)$

4.5 $\lambda=-3$

4.6 $\begin{bmatrix}1 & -1\\ 2 & 4\\ 3 & 0\\ 0 & 3\end{bmatrix}$

4.7 $\lambda=3$

4.8 $\boldsymbol{x}=k(13,-5,-1)^{\mathrm{T}}+(6,-1,1)^{\mathrm{T}}$ ($k\in R$)

4.9 $\boldsymbol{x}=k(2,3,4,5)^{\mathrm{T}}+(1,2,3,4)^{\mathrm{T}}$ ($k\in R$)

4.10 $\boldsymbol{x}=k_1(0,1,0)^{\mathrm{T}}+k_2(0,0,1)^{\mathrm{T}}+\left(\frac{1}{2},0,0\right)^{\mathrm{T}}$ ($k_1,k_2\in R$)

4.11 $\lambda\neq 1$且$\lambda\neq -2$时，唯一解为$x_1=x_2=x_3=\dfrac{1}{\lambda+2}$ ；$\lambda=-2$时无解；$\lambda=1$时，无穷多解，通解为$\boldsymbol{x}=k_1(-1,1,0)^{\mathrm{T}}+k_2(-1,0,1)^{\mathrm{T}}+(1,0,0)^{\mathrm{T}}$ ($k_1,k_2\in R$)

4.12 （1）$b\neq 0$且$a\neq 1$（2）$b=0$或者$a=1$且$b\neq\frac{1}{2}$（3）$a=1$且$b=\frac{1}{2}$

4.13 不能，$\boldsymbol{\beta}_1$不能由$\boldsymbol{\alpha}_1,\boldsymbol{\alpha}_2,\boldsymbol{\alpha}_3,\boldsymbol{\alpha}_4$线性表示，$\boldsymbol{\beta}_2=2\boldsymbol{\alpha}_1+\boldsymbol{\alpha}_2$

4.14 （1）$a=-4$且$b\neq 0$（2）$a\neq -4$（3）$a=-4$且$b=0$

4.15～4.20 略

习　题　5

5.3 （1）$\lambda_1=1,k_1(-1,1)^{\mathrm{T}}$ ($k_1\neq 0$)；$\lambda_2=3,k_2(1,1)^{\mathrm{T}}$ ($k_2\neq 0$)

（2）$\lambda_1=-1,k_1(-1,1,0)^{\mathrm{T}}$ ($k_1\neq 0$)；$\lambda_2=\lambda_3=1,k_2(0,1,0)^{\mathrm{T}}+k_3(1,0,1)^{\mathrm{T}}$（$k_2,k_3$不全为零）

（3）$\lambda_1=\lambda_2=1,k_1(-2,1,0)^{\mathrm{T}}+k_2(0,0,1)^{\mathrm{T}}$（$k_1,k_2$不全为零）；$\lambda_3=-2,k_3(-1,1,1)^{\mathrm{T}}$ ($k_3\neq 0$)

5.4 $x=4, y=5$

5.5 $a=1$，$\lambda_1=0,k_1(-1,0,1)^{\mathrm{T}}$ ($k_1\neq 0$)，$\lambda_2=\lambda_3=2,k_1(0,1,0)^{\mathrm{T}}+k_2(1,0,1)^{\mathrm{T}}$（$k_2,k_3$不全为零）

5.6 $a=-5,b=4$.

5.7 略

5.8 126

5.9 $k=-2$或1

5.10 $a=-3,b=0,\lambda=-1$

5.11 能对角化.

5.12 （1）能（2）不能（3）不能

5.13 相似

5.14 $\boldsymbol{P}=\begin{bmatrix}-2 & 1 & \frac{1}{3}\\ 1 & 0 & -\frac{2}{3}\\ 1 & 1 & 1\end{bmatrix}$，$\boldsymbol{\Lambda}=\begin{bmatrix}2 & & \\ & 2 & \\ & & -4\end{bmatrix}$

5.15 $\boldsymbol{\alpha}_3=(2,1,-1)^{\mathrm{T}}$

5.16 $\boldsymbol{\alpha}_2=(-1,1,0)^{\mathrm{T}}$，$\boldsymbol{\alpha}_3=(1,1,-2)^{\mathrm{T}}$

5.17 略

5.18 略

5.19 （1）$\boldsymbol{p}_1=\begin{bmatrix}\frac{1}{\sqrt{3}}\\\frac{1}{\sqrt{3}}\\\frac{1}{\sqrt{3}}\end{bmatrix},\boldsymbol{p}_2=\begin{bmatrix}-\frac{1}{\sqrt{2}}\\0\\\frac{1}{\sqrt{2}}\end{bmatrix},\boldsymbol{p}_3=\begin{bmatrix}\frac{1}{\sqrt{6}}\\-\frac{2}{\sqrt{6}}\\\frac{1}{\sqrt{6}}\end{bmatrix}$（2）$\boldsymbol{p}_1=\begin{bmatrix}\frac{1}{\sqrt{3}}\\0\\-\frac{1}{\sqrt{3}}\\\frac{1}{\sqrt{3}}\end{bmatrix},\boldsymbol{p}_2=\begin{bmatrix}\frac{1}{\sqrt{15}}\\-\frac{3}{\sqrt{15}}\\\frac{2}{\sqrt{15}}\\\frac{1}{\sqrt{15}}\end{bmatrix},\boldsymbol{p}_3=\begin{bmatrix}-\frac{1}{\sqrt{35}}\\\frac{3}{\sqrt{35}}\\\frac{3}{\sqrt{35}}\\\frac{4}{\sqrt{35}}\end{bmatrix}$

5.20 （1）不是（2）是

5.21 （1）$\boldsymbol{P}=\frac{1}{3}\begin{bmatrix}1&-2&2\\2&-1&-2\\2&2&1\end{bmatrix}$，$\boldsymbol{\Lambda}=\begin{bmatrix}-2&&\\&1&\\&&4\end{bmatrix}$

（2）$\boldsymbol{P}=\begin{bmatrix}-\frac{1}{3}&-\frac{2}{\sqrt{5}}&\frac{2}{3\sqrt{5}}\\-\frac{2}{3}&\frac{1}{\sqrt{5}}&\frac{4}{3\sqrt{5}}\\\frac{2}{3}&0&\frac{5}{3\sqrt{5}}\end{bmatrix}$，$\boldsymbol{\Lambda}=\begin{bmatrix}10&&\\&1&\\&&1\end{bmatrix}$

5.22 $\boldsymbol{p}_3=\begin{bmatrix}1\\0\\1\end{bmatrix}$，$\boldsymbol{A}=\frac{1}{6}\begin{bmatrix}13&-2&5\\-2&10&2\\5&2&13\end{bmatrix}$

5.23 $\boldsymbol{A}=\begin{bmatrix}4&2&2\\2&4&-2\\2&-2&4\end{bmatrix}$

习 题 6

6.1 （1）$f=(x,y,z)\begin{bmatrix}1&2&-1\\2&4&2\\-1&2&-1\end{bmatrix}\begin{bmatrix}x\\y\\z\end{bmatrix}$（2）$f=(x_1,x_2,x_3,x_4)\begin{bmatrix}1&2&0&0\\2&2&1&0\\0&1&-3&-\frac{1}{2}\\0&0&-\frac{1}{2}&-5\end{bmatrix}\begin{bmatrix}x_1\\x_2\\x_3\\x_4\end{bmatrix}$

6.2 （1）$f=x_1^2+2x_2^2+3x_3^2-2x_1x_2+2x_2x_3$（2）$f=x_1^2-2x_2^2-6x_3^2+4x_1x_2+8x_1x_3-2x_2x_3$

6.3 $a=3$

6.4 （1）$\begin{bmatrix}x_1\\x_2\\x_3\end{bmatrix}=\begin{bmatrix}0&1&0\\-\frac{1}{\sqrt{2}}&0&\frac{1}{\sqrt{2}}\\\frac{1}{\sqrt{2}}&0&\frac{1}{\sqrt{2}}\end{bmatrix}\begin{bmatrix}y_1\\y_2\\y_3\end{bmatrix}$，$f=y_1^2+2y_2^2+5y_3^2$

（2）$\begin{bmatrix}x_1\\x_2\\x_3\\x_4\end{bmatrix}=\begin{bmatrix}\frac{1}{2}&\frac{1}{\sqrt{2}}&0&-\frac{1}{2}\\-\frac{1}{2}&0&\frac{1}{\sqrt{2}}&-\frac{1}{2}\\-\frac{1}{2}&\frac{1}{\sqrt{2}}&0&\frac{1}{2}\\\frac{1}{2}&0&\frac{1}{\sqrt{2}}&\frac{1}{2}\end{bmatrix}\begin{bmatrix}y_1\\y_2\\y_3\\y_4\end{bmatrix}$，$f=-y_1^2+y_2^2+y_3^2+3y_4^2$

6.5 （1）$f=2y_1^2-y_2^2-3y_3^2$，$\begin{cases}x_1=y_1+y_2-y_3;\\x_2=\quad\ \ y_2-y_3;\\x_3=\qquad\quad y_3.\end{cases}$

（2）$f=z_1^2-z_2^2+24z_3^2$，$\begin{cases}x_1=z_1+z_2+6z_3;\\x_2=z_1+z_2-4z_3;\\x_3=\qquad\qquad z_3.\end{cases}$

6.6 （1）$4y'^2+9z'^2=1$椭圆柱面（2） $2x'^2+y'^2+5z'^2=1$椭球面

6.7 $a=0,\ b=2$，$\boldsymbol{P}=\frac{1}{3}\begin{bmatrix}2&-1&-2\\1&-2&2\\2&2&1\end{bmatrix}$

6.8 $f=y_1^2+y_2^2-y_3^2$

6.9 （1）正定（2）负定（3）半正定

6.10 $a=-2$

6.11 $-1<a<0$

6.12 （1）$a>2$（2）$a<-1$

6.13 略

6.14 （1）4，-32（2）$\boldsymbol{O}$

6.15～6.18 略

习 题 7

7.1 （1）$\boldsymbol{A}+\boldsymbol{B}=\begin{bmatrix}9&2&7\\4&7&10\\5&12&8\end{bmatrix}$；（2）$\boldsymbol{A}-\boldsymbol{B}=\begin{bmatrix}-7&0&-5\\-2&-3&-4\\-3&-6&4\end{bmatrix}$；（3）$\boldsymbol{AB}=\begin{bmatrix}15&15&15\\26&38&26\\41&70&39\end{bmatrix}$；

（4）$\boldsymbol{AU}=\begin{bmatrix}8\\17\\30\end{bmatrix}$；（5）$2\boldsymbol{A}-3\boldsymbol{B}=\begin{bmatrix}-22&-1&-16\\-7&-11&-15\\-10&-21&6\end{bmatrix}$；

（6）$\boldsymbol{A}^6=\begin{bmatrix}8947&21798&39690\\21798&53110&96705\\39690&96705&176086\end{bmatrix}$；（7）$\boldsymbol{A}^{-1}=\begin{bmatrix}3&-3&1\\-3&5&-2\\1&-2&1\end{bmatrix}$；

（8）$\boldsymbol{AB}-\boldsymbol{BA}=\begin{bmatrix}0&-13&-32\\11&4&-34\\26&42&-4\end{bmatrix}$.

7.2 （1）$|\boldsymbol{A}|=1$，$\boldsymbol{A}^{-1}=\begin{bmatrix}7&-3&-3\\-1&1&0\\-1&0&1\end{bmatrix}$ （2）$|\boldsymbol{A}|=2$，$\boldsymbol{A}^{-1}=\begin{bmatrix}1&3&-2\\-1.5&-3&2.5\\1&1&-1\end{bmatrix}$

（3）$|\boldsymbol{A}|=-16$，$\boldsymbol{A}^{-1}=\dfrac{1}{4}\begin{bmatrix}1&1&1&1\\1&1&-1&-1\\1&-1&1&-1\\1&-1&-1&1\end{bmatrix}$ （4）$|\boldsymbol{A}|=1$，$\boldsymbol{A}^{-1}=\begin{bmatrix}2&-1&0&0\\-1&1&0&0\\-1&1&2&-3\\1&-2&-1&2\end{bmatrix}$

7.3 （1）$\begin{bmatrix}1&0&0\\0&1&0\\0&0&1\end{bmatrix}$，$R(\boldsymbol{A})=3$ （2）$\begin{bmatrix}1&0\\0&1\\0&0\end{bmatrix}$，$R(\boldsymbol{A})=2$

（3）$\begin{bmatrix}1&0&0&0\\0&1&0&0\\0&0&1&0\\0&0&0&1\end{bmatrix}$，$R(\boldsymbol{A})=4$

（4）$\begin{bmatrix}1&0&0&\frac{23}{37}&\frac{14}{37}\\0&1&0&\frac{21}{37}&\frac{16}{37}\\0&0&1&\frac{33}{37}&\frac{4}{37}\end{bmatrix}$，$R(\boldsymbol{A})=3$

7.4 （1）$\boldsymbol{X}=\begin{bmatrix}2 & -23\\0 & 8\end{bmatrix}$ （2）$\boldsymbol{X}=\begin{bmatrix}-2 & 2 & 1\\-\frac{8}{3} & 5 & -\frac{2}{3}\\-\frac{10}{3} & 3 & \frac{5}{3}\end{bmatrix}$ （3）$\boldsymbol{X}=\begin{bmatrix}1 & 1\\\frac{1}{4} & 0\end{bmatrix}$ （4）$\boldsymbol{X}=\begin{bmatrix}2 & -1 & 0\\1 & 3 & -4\\1 & 0 & -2\end{bmatrix}$

7.5 （1）$\boldsymbol{x}=k\left(\frac{4}{3},-3,\frac{4}{3},1\right)^{\mathrm{T}}$ （2）$\boldsymbol{x}=k_1(-2,1,0,0)^{\mathrm{T}}+k_2(1,0,0,1)^{\mathrm{T}}$ （3）$\boldsymbol{x}=\boldsymbol{0}$

（4）$\boldsymbol{x}=k_1\left(\frac{3}{17},\frac{19}{17},1,0\right)^{\mathrm{T}}+k_2\left(-\frac{13}{17},-\frac{20}{17},0,1\right)^{\mathrm{T}}$

7.6 （1）$\lambda^3-8\lambda^2-9\lambda$，$\lambda_1=-1$，$k_1(1,-1,0)^{\mathrm{T}}$，$\lambda_2=0$，$k_2(1,1,-1)^{\mathrm{T}}$，$\lambda_3=9$，$k_3(1,1,2)^{\mathrm{T}}$

（2）$\lambda^4-2\lambda^2+1$，$\lambda_{1,2}=-1$，$k_1(0,-1,1,0)^{\mathrm{T}}+k_2(1,0,0,-1)^{\mathrm{T}}$，$\lambda_{3,4}=1$，$k_3(1,0,0,1)^{\mathrm{T}}+k_4(0,1,1,0)^{\mathrm{T}}$

7.7 （1）$\boldsymbol{P}=\begin{bmatrix}-\frac{1}{3} & \frac{2}{3} & -\frac{2}{3}\\-\frac{2}{3} & \frac{1}{3} & \frac{2}{3}\\-\frac{2}{3} & -\frac{2}{3} & -\frac{1}{3}\end{bmatrix}$，$\boldsymbol{\Lambda}=\begin{bmatrix}-2 & & \\ & 1 & \\ & & 4\end{bmatrix}$

（2）$\boldsymbol{P}=\begin{bmatrix}-0.2981 & 0.8944 & 0.3333\\-0.5963 & -0.4472 & 0.6667\\-0.7454 & 0 & -0.6667\end{bmatrix}$，$\boldsymbol{\Lambda}=\begin{bmatrix}1 & & \\ & 1 & \\ & & 10\end{bmatrix}$

7.8 （1）$\boldsymbol{P}=\begin{bmatrix}0 & 1 & 0\\-\frac{\sqrt{2}}{2} & 0 & \frac{\sqrt{2}}{2}\\\frac{\sqrt{2}}{2} & 0 & \frac{\sqrt{2}}{2}\end{bmatrix}$，$\boldsymbol{x}=\boldsymbol{P}\boldsymbol{y}$，$f=y_1^2+2y_2^2+5y_3^2$

（2）$\boldsymbol{P}=\begin{bmatrix}\frac{1}{2} & \frac{\sqrt{2}}{2} & 0 & \frac{1}{2}\\\frac{1}{2} & 0 & \frac{\sqrt{2}}{2} & -\frac{1}{2}\\-\frac{1}{2} & \frac{\sqrt{2}}{2} & 0 & -\frac{1}{2}\\-\frac{1}{2} & 0 & \frac{\sqrt{2}}{2} & \frac{1}{2}\end{bmatrix}$，$\boldsymbol{x}=\boldsymbol{P}\boldsymbol{y}$，$f=-y_1^2+y_2^2+y_3^2+3y_4^2$

反侵权盗版声明

举报电话：（010）88254396；（010）88258888

传　　真：（010）88254397

E-mail:　dbqq@phei.com.cn

通信地址：北京市海淀区万寿路 173 信箱

电子工业出版社总编办公室

邮　　编：100036